양자컴퓨터의 미래

QUANTUM SUPREMACY
by Michio Kaku

양자컴퓨터의 미래

양자컴퓨터 혁명은 세상을 어떻게 바꿀 것인가

미치오 카쿠 | 박병철 옮김

QUANTUM SUPREMACY

MICHIO KAKU

김영사

양자컴퓨터의 미래

1판 1쇄 발행 2023. 12. 11.
1판 3쇄 발행 2024. 2. 26.

지은이 미치오 카쿠
옮긴이 박병철

발행인 박강휘
편집 이승환 디자인 정윤수 마케팅 정희윤 홍보 강원모
발행처 김영사

등록 1979년 5월 17일 (제406-2003-036호)
주소 경기도 파주시 문발로 197(문발동) 우편번호 10881
전화 마케팅부 031)955-3100, 편집부 031)955-3200 | 팩스 031)955-3111

값은 뒤표지에 있습니다.
ISBN 978-89-349-5517-7 03400

홈페이지 www.gimmyoung.com 블로그 blog.naver.com/gybook
인스타그램 instagram.com/gimmyoung 이메일 bestbook@gimmyoung.com

좋은 독자가 좋은 책을 만듭니다.
김영사는 독자 여러분의 의견에 항상 귀 기울이고 있습니다.

사랑하는 나의 아내 시즈에

그리고 나의 딸들 미셸 카쿠 박사와 앨리슨 카쿠에게

차례

1부 양자컴퓨터의 부상

2부 양자컴퓨터와 사회

3부 양자의학

4부 세상과 우주의 모델링

QUANTUM SUPREMACY

MICHIO KAKU

1부

양자컴퓨터의 부상

1장.

실리콘 시대의 종말

새로운 혁명의 시대가 다가오고 있다.

지난 2019년과 2020년에 2개의 초대형 사건이 연달아 터지면서 과학계가 술렁이기 시작했다. 두 연구팀이 양자컴퓨터라는 신종 컴퓨터의 가능성을 구체적으로 언급했기 때문이다. 이들은 양자컴퓨터가 특정 계산 분야에서 기존의 디지털 컴퓨터와 비교가 안 될 정도로 환상적인 성능을 발휘할 수 있다고 주장했다. 만일 이것이 사실이라면 컴퓨터 산업뿐만 아니라 우리의 일상생활도 혁명적인 변화를 겪게 된다.

두 연구팀 중 하나인 구글은 자사에서 개발한 양자컴퓨터 시카모어Sycamore가 세계에서 가장 빠른 슈퍼컴퓨터로 1만 년이 걸리는 수학 문제를 단 200초 만에 풀 수 있다고 장담했다. 〈MIT 테크놀로지 리뷰〉에 따르면 구글 연구팀은 시카모어를 라이트 형제의 첫 시험비행이나 스푸트니크 위성 발사에 견줄 만한 비약적 발전으로 평가했다. 우리는 지금 "새로운 시대로 넘어가는 문턱에 서 있으며, 이 새로운 컴퓨터가 등장하면 지금 세계 최고로 알려진 컴퓨터는 주판처럼 보일 것"이라고 한다.[1]

한편, 중국 과학아카데미의 양자혁신연구소에서는 여기서 한 걸음 더 나아가 그들이 만든 양자컴퓨터가 슈퍼컴퓨터보다 100조 배 이상 빠르다고 주장했다.

또한 IBM의 부사장 로버트 수터는 최근 떠오른 양자컴퓨터를 "21세기를 좌우할 핵심 컴퓨팅 기술"로 평가했다.[2]

양자컴퓨터는 과학의 획기적 도약을 상징하는 첨단기술의 결정체이다. 이름 앞에 따라다니는 '궁극의 컴퓨터Ultimate Computer'라는 별칭이 조금도 어색하지 않다. 트랜지스터로 작동하는 기존의 컴퓨터와 달리 양자컴퓨터는 모든 계산을 가장 작은 물체인 원자 규모에서 수행하기 때문에, 슈퍼컴퓨터의 성능을 가볍게 뛰어넘을 수 있다. 이 기술이 완성되면 경제와 사회, 그리고 인류의 생활양식은 일대 전환점을 맞이하게 될 것이다.

양자컴퓨터의 역할은 단순히 빠른 계산에 국한되지 않는다. 사실 기존의 디지털 컴퓨터는 엄밀히 말해서 시간을 절약해주는 장치였다. 컴퓨터로 계산을 하면 시간이 크게 단축되긴 하지만, 어쨌거나 그것은 사람도 할 수 있는 계산이었다. 그러나 양자컴퓨터는 디지털 컴퓨터를 무한히 긴 시간 동안 가동해도 절대 풀 수 없었던 문제까지 해결하는, 완전히 새로운 유형의 컴퓨터이다. 예를 들어 디지털 컴퓨터는 생명현상과 관련된 주요 화학반응을 원자 규모에서 정확하게 계산할 수 없다. 생명현상의 화학반응을 완벽하게 규명하려면 분자 내부에서 춤추는 전자의 파동을 서술해야 하는데, 0과 1의 조합은 이 미묘한 과정을 추적하기에 너무 투박하기 때문이다. 미로에 갇힌 쥐의 탈출구를 찾을 때도, 디지털 컴퓨터는 모든 가능한 경로를 하나씩 일일이 따라가면서 지루한 계산을 반복해야 한다. 그러나 양자컴퓨터는 모든 가능한 경로를 '한꺼번에' 거의 빛의 속도로 분석할 수 있다.

이것이 바로 세계 최대의 컴퓨터 제조사들이 양자컴퓨터를 놓고 치열한 경쟁을 벌이는 이유다. 2021년에 IBM은 이전 모델보다 성능이 훨씬 뛰어난 양자컴퓨터 이글Eagle을 선보였다.

그러나 이런 기록은 파이의 껍질처럼 오직 깨지기 위해 존재한다.

양자컴퓨터가 몰고 올 혁명의 위력을 감안할 때, 세계 유수의 기업들이 이 분야에 거의 올인하듯 돈을 쏟아붓는 것은 별로 놀라운 일이 아니다. 구글과 마이크로소프트, 인텔, IBM, 리게티컴퓨팅, 허니웰 등 실리콘밸리의 선두 기업들은 모두 양자컴퓨터 프로토타입을 만들고 있다. 지금 이 분야에서 뒤처지면 영원히 따라잡을 수 없다는 것을 누구보다 잘 알고 있기 때문이다. 이들 중 IBM과 허니웰, 그리고 리게티는 일반 대중의 호기심을 자극하기 위해 1세대 양자컴퓨터를 인터넷에 공개해놓은 상태이다. 누구든지 인터넷으로 양자컴퓨터에 접속하면 다가올 양자컴퓨터 혁명을 직접 체험할 수 있다. IBM은 2016년부터 일반 사용자들에게 15개의 양자컴퓨터를 인터넷상에서 무료로 제공하는 'IBM Q Experience'를 운용해왔는데, 삼성과 제이피모건을 비롯하여 매달 2천여 명의 사람들(초등학생부터 대학교수까지 연령대도 다양하다)이 이 서비스를 사용하고 있다.

월스트리트의 투자자들도 이 기술에 지대한 관심을 보였다. 아이온큐는 2021년에 기업공개를 통해 총 6억 달러의 투자금을 유치함으로써 미국을 대표하는 양자컴퓨터 스타트업 기업으로 떠올랐고, 프사이퀀텀은 이 분야에 아무런 실적이 없는데도 하룻밤 사이에 6억 6500만 달러의 투자금을 확보하면서 기업 가치가 31억 달러로 급등했다. 경제 전문가들조차 '이토록 뜨거운 투자 열풍은 일찍이 본 적이 없다'며 혀를 내두를 정도였다.

회계법인이자 자문회사인 딜로이트의 관계자들은 양자컴퓨터 시장이 2020년대에 수억 달러 수준에서 2030년대에는 수백억 달러까지 치솟을 것으로 전망했다. 양자컴퓨터가 언제쯤 상용화될지는 아무도 알 수 없지만, 그 날짜는 새로운 기술이 개발될 때마다 계속해서 앞당겨지는 중이다. 자파타컴퓨팅의 CEO 크리스토퍼 사부아는 양자컴퓨터의 출현 시기를 예측하면서 "기술의 문제가 아니라 오직 시간의 문제일 뿐"이라고 했다.[3]

심지어 미국 의회도 양자컴퓨터 개발을 돕기 위해 두 팔을 걷어붙였다. 다른 국가들이 양자컴퓨터에 막대한 자금을 지원하고 있음을 뒤늦게 간파한 미국 의원들은 2018년 12월에 새로운 분야의 연구지원을 골자로 한 '양자연구집중지원법National Quantum Initiative Act'을 통과시켰다. 이 법안은 매년 8천만 달러의 연구기금을 지원받는 2~5개의 새로운 양자정보과학 연구센터 설립을 의무화했다.

또한 2021년에 미국 정부는 에너지부가 총괄하는 양자기술 개발에 총 6억 2500만 달러를 지원하겠다고 발표했으며, 마이크로소프트와 IBM, 록히드마틴 같은 대기업도 여기에 동참하여 3억 4000만 달러를 투자했다.

양자기술 개발에 정부가 뛰어든 나라는 미국과 중국뿐만이 아니다. 지금 영국 정부는 옥스퍼드셔주州의 과학기술단지에 있는 하웰연구소 근처에 양자컴퓨팅의 허브 역할을 하게 될 국립양자컴퓨팅센터를 짓고 있으며, 2019년 말에 30개의 양자컴퓨터 관련 프로젝트가 정부 지원으로 발족하였다.

전문가들은 양자컴퓨터 개발 사업을 1조 달러짜리 도박판에 비유하곤 한다. 경쟁은 살벌할 정도로 치열한데, 성공한다는 보장은 어디에도 없다. 최근 몇 년 동안 구글을 비롯한 일부 기업에서 괄목할 만한 성과를 내놓긴 했지만, 현실세계에 적용 가능한 양자컴퓨터는 아직 요원한 상태이다. 개중에는 이런 추세를 매우 비관적인 시각으로 바라보는 사람도 있다. 그러나 컴퓨터 회사들은 입장이 다르다. 성공 확률이 낮다고 해서 지금 발을 들이지 않으면, 문이 언제 닫힐지 알 수 없기 때문이다.

맥킨지앤드컴퍼니의 파트너인 이반 오스토이치는 다음과 같이 역설했다. "양자컴퓨터의 잠재력을 조금이라도 간파한 기업이라면 지금 당장 판에 뛰어들어야 한다. 화학과 의학은 말할 것도 없고, 석유와 가스, 운송, 병참兵站, 은행, 제약製藥, 사이버보안 등의 분야는 이제 곧 전대미문의 지각변동을 겪게 될 것이다. 원리적으로 양자는 광범위한 문제의 해결책을 빠르게 제공할 수 있으므로, CIO(Chief Information Officer, 정보기술 최고 책임자)의 모든 업무와 관련되어 있다. 관련 회사들은 양자기술을 하루라도 빨리 확보해야 한다."[4]

캐나다의 양자컴퓨팅 회사 디웨이브시스템의 전 CEO 번 브라우넬은 "지금 우리는 구식 컴퓨팅 기술로는 꿈도 꿀 수 없었던 새로운 컴퓨터 시대의 문턱에 서 있다"고 했다.

많은 과학자들은 트랜지스터와 마이크로칩으로부터 디지털 혁명이 몰아친 후로, 또 하나의 새로운 혁명이 불어닥칠 것을 예감하고 있다. 메르세데스-벤츠를 소유한 거대 자동차회사 다임러는 컴퓨터와 직접적인 관련이 적은 기업인데도 양자컴퓨터에 이미 거액의 돈을 투자했다. 양자컴퓨터 없이 기업이 성장하는 데 뚜렷한 한계가 있음을 간파했기 때문이다. 또한 경쟁사인 BMW의 대표 율리우스 마르체아는 이렇게 말했다. "우리는 자동차산업에서 양자컴퓨터의 잠재력을 주도면밀하게 분석해왔다. 양자컴퓨터는 자동차공학을 훨씬 높은 수준으로 향상시켜줄 것이다."[5] 폭스바겐과 에어버스 같은 다른 대기업들도 경영혁신에 뒤처지지 않기 위해 양자컴퓨터 연구소를 자체적으로 설립했다.

심지어 제약회사들도 양자컴퓨터의 진척 상황에 촉각을 곤두세우고 있다. 양자컴퓨터는 기존의 디지털 컴퓨터로는 도저히 불가능했던 복잡한 화학 및 생물학적 과정을 시뮬레이션할 수 있기 때문이다. 수백만 종의 약을 테스트하는 거대한 실험실은 머지않아 사이버공간에서 약의 효능을 테스트하는 '가상실험실virtual laboratory'로 대체될 것이다. 화학자들 중에는 자신이 할 일을 양자컴퓨터에 통째로 빼앗길지도 모른다며 전전긍긍하는 사람도 있다. 그러나 신약개발 전문 블로거 데릭 로우는 이런 예상을 일축하면서 다음과 같이 말했다. "기계가 화학자를 대신하는 일은 없을 것이다. 단, 양자컴퓨터가 출현하면 과거에 기계를 사용했던 화학자들은 더 이상 기계에 의지할 필요가 없어진다."[6]

세계에서 가장 큰 과학 장비인 스위스 제네바의 대형강입자충돌기(LHC)도 양자컴퓨터의 덕을 톡톡히 볼 수 있다. LHC는 양성자의 에너지를 14조 eV(전자볼트)까지 높인 후 충돌시켜서 우주가 처음 탄생했을 때와 비슷한 환경을 만들어내고 있는데, 여기에 양자컴퓨터를 도입하면 1초 동안 무려 1조 바이트(1TB)의 데이터를 분석하여 우주 탄생의 비밀을 밝힐 수 있을지도 모른다(LHC 내부에서는 1초당 약 10억 번의 양성자 충돌이 일어나고 있다).

양자 슈프리머시

지난 2012년에 캘리포니아공과대학교(칼텍)의 물리학자 존 프레스킬이 '양자 슈프리머시Quantum Supremacy'(양자우위)라는 단어를 처음 언급했을 때, 많은 사람들은 당혹감을 감추지 못했다. 당시만 해도 대부분의 과학자는 양자컴퓨터가 상용화될 때까지 적어도 수십 년, 길게는 수백 년이 걸릴 것으로 예측하고 있었다. 실제로 개개의 원자를 이용하여 계산하는 것은 실리콘 웨이퍼(반도체 기판)에서 계산하는 것보다 훨씬 어렵다. 양자컴퓨터는 작동 원리가 워낙 미묘해서 진동이나 잡음이 조금만 끼어들어도 계산 전체를 망치기 십상이다. 그러나 프레스킬의 선언은 비관론자들의 부정적 생각을 한 방에 날려버렸고, 그 후로 사람들은 양자컴퓨터가 완성되는 날을 고대하며 카운트다운에 들어갔다.

양자컴퓨터의 회오리는 세계 각국의 정보기관에도 불어닥쳤다. 내부고발자들이 유출한 문서에 의하면, 미국 중앙정보국(CIA)과 국가안보국(NSA)에서는 이 분야의 진척 상황을 오래전부터 예의주시해왔다. 양자컴퓨터가 완성되면 모든 보안 코드를 뚫을 수 있기 때문이다. 이렇게 되면 정부의 1급 기밀이 새어나가는 건 물론이고, 모든 기업과 개인의 신상정보도 사방에 유출될 수 있다. 절대로 공연한 엄살이 아니다. 미국의 정책과 표준을 수립하는 국립표준기술연구소(NIST)에서는 최근 불어닥친 변화에 대기업과 정부기관들이 빠르게 적응하도록 돕는 지침서를 공개하면서, 2029년이 되면 양자컴퓨터로 128비트짜리 고급암호화표준Advanced Encryption Standard(AES)을 풀 수 있을 것이라고 했다.

옥스퍼드대학교의 암호전문가 알리 엘 카파라니는 2021년 7월에 〈포브스〉에 기고한 글에서 이렇게 말했다. "민감한 정보를 보호해야 하는 기관의 입장에서 양자컴퓨터는 악몽 같은 소식이 아닐 수 없다."[7]

중국은 양자컴퓨터의 선두 자리를 선점하기 위해 국립 양자정보과학연구소에 이미 100억 달러를 투자한 상태이다. 국가 정보의 안위가 달린 일인데, 이 시점에서 수백억 달러를 아꼈다간 훗날 대재앙을 피할 길이 없다. 악질 해커가 양자컴퓨터를 손에 넣는다면 지구상의 '모든' 디지털 컴퓨터는 말할 것도 없고, 모든 국가의 군대까지 극심한 혼란에 빠질 것이다. 이들이 훔친 정보는 비밀 경매시장에서 최고가를 부른 또 다른 악당에게 넘어갈 것이며, 이들이 월스트리트 컴퓨터의 가장 깊은 곳에 침투하여 세계 경제를 마비시킬 수도 있다. 또한 양자컴퓨터로 블록체인(가상화폐로 거래할 때 해킹을 막는 기술–옮긴이)의 잠금을 해제하면 비트코인 시장도 순식간에 와해된다. 영국의 다국적 회계법인이자 자문회사 딜로이트의 전문가들은 비트코인의 25퍼센트가 양자컴퓨터 해킹에 취약하다고 평가했으며, 데이터 소프트웨어 IT 기업 CB인사이트에서는 "블록체인 소프트웨어 관리자들은 당분간 양자컴퓨터의 개방 동향을 예의주시해야 할 것"이라고 경고했다.[8]

그러므로 가장 위태로운 상황에 처한 것은 디지털 기술에 기반을 둔 세계 경제이다. 지금 월스트리트의 은행에서는 수십억 달러의 거래가 오직 컴퓨터에 의존하여 진행되고 있다. 또한 공학자들은 컴퓨터를 이용하여 고층건물과 교량, 우주로켓 등을 개발하고 있으며, 할리우드의 블록버스터 영화도 대부분이 컴퓨터의 산물이다. 제약회사들은 컴퓨터로 신약을 개발하고, 아이들의 여가는 이미 오래전에 컴퓨터에게 점령당했다. 물론 어른들도 친척이나 친구, 또는 동료들에게 소식을 전할 때 주로 휴대폰을 사용한다(다들 알다시피 스마트폰은 전화기가 아니라, '가끔은 전화기로도 쓸 수 있는' 컴퓨터이다–옮긴이). 독자들은 휴대폰이 작동하지 않을 때 공황상태에 빠진 경험이 한 번쯤 있을 것이다. 사실 현대인이 하는 행위 중에는 컴퓨터와 무관한 것이 거의 없다. 우리의 일상생활이 지나칠 정도로 컴퓨터에 의존하고 있기에, 모든 컴퓨터가 어느 날 갑자기 작동을 멈춘다면 지구 문명 자체가 극도의 혼란에 빠질 것이다. 과학자들이 양자컴퓨터에 촉각을 곤두세우는 것은 바로 이런 이유 때문이다.

무어의 법칙의 종말

이 모든 혼란과 논란의 원인은 무엇일까?

양자컴퓨터가 떠오르는 것은 실리콘 시대가 막을 내리고 있다는 징조이다. 지난 50년 동안 컴퓨터의 발전상은 인텔의 설립자 고든 무어의 이름을 딴 '무어의 법칙'에 따라 진행되어왔다. 즉, 컴퓨터의 계산능력은 18개월마다 두 배씩 향상된다. 다시 말해서, 컴퓨터의 성능은 산술급수가 아닌 기하급수적으로 향상한다는 뜻이다. 디지털 컴퓨터는 이 간단한 법칙을 따라 인류 역사상 그 유례를 찾을 수 없을 정도로 빠르게 발전해왔다. 겨우 반세기 만에 컴퓨터가 인류의 삶을 송두리째 점령한 것이다. 이런 면에서는 그 어떤 발명품도 컴퓨터의 적수가 되지 못한다.

컴퓨터는 처음 등장한 후로 여러 단계의 변화를 겪었고, 각 단계를 거칠 때마다 인류의 삶에 막대한 변화를 초래했다. 사실 무어의 법칙은 기계식 컴퓨터가 처음 등장했던 1800년대 말부터 적용된다. 그 시대의 공학자들은 기어와 바퀴, 그리고 실린더로 이루어진 수동식 계산기를 이용하여 복잡한 계산을 수행했고, 20세기에 들어선 직후에는 전기에너지가 등장하면서 기어와 바퀴가 계전기와 케이블로 대체되었다. 그 후 제2차 세계대전이 한창 진행되던 시기에는 적군의 암호를 풀기 위해 거대한 진공관식 컴퓨터가 동원되었으며, 냉전시대에는 진공관이 트랜지스터로 대체되면서 집채만 했던 컴퓨터가 장롱 크기 정도로 작아졌을 뿐만 아니라, 계산 능력과 속도도 크게 향상되었다.

1950년대에 컴퓨터를 구입할 수 있는 기관은 국방부 같은 정부기관이나 국제은행뿐이었다. 물론 이 무렵의 컴퓨터도 그 나름대로 빠른 성능을 자랑했지만(예를 들어 에니악은 사람의 능력으로 꼬박 20시간이 걸리는 계산을 단 30초 만에 해낼 수 있었다), 워낙 고가품인 데다 웬만한 건물을 가득 채울 정도로 덩치가 커서 일반기업이나 개인에게는 그림의 떡에 불과했다. 그러나 회로소자의 소형화가 수십 년 동안 꾸준히 진행되어 손톱만 한 기판에 트랜지스터 10억 개를 심는 수준까지 도달했고, 그 덕분에 컴퓨터는 훨씬 작은 크기로 막강한 위력을 발휘할 수 있게 되었다. 오늘날 아이들이 게임을 할 때 사용하는 스마트폰은 냉전시대에 국방부에서 돌아가던 공룡 같은 컴퓨터보다 훨씬 강력하다. 사람을 달에 보낼 때 사용했던 컴퓨터보다 훨씬 뛰어난 컴퓨터를 누구나 하나씩 들고 다니는 세상이 된 것이다.

그러나 세상 모든 것은 지나가기 마련이다. 컴퓨터의 성능이 새로운 단계로 진입할 때마다 기존의 기술은 곧바로 무용지물이 된다. 그 옛날 무어는 컴퓨터의 성능이 18개월마다 두 배씩 향상될 것으로 예견했고, 실제로 이 법칙은 지난 수십 년 동안 거의 정확하게 맞아들어갔다. 그러나 무어가 말했던 주기는 얼마 전부터 점차 길어지기 시작했으며, 시간이 좀 더 흐르면 아예 정체 상태로 접어들게 될 것이다. 요즘 생산되는 마이크로칩에서 트랜지스터의 가장 얇은 층은 원자 20개가 들어가는 정도인데, 이 간격이 더 좁아지면 양자적 효과가 두드러지게 나타나서 성능을 보장할 수 없기 때문이다. 예를 들어 트랜지스터 사이의 간격이 원자 5개 정도라면, 불확정성 원리에 의해 위치가 불확실해진 전자들이 사방으로 튀어나와 회로를 단락시키거나 과도한 열을 발생시켜 칩을 녹일 수도 있다. 즉, 실리콘(반도체)에 기반을 둔 컴퓨터에 무어의 법칙이 더 이상 적용되지 않는 것은 물리법칙으로부터 초래된 필연적 결과이다. 그러므로 우리는 실리콘 시대의 종말을 목격하는 산 증인이 될 것이며, 후-실리콘 시대(또는 양자 시대)의 서막을 현장에서 관람하는 첫 세대가 될 가능성이 크다.

인텔의 산제이 나타라잔이 말했듯이, "이 정도면 우리는 반도체 컴퓨터를 우려먹을 만큼 우려먹었다".[9]

실리콘밸리는 머지않아 러스트벨트Rust Belt(전성기가 지난 후 최악의 불황을 맞이한 산업단지를 일컫는 용어 – 옮긴이)로 전락할 운명이다.

지금은 모든 것이 평온해 보이지만, 조만간 새로운 미래가 눈앞에 펼쳐질 것이다. 구글 인공지능연구소의 소장 하르트무트 네벤은 말한다. "아무 일도 일어나지 않을 거라며 스스로 되뇌고 있는데, 어느 날 문득 정신을 차리고 보니 완전히 딴 세상이 되어 있다면 얼마나 황당하겠는가? 이런 일이 현실세계에서 머지않아 일어날 것이다."[10]

양자컴퓨터의 위력

대체 양자컴퓨터의 위력이 얼마나 대단하기에, 전 세계 국가들이 그토록 난리를 치는 것일까?

원리적으로 모든 컴퓨터는 0과 1의 배열로 이루어진 정보에 기초하고 있다. 정보의 최소 단위(하나의 0 또는 1)인 '비트'의 긴 배열을 디지털 프로세서(정보처리장치)에 입력하면 일련의 계산을 수행한 후 결과를 출력하는 식이다. 예를 들어 인터넷 연결 상태는 bps(1초당 전송되는 비트의 수)라는 단위로 나타내는데, '1기가 bps'라고 하면 초당 10억 비트의 정보가 당신의 컴퓨터에 전송되어 영화나 이메일, 또는 디지털 문서를 볼 수 있다는 뜻이다.

그러나 노벨상 수상자인 리처드 파인먼은 디지털 정보에 대한 새로운 접근 방식을 제안했다. 그는 1959년에 〈바닥에는 아직도 여유 공간이 많이 남아 있다There's Plenty of Room at the Bottom〉라는 제목으로 출간한 에세이에서 다음과 같은 질문을 제기했다. 0과 1로 이루어진 수열을 원자의 상태로 대체하면 원자 규모의 컴퓨터를 만들 수 있지 않을까? 트랜지스터를 가장 작은 물체(원자)로 바꾸면 컴퓨터의 크기가 혁신적으로 줄어들지 않겠는가?

원자는 자전하는 팽이와 비슷해서, 자기장을 걸어주면 위up 또는 아래down로 정렬한다(자전 방향이 반시계방향이면 up, 시계방향이면 down이다. 또는 그 반대로 정의할 수도 있다. 이렇게 up과 down으로 정의되는 상태를 원자의 스핀spin이라 한다–옮긴이). 이때 up을 0, down을 1에 대응시키면 컴퓨터의 비트와 동일한 역할을 수행할 수 있다. 디지털 컴퓨터의 성능은 그 안에 들어 있는 상태의 수(0 또는 1의 수)와 밀접하게 관련되어 있다.

그러나 원자의 세계는 인간계와 달리 참으로 희한한 세계여서, 원자는 두 방향의 조합으로 자전할 수 있다. 예를 들어 어떤 원자는 주어진 시간의 10퍼센트 동안 up이고 90퍼센트는 down이며, 또 어떤 원자는 65퍼센트가 up이고 35퍼센트는 down일 수도 있다. 실제로 원자가 자전하는 방법(즉, 원자가 가질 수 있는 스핀 값)은 무수히 많으며, 따라서 원자가 놓일 수 있는 상태도 무수히 많다. 이는 곧 원자가 0이나 1로 결정된 비트뿐만 아니라, 0과 1의 중간상태(up과 down이 혼합된 상태)인 '큐비트qubit'(양자비트)의 형태로 정보를 저장할 수 있음을 의미한다. 디지털 비트는 한 번에 단 1개의 정보밖에 운반할 수 없어서 연산 능력에 뚜렷한 한계가 있지만, 큐비트의 연산 능력은 거의 무한대에 가깝다. 원자 규모에서 물리적 객체가 여러 개의 상태에 동시에 존재하는 현상을 '중첩superposition'이라 한다(그래서 원자세계에는 일상적인 상식이 통하지 않는다. 냉장고 같은 거시적 물체는 오직 하나의 위치만을 갖지만, 원자 규모에서 전자는 '이곳'과 '저곳'에 동시에 존재할 수 있다).

또한 하나의 디지털 비트는 다른 비트에 영향을 줄 수 없지만, 큐비트는 상대방과 상호작용을 교환할 수 있다. 이것을 물리학 용어로 '얽힘entanglement'이라 한다. 디지털 비트는 상호작용을 하지 않으므로 새로운 비트를 추가해도 달라지는 것이 거의 없지만, 큐비트 집단에 새로운 큐비트를 추가하면 새로 유입된 큐비트가 기존의 모든 큐비트와 상호작용을 교환하므로 가능한 상호작용의 수가 거의 두 배로 늘어난다. 따라서 양자컴퓨터는 디지털 컴퓨터보다 강력할 수밖에 없다. 큐비트 하나를 추가할 때마다 상호작용의 수가 두 배로 많아지기 때문이다.

구체적인 숫자로 예를 들어보자. 현재 개발 중인 양자컴퓨터는 약 100개의 큐비트를 갖고 있다. 그러므로 이 컴퓨터는 큐비트 1개로 이루어진 양자컴퓨터보다 2^{100}배 강력한 성능을 발휘한다.

양자 슈프리머시를 최초로 달성한 구글의 양자컴퓨터 시카모어는 53개의 큐비트로 720억×10억 바이트(1바이트=8비트)의 메모리를 처리할 수 있다. 여기에 비하면 기존의 컴퓨터는 거의 주판 수준에 불과하다.

양자컴퓨터가 과학과 경제에 미치는 영향은 말로 표현할 수 없을 정도로 막대하다. 디지털 세상에서 양자 세상으로 넘어가는 것은 사상 최대의 판돈이 걸린 엄청난 게임이다.

양자컴퓨터의 장애물

다음 질문. 양자컴퓨터가 그토록 강력하다는데, 왜 지금 당장 만들지 못하는가? 양자컴퓨터의 앞길을 막는 방해요인은 무엇인가?

양자컴퓨터의 발목을 잡는 문제점은 파인먼이 기본개념을 처음 제안할 때부터 이미 예견되어 있었다. 양자컴퓨터가 제대로 작동하려면 큐비트를 구성하는 원자들이 일제히 같은 모드로 진동하도록 배열되어야 한다(이런 상태를 '결맞음coherence'이라 한다). 그러나 원자는 워낙 작고 예민한 물체여서, 외부로부터 불순물이나 교란이 조금이라도 개입되면 그 즉시 원자의 배열은 결어긋남decoherence(결깨짐) 상태로 붕괴되고, 계산은 엉망진창이 되어버린다. 바로 이것이 양자컴퓨터가 직면한 가장 큰 문제이다. 자, 여기서 1조 달러짜리 질문을 던져보자. 우리는 양자컴퓨터의 결어긋남을 제어할 수 있을까?

과학자들은 외부의 방해요인을 최소화하기 위해, 내부의 온도를 절대온도 0도(0K, -273℃) 근처까지 떨어뜨린다는 아이디어를 떠올렸다. 이런 극저온 상태에서는 원치 않는 진동을 최소화할 수 있기 때문이다. 그러나 온도를 0K까지 떨어뜨리려면 엄청나게 비싼 특수펌프와 튜브가 필요하다.

그런데 여기에는 한 가지 이상한 점이 있다. 다들 알다시피 양자역학의 법칙들은 상온room temperature에서도 아무런 문제없이 멀쩡하게 작동한다. 예를 들어 지구의 모든 생명체를 먹여 살리는 광합성은 양자적 과정임에도 불구하고 상온에서 매끄럽게 진행되고 있다. 자연은 광합성을 수행하기 위해 굳이 0K에서 작동하는 특수장비를 동원하지 않는다. 그 비결은 아직 미지로 남아 있지만, 자연은 외부의 교란이 원자 규모에 끼어들기 딱 좋은 맑고 따뜻한 날씨에도 아무런 문제없이 결맞음 상태를 유지하고 있다. 이 비결을 알아낼 수만 있다면 양자컴퓨터는 물론이고, 생명까지도 제어할 수 있을 것이다.

경제혁명

단기적으로 볼 때 양자컴퓨터는 국가의 사이버보안을 위협하는 극도로 위험한 물건이지만, 장기적으로 보면 이로운 점이 압도적으로 많다. 그중에서도 가장 중요한 것은 세계 경제가 비약적으로 발전하여 모든 사람이 안정된 삶을 누리게 된다는 점이다. 물론 양자의학을 이용하여 난·불치병을 치료할 수도 있다.

이왕 말이 나온 김에, 양자컴퓨터가 기존의 디지털 컴퓨터보다 좋은 점을 하나씩 나열해보자.

1. 검색엔진

과거에는 한 사람이 소유한 석유나 금의 양으로 부富를 평가했으나, 지금은 데이터가 부를 가늠하는 새로운 척도로 부상하고 있다. 과거에 기업들은 철 지난 금융 관련 데이터를 대부분 폐기했지만, 지금은 이 정보가 보석보다 귀하다는 것을 누구나 알고 있다. 그러나 방대한 데이터에서 필요한 정보를 골라내려면 엄청난 양의 계산을 수행해야 하므로, 기존의 디지털 컴퓨터로는 감히 엄두를 낼 수 없었다. 이럴 때 필요한 것이 바로 양자컴퓨터이다. '건초더미에서 바늘 찾기'가 양자컴퓨터의 주특기이기 때문이다. 양자컴퓨터는 회사의 재정 상태를 빠르게 분석하여, 성장을 방해하는 요인을 족집게처럼 찾아낼 것이다.

실제로 제이피모건 체이스는 최근 IBM, 허니웰의 도움으로 데이터를 분석하여 재정적 위험과 불확실성을 더욱 정확하게 예측할 수 있었다.

2. 최적화

양자컴퓨터의 검색엔진으로 데이터의 핵심요소를 걸러내는 데 성공했다면, 그다음에 할 일은 검색엔진을 조정하여 기업의 이익과 같은 특정 요소를 극대화하는 것이다. 대기업이나 대학교, 또는 정부기관에 양자컴퓨터를 도입하면 비용을 최소화하고, 주어진 조건하에서 업무효율과 이익을 최대한으로 높일 수 있다. 예를 들어 회사의 순이익은 급여와 매출, 유지비용 등 수백 가지 요인에 따라 민감하게 달라지는데, 기존의 디지털 컴퓨터로 이익을 최대화하는 조합을 찾는다면 답을 얻기 전에 도산할 가능성이 크다. 그러나 양자컴퓨터를 사용하면 매일 수십억 달러가 오가는 금융시장의 미래를 거의 시간 단위로 예측할 수 있으며, 여기에 기초하여 모든 변수를 최적화할 수 있다.

3. 시뮬레이션

양자컴퓨터를 이용하면 디지털 컴퓨터의 한계를 넘어선 복잡한 방정식도 간단하게 풀 수 있다. 예를 들어 엔지니어링 회사에 양자컴퓨터를 도입하여 제트기와 여객기, 자동차 등에 대한 유체역학 방정식을 풀면 마찰과 제작비용이 가장 적으면서 효율이 가장 높은 형태를 알아낼 수 있다(방정식이 너무 복잡해서 디지털 컴퓨터로는 정확한 해를 알 수 없다 – 옮긴이). 또한 양자컴퓨터를 기상학에 적용하면 일기예보의 정확도를 높이고, 초대형 태풍의 경로를 예측하고, 향후 수십 년 동안 지구온난화가 국가 경제와 개인의 삶에 미치는 영향을 미리 알 수 있다. 또는 거대한 핵융합로에서 가장 이상적인 자석 배치를 양자컴퓨터로 계산하여 '태양을 병 속에' 담을 수도 있다(수소 원자의 핵융합을 구현한다는 뜻이다 – 옮긴이).

그러나 뭐니 뭐니 해도 양자컴퓨터의 가장 큰 이점은 수백 종에 달하는 주요 화학반응을 실시간으로 시뮬레이션할 수 있다는 것이다. 화학물질을 전혀 사용하지 않고 오직 컴퓨터만을 이용하여 원자 규모에서 일어나는 모든 화학반응의 결과를 예측하는 것은 모든 화학자의 꿈이다. 이것이 바로 화학 분야에서 새롭게 등장한 '전산화학 computational chemistry'인데, 아직은 컴퓨터의 성능이 뒤를 받쳐주지 못하여 발전 속도가 더디지만, 양자컴퓨터가 완성되면 본격적인 궤도에 오를 것이다. 이때가 되면 생물학과 의학, 그리고 화학은 양자역학으로 통일될지도 모른다. 제약회사에서 신약 하나를 개발하려면 여러 가지 성분을 혼합하고, 임상실험을 하고, 결과를 분석하는 등 줄잡아 수십 년이 걸리는데, 양자컴퓨터를 이용하면 이 모든 과정을 가상실험실에서 훨씬 빠르게 수행할 수 있다. 지금 제약회사의 연구원들은 천문학적인 비용과 시간을 들여가며 수천 개의 화학실험을 일일이 수행하고 있지만, 양자컴퓨터를 도입한 후에는 단추만 누르면 된다.

4. 인공지능과 양자컴퓨터의 결합

인공지능(AI)은 실수로부터 새로운 것을 배우는 장치이므로, 경험이 쌓일수록 더욱 어려운 임무를 수행할 수 있다. 이것은 산업과 의학 분야에서 이미 검증된 사실이다. 그러나 인공지능은 이론적 기초가 세워졌음에도 불구하고 컴퓨터 연산 능력의 한계 때문에 자신의 가치를 충분히 입증하지 못했다. 이럴 때 양자컴퓨터가 방대한 양의 데이터에서 옥석을 빠르게 가려준다면, 그 뛰어난 능력을 발휘할 수 있을 것이다. 인공지능과 양자컴퓨터가 결합했을 때 발휘되는 능력은 가히 상상을 초월한다.

그 외의 응용 분야

양자컴퓨터는 산업계 전체를 변화시킬 만한 위력을 갖고 있다. 과학자들이 오랫동안 꿈꿔왔던 태양에너지 시대Solar Age도 양자컴퓨터와 함께 도래할 것으로 기대된다. 지난 수십 년 동안 미래학자와 선구자들은 화석연료를 단계적으로 줄이고 지구온난화의 주범인 온실효과를 억제하려면 재생에너지를 써야 한다고 끈질기게 주장해왔다.

그러나 이들의 예상과 달리 태양에너지 시대는 엉뚱한 길로 접어들었다. 그동안 풍력 터빈과 태양광 패널의 가격은 꾸준히 낮아졌지만, 여기서 얻은 에너지는 전체 에너지 생산량의 극히 일부에 불과하다. 왜 그런가?

이유는 간단하다. 새로운 기술이 등장할 때마다 항상 직면하는 문제인 '돈' 때문이다. 재생에너지 예찬론자들은 태양열발전과 풍력발전이 화석연료를 이용한 발전보다 여전히 비싸다는 현실을 직시할 필요가 있다. 구름이 태양을 가리거나 바람이 불지 않으면 재생에너지 생산시설은 하는 일 없이 먼지만 덮어쓸 뿐이다.

많은 사람들이 간과하는 현실이 또 하나 있다. 태양에너지 시대로 넘어가려면 '배터리'라는 좁은 병목을 통과해야 한다. 우리는 기하급수로 발전하는 컴퓨터의 성능에 지나치게 익숙해진 나머지, 모든 전자기술이 그와 같은 속도로 발전한다고 믿는 이상한 습관이 생겼다.

컴퓨터의 성능은 실리콘칩에 새겨넣은 트랜지스터의 개수에 거의 비례하므로, 기판에 에칭을 적용할 때 파장이 더 짧은 자외선을 쪼이기만 하면 성능은 자동으로 향상된다. 그러나 배터리의 성능은 진기한 화학물질들의 복잡한 상호작용에 의해 결정되기 때문에, 속사정이 훨씬 복잡하다. 배터리는 반도체 기판에 새기는 자외선 에칭과 달리 수많은 시행착오를 거치면서 지루할 정도로 느리게 발전하고 있다. 게다가 배터리에 저장된 에너지는 석유에 저장된 에너지보다 훨씬 작다.

양자컴퓨터가 등장하면 이 모든 상황은 한 방에 역전된다. 슈퍼배터리의 효율을 높이기 위해 실험실에서 사투를 벌일 필요 없이, 수천 가지 화학실험을 양자컴퓨터로 시뮬레이션하면 된다. 그러므로 태양에너지 시대는 양자컴퓨터와 함께 도래할 것이다.

실제로 자동차 제조사들은 IBM의 1세대 양자컴퓨터를 이용하여 배터리 문제를 공략하고 있다. 이들의 제1목표는 차세대 리튬-황 배터리의 용량과 충전 속도를 높이는 것이다. 그러나 이런 시도는 기후를 개선하는 여러 방법 중 하나일 뿐이다. 엑손모빌은 양자컴퓨터를 이용하여 저에너지 처리 및 탄소포집carbon capture(화석연료에서 발생한 이산화탄소를 모으는 기술–옮긴이)에 필요한 새로운 화학물질을 개발하는 중이다. 이들의 목표는 양자컴퓨터로 재료의 성질을 시뮬레이션하고, 열용량 같은 화학적 특성을 알아내는 것이다.

프사이퀀텀의 설립자인 제레미 오브라이언은 빠른 컴퓨터를 만드는 것이 새로운 혁명의 골자가 아님을 강조했다. 그가 생각하는 양자혁명의 진정한 의미란 기존의 디지털 컴퓨터로는 아무리 긴 시간을 들여도 결코 해결할 수 없었던 문제(복잡한 화학적, 생물학적 반응의 얼개)의 답을 얻어내는 것이다.[11]

오브라이언은 말한다. "양자컴퓨터의 본분은 과거에도 할 수 있었던 일을 더 빠르게 처리하는 것이 아니다. 우리가 양자컴퓨터에 기대를 거는 이유는 과거에 불가능했던 일을 가능하게 만들어주기 때문이다. 디지털 컴퓨터로 복잡한 화학반응을 시뮬레이션하는 것은 원리적으로 불가능하다. 지구에 매장된 실리콘을 몽땅 채취해서 초대형 슈퍼컴퓨터를 만든다 해도, 과거의 디지털 방식으로는 결코 목적지에 도달할 수 없다."

지구 먹여 살리기

양자컴퓨터는 마냥 증가하는 세계 인구의 식량문제를 해결하는 데에도 중요한 역할을 할 수 있다. 일부 박테리아는 공기 중에서 질소를 취하여 암모니아(NH_3)로 변환하고 있는데, 이로부터 식물의 성장에 필요한 영양분이 생성되는 과정을 '질소고정nitrogen fixing'이라 한다. 지구에 인간을 비롯한 동물이 살아갈 수 있는 이유는 곳곳에 식물이 무성하게 자라기 때문이며, 식물이 무성한 이유는 어디선가 질소고정이 끊임없이 진행되고 있기 때문이다. 개발도상국의 식량문제를 해결한 녹색혁명Green Revolution(20세기 중후반에 식량 생산을 늘리는 데 기여한 일련의 사건 – 옮긴이)은 화학자들이 하버-보슈법Harber-Bosch process(암모니아를 인공적으로 합성하는 공법 – 옮긴이)을 발견하면서 시작되었다. 그러나 세상에 공짜는 없다. 하버-보슈법은 '에너지 먹는 하마'여서, 전 세계 에너지 생산량의 2퍼센트를 소비한다. 생각해보면 참 아이러니하다. 인간이 질소를 고정하려면 막대한 에너지가 필요한데, 박테리아는 이 엄청난 일을 너무도 쉽게 하고 있지 않은가.

여기서 다음과 같은 질문이 떠오른다. 양자컴퓨터로 비료의 생산효율을 높이면 제2의 녹색혁명이 일어날 수도 있지 않을까? 일부 미래학자들은 인구가 지금과 같은 추세로 증가한다면, 머지않아 대기근과 함께 세계적 규모의 폭동이 일어날 것이라고 경고했다.

마이크로소프트의 과학자들은 양자컴퓨터를 이용하여 비료의 생산량을 늘리고 질소고정의 비밀을 푸는 연구를 진행하고 있다. 양자컴퓨터가 '인류문명의 구원자'로서 첫발을 내딛은 것이다. 질소고정 외에 자연에서 일어나는 또 하나의 기적으로 '광합성'을 들 수 있다. 이 과정에서 햇빛과 이산화탄소가 산소와 포도당으로 변하여, 식물을 섭취하는 모든 동물에게 생명에너지를 공급한다. 광합성이 중단되면 그 즉시 먹이사슬이 붕괴되고, 지구의 생명체는 순식간에 멸종할 것이다.

과학자들은 지난 수십 년 동안 각고의 노력 끝에 광합성의 모든 단계를 분자 단위로 낱낱이 분해하는 데 성공했다. 요즘 학생들은 광합성의 원리를 화학 시간에 배우고 있지만, 사실 빛이 당으로 바뀌는 것은 분자 내부에서 진행되는 양자적 과정이다. 이 모든 것을 컴퓨터로 시뮬레이션할 수 있다면 참 좋을 텐데, 계산량이 너무 많아서 디지털 컴퓨터로는 꿈도 꾸지 못했다. 광합성을 인공적으로 수행하면 천연광합성보다 훨씬 높은 효율로 영양분을 생산하여 다가올 식량문제를 해결할 수 있다. 이 꿈같은 일을 실현해줄 후보가 바로 양자컴퓨터이다.

양자컴퓨터가 있으면 광합성의 효율을 높이거나, 태양에너지를 활용하는 새로운 방법이 개발될지도 모른다. 식량문제의 미래는 양자컴퓨터의 성공 여부에 달려 있다고 해도 과언이 아니다.

양자의학의 탄생

양자컴퓨터는 지구환경과 식물의 생명을 되살릴 뿐만 아니라, 병든 사람을 치료하는 능력도 갖추고 있다. 수백만 가지 약의 효능을 디지털 컴퓨터보다 훨씬 빠르게 분석하는 것은 물론이고, 난·불치로 알려진 질병의 근원까지 밝혀줄 것으로 기대된다.

건강한 세포가 갑자기 암세포로 변하는 이유는 무엇이며, 이 치명적인 변화를 막으려면 어떻게 해야 하는가? 알츠하이머의 원인은 무엇이며, 파킨슨병과 루게릭병(ALS)은 왜 불치병으로 남아 있는가? 또 최근 들어 세상을 발칵 뒤집어놓은 코로나 바이러스의 여러 변종은 인체에 얼마나 치명적이며, 백신과 치료제에 어떤 식으로 반응하는가? 양자컴퓨터는 이 모든 질문에 속시원한 답을 줄 수 있다.

의학 역사상 가장 중요한 발명품 2개를 꼽는다면 단연 항생제와 백신일 것이다. 그러나 항생제는 분자 수준에서 어떻게 작용하는지 전혀 모르는 채 오직 시행착오를 거쳐 개발되고 있으며, 백신은 바이러스와 직접 싸우는 특공대가 아니라 바이러스에 대응하는 화학물질의 생성을 촉진하는 비전투 병력일 뿐이다. 두 경우 모두 분자 수준에서 일어나는 메커니즘은 여전히 미지로 남아 있다. 그러나 양자컴퓨터가 완성된다면 백신과 항생제의 효능을 높이고, 개발 기간도 크게 단축할 수 있다.

지난 2003년에 완료된 인간유전체 프로젝트는 인체의 청사진을 형성하는 30억 개의 염기쌍과 유전자 2만 개의 순서를 규명한 초대형 연구과제였다. 그러나 이것은 단지 시작에 불과하다. 방대한 양의 유전자 코드가 주어졌으니 DNA와 단백질이 체내에서 어떻게 기적 같은 일을 해내는지 설명할 수 있을 것 같은데, 계산량이 너무 많아서 디지털 컴퓨터로는 극히 제한된 정보밖에 얻을 수 없다. 단백질은 수천 개의 원자로 이루어진 복잡한 물질로서, 주어진 임무를 수행할 때에는 양자역학적 과정을 거쳐 작은 공 모양으로 변신한다. 즉, 생명현상은 가장 근본적인 단계에서 양자역학으로 설명되기 때문에, 디지털 컴퓨터로는 그 복잡한 내막을 알 길이 없다.

양자컴퓨터가 완성되면 분자 수준에서 일어나는 메커니즘을 해독하여 단백질의 작동 원리를 이해하고, 이로부터 새로운 치료법을 개발할 수 있다. 간단히 말해서, 의학의 새로운 장이 열리는 것이다.

실제로 프로틴큐어와 디지털헬스150, 머크, 바이오젠 등 일부 제약회사들은 이미 양자컴퓨터로 신약의 효능을 분석하는 연구센터를 설립하여 적극적으로 운영하고 있다.

물론 자연도 생명의 기적을 구현하는 천연 연구소를 자체적으로 운영해왔다. 그러나 여기 적용되는 메커니즘은 수십억 년에 걸친 자연선택과 우연의 부산물이어서, 인간은 여전히 특정 난치병과 노화에 시달리고 있다. 분자 수준에서 진행되는 복잡다단한 과정을 이해하면 양자컴퓨터를 이용하여 효율을 높이거나 완전히 새로운 방법을 개발할 수도 있다. 예를 들어 DNA 유전체학genomics(유전체의 염기서열을 연구하는 분야 – 옮긴이)에 양자컴퓨터를 도입하면 유방암의 원인으로 알려진 BRCA1 및 BRCA2와 같은 유전자의 식별이 가능해진다. 물론 디지털 컴퓨터로는 어림도 없는 일이다(몸 전체로 퍼져나가는 암세포를 막을 수도 없다). 양자컴퓨터가 등장하면 인간의 면역체계를 통째로 해독하여, 모든 질병을 다스리는 신약과 치료법을 개발할 수 있을 것이다.

세계 인구가 점차 고령화되면서 '세기적 질병'으로 떠오른 알츠하이머(치매)도 심각한 문제이다. 과학자들은 디지털 컴퓨터를 이용하여 ApoE4 유전자의 변이가 알츠하이머와 관련되어 있음을 알아냈지만, 구체적인 원인은 아직 규명되지 않은 상태이다.

학계에 알려진 가설 중 하나는 두뇌에 있는 특정 아밀로이드 단백질amyloid protein이 잘못된 방식으로 접히면서 생성된 프리온prion(단백질성 감염입자. 단백질을 뜻하는 protein과 바이러스의 최소 단위를 뜻하는 virion의 합성어 – 옮긴이)이 알츠하이머를 유발한다는 것이다. 이렇게 변형된 단백질은 주변에 있는 다른 단백질도 잘못 접히도록 유도하면서 세력을 확장해나간다. 이 과정은 박테리아나 바이러스와 무관하지만, 단백질 분자의 접촉을 통해 퍼지기 때문에 제어하기가 매우 어렵다. 과학자들은 알츠하이머뿐만 아니라 파킨슨병과 루게릭병 등 주로 노인에게 발발하는 난·불치병의 주범으로 잘못 접힌 프리온을 지목하고 있다.

단백질 접힘 문제는 생물학에 남아 있는 거대한 미지의 영역 중 하나이다. 전문가들 중에는 생명의 비밀이 그 안에 들어 있다고 주장하는 사람도 있다. 그러나 단백질이 접히는 과정은 기존의 컴퓨터로 분석이 불가능할 정도로 복잡하다. 이 과정의 숨은 비밀을 밝히고 치료법을 제공할 수 있는 후보는 오직 양자컴퓨터뿐이다.

양자컴퓨터와 인공지능이 결합하면 의학의 미래는 더욱 밝아진다. 과학자들은 알파폴드AlphaFold라는 인공지능 프로그램을 이용하여, 인체를 구성하는 단백질을 포함한 35만여 종 단백질의 분자구조를 알아냈다. 다음 단계는 양자컴퓨터를 이용하여 단백질이 부리는 마법의 비결을 밝히고, 이로부터 차세대 신약과 치료법을 개발하는 것이다.

과학자들은 스스로 배워나가는 차세대 컴퓨터를 구현하기 위해, 초기 버전의 양자컴퓨터를 신경망에 연결해놓았다. 지금 당신이 사용하는 랩톱(노트북 컴퓨터)에는 이런 기능이 없어서, 세월이 아무리 흘러도 성능이 개선되지 않는다. 컴퓨터가 딥러닝을 통해 스스로 오류를 인지하고 새로운 지식을 배워나가기 시작한 것은 극히 최근의 일이다. 여기에 양자컴퓨터가 합세하면 학습속도가 기하급수적으로 빨라지면서 의학 및 생물학 분야에 일대 지각변동이 일어날 것이다.

구글의 CEO 순다르 피차이는 양자컴퓨터가 탄생하는 날을 라이트 형제가 최초로 동력비행에 성공했던 1903년 12월 17일에 비유했다. 첫 비행은 12초 동안 고작 37미터밖에 날지 못했으니, 별로 주목할 만한 결과는 아니었다. 그러나 라이트 형제는 이 짧은 비행으로 현대 항공학의 지평을 열었고, 인류의 문명을 크게 바꿔놓았다.

지금 우리는 120년 전과 거의 같은 상황에 처해 있다. 양자컴퓨터를 만들 줄 알거나 사용할 줄 알면 누구에게나 기회가 열려 있는 세상이 곧 올 것이다. 그러나 양자컴퓨터의 위력을 제대로 이해하려면, 과거에 시도했던 시뮬레이션의 사례들을 면밀히 검토해볼 필요가 있다.

역사상 최초의 컴퓨터 시뮬레이션은 언제 실행되었을까? 놀랍게도 그 기원은 지중해 바닥에서 발견된 2천 년 전의 유물로 거슬러 올라간다.

2장.

디지털 시대의 종말

1901년, 에게해의 깊은 바닥에서 보기 드문 유물이 발견되었다. 안티키테라섬 근처에서 난파선의 보물을 찾던 잠수부의 눈에 호기심을 사정없이 자극하는 의외의 물건이 나타난 것이다. 처음에 잠수부들은 부서진 배 안에서 깨진 도자기와 동전, 보석 등을 발견하고 쾌재를 불렀으나, 얼마 후 이상한 물건을 발견하고는 당혹감을 감추지 못했다. 언뜻 보기에는 산호로 덮인 돌덩어리처럼 생겼는데, 접시처럼 동그란 모습이 아무래도 사람이 만든 인공물인 것 같았다.

표면에 덮인 잔해를 모두 걷어냈을 때, 고고학자들은 벌어진 입을 다물지 못했다. 그것은 단순한 장식용 도구가 아니라, 여러 개의 톱니바퀴와 기어가 정교하게 맞물려 돌아가는 정밀한 기계장치였던 것이다. 난파선에서 발견된 다른 유물에 근거하여 제작 연대를 산출한 결과, 그 기계는 기원전 150~100년 사이에 만들어진 것으로 추정되었으며, 일부 역사가들은 이 물건을 로마제국의 원정군이 개선 행진을 할 때 율리우스 카이사르에게 헌정하기 위해 로도스에서 가져온 것이라고 주장했다.

이 유물은 그 후 한 세기가 지나도록 박물관에 보관되어 있다가 2008년에 처음으로 현대과학의 수술대 위에 오르게 된다. 한 무리의 과학자들이 X선 단층촬영기와 고해상도 스캐너를 이용하여 유물의 내부를 들여다본 것이다. 물론 분석 과정에 참여한 사람들은 기계의 복잡함과 세밀함에 할 말을 잃고 말았다. 2천 년도 넘은 옛날에 이토록 정교한 장비가 존재했다니, 눈으로 보고도 믿을 수가 없었다.

고대 문헌을 이 잡듯이 뒤져봐도, 이런 장치에 대한 기록은 없다. 고고학자들은 고대 과학의 최고 지식이 이 하나의 기계장치에 집약되어 있다고 생각했다. 수천 년 전의 초신성이 그들을 바라보고 있었다. 그것은 향후 2천 년 동안 두 번 다시 만들어지지 않을 '가장 오래된 컴퓨터'였다.

과학자들은 심혈을 기울여 이 놀라운 기계를 복원해보았다. 크랭크의 손잡이를 돌리면 청동으로 제작된 37개의 톱니바퀴가 순차적으로 회전하면서 태양과 달의 움직임을 재현하고, 또 다른 부분은 차기 일식이 일어나는 날짜를 계산한다. 장치가 어찌나 정교한지, 불규칙적으로 나타나는 달의 미세한 움직임까지 계산할 수 있다. 원의 테두리에는 수성, 금성, 화성, 목성, 토성의 운동이 연대순으로 적혀 있는데(물론 고대 그리스어로 기록되어 있다), 과학자들은 일부 손실된 부분에 행성의 정확한 궤적까지 기록되었을 것으로 믿고 있다.

그 후로 과학자들은 안티키테라의 내부 구조를 다양한 버전으로 제작했고, 새로운 버전이 공개될 때마다 역사가들은 고대 그리스인의

안티키테라 기계장치
2천 년 전, 고대 그리스인들은 최초의 컴퓨터인 '안티키테라'를 만들었다. 이 사진은 유물에 기초하여 원래의 모습을 복원한 것이다. 안티키테라가 컴퓨터의 시작이라면, 양자컴퓨터는 컴퓨터 진화의 최정점에 해당한다. (Freeth, T., Higgon, D., Dacanalis, A., et al. A Model of the Cosmos in the Ancient Greek Antikythera Mechanism. Sci Rep 11, 5821 (2021).)

높은 과학 수준에 연신 감탄했다. 그것은 우주를 시뮬레이션하는 최초의 도구이자, 기계의 연속적인 운동으로 계산을 수행하는 최초의 아날로그 컴퓨터였다.

고대 그리스인들은 손에 쥘 수 있을 정도로 작은 도구를 이용하여 천체의 운동을 재현함으로써 우주의 신비에 한 걸음 더 가까이 다가갔다. 그들은 밤하늘을 그저 경이로운 눈으로 바라보는 데 그치지 않고 천체의 움직임을 주의깊게 관찰한 끝에, 하늘의 법칙을 안티키테라에 거의 완벽한 형태로 재현해냈다. 동시대 다른 분야의 수준과 비교해볼 때, 안티키테라는 그 복잡성과 정교함에서 타의 추종을 불허한다.

양자컴퓨터: 궁극의 시뮬레이션

우주를 시뮬레이션하려는 고대인의 시도는 안티키테라에서 정점을 찍었다. 인류는 지난 2천 년 동안 우주에서 원자에 이르는 모든 것을 시뮬레이션하기 위해 무진 애를 써왔으며, 이것이 바로 양자컴퓨터의 개발을 촉진한 원동력이기도 하다.

사실 시뮬레이션은 인간이 가진 가장 강렬한 욕구 중 하나이다. 어린아이들이 인형이나 모형 가구를 갖고 노는 소꿉놀이도 따지고 보면 시뮬레이션의 일종이다. 아이들은 남편과 아내, 경찰과 강도, 교사와 학생, 의사와 환자 등 복잡한 인간관계를 시뮬레이션하면서 사회의 일원이 되기 위한 예행연습을 한다. 그러나 우리가 사는 세상은 워낙 복잡한 시스템이어서, 이것을 완벽하게 시뮬레이션하는 기계는 수백 년이 지난 후에야 만들어질 것이다.

배비지의 기계식 계산기(차분기관)

로마제국이 멸망한 후 우주 시뮬레이션을 포함한 대부분의 과학은 오랜 세월 동안 극심한 정체기를 겪다가 1800년대부터 조금씩 되살아나기 시작했다. 이 무렵에 기계의 도움을 받지 않고서는 도저히 풀 수 없는 긴급한 문제들이 여러 분야에서 대두되었기 때문이다.

그중 하나가 바로 망망대해를 항해하는 선박의 안전과 관련된 문제였다. 당시 항해사들은 오직 지도와 나침반에 의존하여 항로를 결정했는데, 부정확한 지도 때문에 대형사고가 빈번하게 발생했던 것이다.

대륙 간 무역과 교류가 활발해지면서 항해 중인 배의 현재 위치를 정확하게 산출하는 기계장치가 절실하게 필요해졌고, 고객의 예금과 담보대출의 이율을 일일이 손으로 계산하던 회계사들도 자동계산기의 출현을 학수고대하고 있었다.

제아무리 계산에 능통한 사람도 실행횟수가 많아지면 실수를 범하기 마련이다. 게다가 항법사나 회계사가 이런 실수를 저지르면 곧바로 대형사고로 이어진다. 그리하여 과학자들은 절대로 실수하지 않는 기계식 계산기에 관심을 두기 시작했고, 기계가 점차 복잡해짐에 따라 발명가들 사이에 치열한 경쟁이 벌어졌다.

이 분야에서 가장 야심 찬 프로젝트를 이끈 사람은 영국의 발명가이자 컴퓨터의 아버지로 불리는 찰스 배비지였다. 그는 예술과 정치 등 여러 분야에서 뛰어난 재능을 보였지만 언제나 변치 않는 관심사가 하나 있었으니, 그것은 바로 '숫자'였다. 다행히도 그의 부친이 부유한 은행가였기 때문에, 먹고사는 걱정 없이 다양한 관심사를 추구할 수 있었다.

은행가와 엔지니어, 선원, 그리고 군대까지 자동계산기를 간절히 원하던 시대에 배비지는 지루한 계산을 오류 없이 해내는 당대 최고의 계산 장치를 만들기로 결심했다. 일단 그는 두 가지 목표를 세웠는데, 첫째는 왕립 천문학회의 회원으로서 행성을 비롯한 천체의 운동을 추적하는 기계를 만드는 것이었고(이를 위해서는 안티키테라를 설계한 고대인들처럼 아무도 생각하지 않은 선구적 아이디어를 떠올려야 한다), 두 번째는 해양산업의 안전을 위해 누구나 신뢰할 수 있는 항해지도를 제작하는 것이었다. 당시 영국은 자타가 공인하는 해상강국이었는데, 지도상의 오류 때문에 곳곳에서 사고가 발생하여 매년 막대한 손실을 보고 있었다. 배비지는 행성의 운동에서 항법과 이자율에 이르기까지, 모든 것을 계산하는 강력한 기계식 범용계산기를 만들기로 마음먹었다.

물론 이 엄청난 기계를 혼자 만드는 건 불가능하다. 배비지는 사방을 돌아다니며 자신의 원대한 프로젝트에 참여할 인재를 수소문했는데, 합류한 사람 중에는 명망 있는 귀족 가문의 일원이자 바이런 경의 딸인 에이다 러브레이스도 있었다. 그녀는 당시 여성으로서는 드물게 수학을 진지하게 공부한 학생이었다. 배비지의 프로젝트를 듣는 즉시 에이다는 지대한 관심을 보이면서 적극적으로 참여 의사를 밝혔다고 한다.

러브레이스는 계산 분야에서 배비지와 함께 새로운 개념을 도입한 사람으로 알려져 있다. 일반적으로 기계식 컴퓨터는 기어와 톱니바퀴로 연산을 하나씩 순차적으로 계산하는 방식이어서, 속도가 별로 빠르지 않다. 그러므로 수천 개의 숫자표(로그표, 이자율, 항법차트 등)를 한 번에 생성하려면 수많은 반복 과정을 지시하는 일련의 지침이 있어야 한다. 다시 말해서, 하드웨어의 계산 순서를 지정하는 소프트웨어가 필요하다는 뜻이다. 그래서 러브레이스는 계산에 반드시 필요한 베르누이 수(거듭제곱의 합과 삼각함수의 멱급수 등 다양한 공식에 등장하는 유리수 수열 – 옮긴이)를 체계적으로 생성하는 일련의 지침을 만들었다. 그러니까 러브레이스는 인류 최초의 프로그래머였던 셈이다.

역사학자들은 배비지도 소프트웨어와 프로그램의 중요성을 알고 있었다는 데 대체로 동의하는 편이다. 그러나 컴퓨터 프로그램에 대한 최초의 설명이 일목요연하게 정리되어 있는 것은 1843년에 러브레이스가 남긴 연구노트이다.

또한 그녀는 컴퓨터가 숫자를 계산할 뿐만 아니라, 광범위한 영역에서 기호 개념을 일반화할 수 있다고 생각했다(이 부분도 배비지와 생각이 일치한다). 컴퓨터 역사가이자 작가인 도론 스웨이드는 러브레이스를 다음과 같이 평가했다. "그녀는 배비지가 미처 보지 못한 중요한 사실 하나를 포착했다. 계산장치를 설계하는 내내 배비지의 머릿속은 온통 숫자 생각뿐이었으나, 러브레이스는 기계를 잘 활용하면 숫자 이외의 다른 분야에 활용할 수 있다고 생각했다. 숫자를 계산하는 기계가 있고, 그 숫자가 문자나 음표 같은 기호를 대신할 수 있다면, 기계는 주어진 규칙에 따라 기호를 처리할 수 있음을 간파한 것이다."[1]

실제로 러브레이스는 자신의 연구노트에 "컴퓨터를 적절하게 프로그램하면 음악을 재생할 수 있으며, 일련의 규칙을 명시하면 작곡도 할 수 있다"고 적어놓았다.[2] 그렇다. 컴퓨터는 단순한 숫자 계산기가 아니라 과학, 예술, 음악 등 거의 모든 분야에 적용할 수 있는 만능기계였던 것이다. 그러나 러브레이스는 세상을 바꿀 아이디어를 펼쳐보지도 못하고 36세의 젊은 나이에 암으로 사망했다.

배비지도 별로 운이 좋지 않았다. 그는 주변인들과 수시로 논쟁을 벌이면서 만성적인 자금 부족에 시달리다가 환상적인 기계를 끝내 구현하지 못한 채 세상을 떠났고, 당대 최고의 설계도와 아이디어도 그의 죽음과 함께 사라졌다.

그러나 다행히도 과학자들은 배비지가 사망한 후 얼마 남지 않은 자료를 뒤지며 그의 아이디어를 복원하기 시작했다. 그가 남긴 설계도 중 하나에는 2만 5000개의 부품으로 이루어진 4톤짜리 기계가 그려져 있었는데(높이는 2.4미터쯤 된다), 50자리 수 1천 개를 한 번에 계산할 수 있을 정도로 뛰어난 계산기였다. 공학자들은 1960년까지 배비지 머신의 기억용량을 뛰어넘는 컴퓨터를 만들지 못했다.

배비지가 세상을 떠나고 거의 100년이 지난 후, 런던 과학박물관의 공학자들은 그의 설계도 중 하나를 그대로 구현하여 고색창연한 계산기를 만들었다. 원래 의도는 최초의 계산기를 기념품 삼아 복원해 전시하는 것이었으나, 놀랍게도 모든 부분이 설계도에 적힌 대로 정확하게 작동했다.

수학은 완전한 학문인가?

산업화의 열풍 속에서 공학자들이 기계식 컴퓨터 제작에 열을 올리고 있을 때, 순수수학자들은 또 다른 문제 때문에 골머리를 앓고 있었다. 고대 그리스의 기하학자들은 수학적으로 참인 명제true statement(이것을 편의상 '참명제'라 하자. 반대말은 '거짓명제'이다 – 옮긴이)가 엄밀하게 증명되기를 원했고, 반드시 그렇게 되어야 한다고 믿었다.

그러나 놀랍게도 이 간단한 생각은 향후 2천 년 동안 수학자들을 무던히도 괴롭히게 된다. 유클리드의《원론》을 이어받은 후대 수학자들은 기하학 정리를 일일이 증명하기 위해 수백 년 동안 사투를 벌였고, 한 시대를 대표했던 뛰어난 사상가들은 참명제를 더욱 정교한 논리로 증명해나갔다. 요즘도 수학자들은 증명 가능한 참명제를 찾기 위해 평생을 바치고 있다. 그러나 배비지와 같은 시대를 살았던 수학자들은 더욱 근본적인 질문을 떠올렸다. 수학은 자체적으로 완전한 학문인가? 수학의 규칙을 잘 따르기만 하면 모든 참명제를 증명할 수 있는가? 아니면 절대로 증명될 수 없는 참명제가 존재하는가?

1900년에 독일의 위대한 수학자 다비트 힐베르트는 그때까지 풀리지 않은 23개의 수학 문제를 공개하면서 전 세계 수학자들의 동참을 호소했고, 여기에 자극받은 젊은 수학자들은 미해결 정리를 하나씩 증명해나가면서 20세기 수학의 새로운 리더로 떠올랐다.

그러나 수학을 굳건한 토대 위에 세우겠다던 힐베르트의 야심 찬 프로젝트는 뜻대로 흘러가지 않았다. 그가 제시했던 23개의 문제들 중에는 주어진 일련의 공리를 이용하여 모든 참명제를 증명하는 고색창연한 문제가 끼어 있었는데, 1931년에 오스트리아 출신의 젊은 수학자 쿠르트 괴델이 '수학에는 증명될 수 없는 참명제가 존재한다'는 것을 증명한 것이다(이것을 괴델의 '불완전성 정리'라 한다 – 옮긴이).

괴델이 날린 이 한 방으로 2천 년 전 그리스 수학자들의 순진했던 꿈은 산산이 부서졌고, 현대 수학은 회복할 수 없는 치명상을 입었다. 결국 수학은 고대 그리스인들이 생각했던 깔끔하고 완전하면서 증명 가능한 명제의 전당이 아니었던 것이다. 더욱 곤란한 것은 물리적 세계를 서술하는 데 사용했던 수학조차도 너저분하고 불완전했다는 점이다.

앨런 튜링: 컴퓨터과학의 선구자

그로부터 몇 년 후, 영국의 젊은 수학자 앨런 튜링이 괴델의 불완전성 정리를 파고들다가 질문 자체를 재구성하는 독창적인 방법을 떠올렸고, 바로 그때부터 컴퓨터과학의 미래가 결정되었다.

튜링의 천재성은 어린 시절부터 두각을 나타냈다. 그가 다녔던 초등학교 교장은 이런 말을 한 적이 있다. "우리 학교에는 똑똑한 학생과 성실한 학생이 있습니다. 그러나 앨런 튜링은 이들 중 어디에도 속하지 않는 진짜 천재입니다."[3] 훗날 그는 컴퓨터과학과 인공지능의 아버지로 불리게 된다.

그는 주변 사람들의 반대와 숱한 고난에도 불구하고 수학의 대가가 되겠다는 꿈을 포기하지 않았다. 초등학교 교장은 '공립학교에서 시간을 낭비하고 있다'며 과학 공부를 못 하게 말렸지만, 그럴수록 튜링의 결심은 더욱 확고해졌다. 그가 14살 때 영국 노동조합회의(TUC)가 총파업을 선언하여 학교까지 운행하는 기차가 없자 학교에 가는 것이 삶의 전부였던 튜링은 자전거를 타고 100킬로미터에 가까운 거리를 달렸다.

튜링은 배비지의 기계식 계산기 차분기관difference engine처럼 복잡한 장치를 만드는 대신, 스스로 다음과 같은 질문을 떠올렸다. 기계식 컴퓨터의 계산 능력에 수학적 한계가 있는가?

이 질문을 좀 더 직설적으로 바꾸면 다음과 같다. 컴퓨터는 모든 것을 증명할 수 있는가?

모든 것을 증명하려면 컴퓨터과학은 더욱 엄밀해져야 한다. 유별난 엔지니어들이 사방에 흩어진 아이디어를 모아서 짜깁기하듯 만들어낸 기계로는 어림도 없다. 그러나 당시에는 계산의 한계를 분석할 체계적 방법이 없었기에, 1936년에 튜링은 계산의 본질이 반영되어 있으면서 컴퓨터를 굳건한 수학적 기초 위에 올려놓는 단순한 기계를 떠올렸다. 이것이 바로 그 유명한 튜링머신으로, 요즘 사용되는 모든 컴퓨터의 모체에 해당한다. 펜타곤(미국 국방부)의 거대한 슈퍼컴퓨터에서 주머니에 쏙 들어가는 스마트폰에 이르기까지, 모든 컴퓨터는 튜링머신이 현실세계에 구현된 사례라 할 수 있다. 아니, 현대사회 전체가 튜링머신으로부터 탄생했다고 해도 과언이 아니다.

튜링은 일련의 사각형(또는 셀cell)으로 이루어진 무한히 긴 테이프를 떠올렸다. 개개의 사각형에는 숫자 0이나 1이 할당될 수 있으며, 빈칸으로 남을 수도 있다.

이제 프로세서가 테이프를 읽으면서 여섯 종류의 간단한 작업을 수행한다. 이 과정에서 0을 1로, 또는 1을 0으로 바꿀 수 있으며, 사각형을 왼쪽이나 오른쪽으로 한 칸 이동시킬 수도 있다.

1. 사각형에 할당된 숫자를 읽는다.
2. 빈 사각형에 0이나 1을 할당한다.
3. 사각형을 왼쪽으로 한 칸 이동시킨다.
4. 사각형을 오른쪽으로 한 칸 이동시킨다.
5. 사각형에 할당된 숫자를 바꾼다.
6. 작동을 멈춘다.

튜링머신은 십진법이 아닌 이진법을 사용한다. 1은 1로, 2는 10으로, 3은 11로, 4는 100으로 쓰는 식이다. 물론 숫자를 기억하는 메모리(기억장치)도 있다. 모든 과정이 끝나면 프로세서가 최종 결과를 출력한다.

다시 말해서, 튜링머신은 하나의 숫자를 받아들인 후 소프트웨어의 명령에 따라 작업을 수행하여 다른 숫자로 바꾸는 장치이다. 튜링은 0을 1로 바꾸거나 1을 0으로 바꾸는 과정을 체계적으로 이행하면 수학에 등장하는 모든 연산을 수행할 수 있다고 결론지었다. 수학이라는 완고한 학문이 튜링머신을 통해 하나의 게임으로 변신한 것이다.

튜링은 그의 창의적인 논문에서 자신이 고안한 머신에 일련의 간단한 지침을 하달하면 덧셈과 뺄셈, 곱셈, 나눗셈 등 모든 연산을 수행할 수 있다고 주장했다. 그러고는 이 결과를 이용하여 수학 역사상(계산 분야에서) 가장 어려운 문제 중 일부를 증명했다. 모든 수학이 계산의 관점으로 재서술될 수 있음을 입증한 것이다.

튜링머신의 산술계산법을 이해하기 위해, 2+2가 계산되는 과정을 알아보자. 이 계산은 2, 즉 010이 할당된 입력용 테이프에서 시작된다. 여기서 헤더(읽고 쓰는 장치)가 가운데 사각형으로 이동하여 1을 0으로 바꾸고 왼쪽으로 한 칸 이동하여 0을 1로 바꾼다. 그러면 테이프의 정보는 100(십진수의 4에 해당함)으로 바뀌고, 이 값이 결과로 출력된다. 이 단순한 명령을 일반화하면 덧셈, 뺄셈, 나눗셈이 포함된 모든 계산을 수행할 수 있으며, 약간의 중간 과정을 추가하면 나눗셈도 할 수 있다.

그다음으로 튜링은 간단하면서도 중요한 질문을 떠올렸다. 고등수학의 범주에 속하는 괴델의 불완전성 정리를 단순하지만 수학의 정수精髓가 담긴 튜링머신으로 증명할 수 있을까?

이 질문의 답을 구하려면 '계산 가능한 것'부터 정의해야 한다. 튜

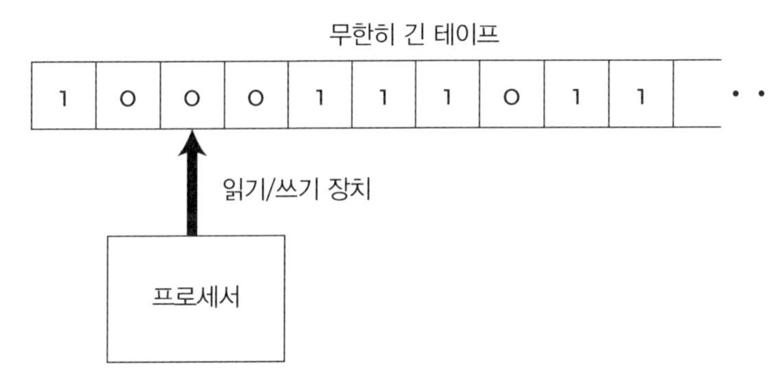

튜링머신
튜링머신은 (a)무한히 긴 입력용 디지털 테이프와 (b)출력용 디지털 테이프, 그리고 (c)주어진 규칙에 따라 입력정보를 출력으로 변환하는 프로세서로 구성되어 있다. 단순하면서도 효율적인 이 설계도는 현대 디지털 컴퓨터의 모태가 되었다. (Mapping Specialists Ltd.)

링의 정의에 의하면 증명(계산) 가능한 정리란 튜링머신으로 유한한 시간 안에 증명할 수 있는 정리이다. 튜링머신으로 증명하는 데 무한대의 시간이 소요되는 정리는 사실상 증명이 불가능하며, 따라서 그 정리의 참-거짓 여부를 알아낼 수 없다.

따라서 괴델이 제기했던 난해한 질문은 다음과 같이 간단하게 축약된다. 일련의 공리가 주어졌을 때 튜링머신으로 유한한 시간 안에 증명할 수 없는 명제가 존재하는가?

튜링이 얻은 답은 괴델의 답과 마찬가지로 '존재한다'였다. 수학계에 떨어진 괴델의 폭탄이 가짜가 아닌 진품임을 다시 한번 확인한 것이다. 튜링의 결과가 알려지자 수학자들은 좌절을 넘어 공포에 떨기 시작했다. 직관적이면서 간단한 논리로 수학의 완전성을 증명하겠다는 수천 년의 노력이 물거품이라는 것을 재확인했으니 그럴 만도 했다. 세상에서 가장 강력한 컴퓨터에 일련의 공리를 정확하게 입력해도, 수학에는 유한한 시간 안에 증명할 수 없는 참명제가 존재한다.

전쟁과 컴퓨터

이로써 튜링은 당대 최고의 수학 천재임을 입증했으나, 그의 연구는 제2차 세계대전 발발과 함께 중단되었다. 런던 외곽의 블레츨리 파크에 있는 군사시설에서 독일군의 암호를 해독하는 비전투요원으로 발탁되었기 때문이다. 당시 나치는 모든 전문을 에니그마Enigma 머신으로 암호화하여 송출했는데, 영국의 과학자들이 이것을 해독하지 못하여 사방에 피해가 속출하고 있었다(특히 본부의 암호 지령을 받은 독일 해군의 U보트는 영국으로 보급품을 실어나르는 미국의 수송선단을 가차 없이 침몰시키면서 영국의 목줄을 죄어왔다 – 옮긴이). 전 세계의 운명이 에니그마 암호의 해독 여부에 따라 달라지는 백척간두에 서게 된 것이다.

블레츨리에 모인 튜링과 그의 동료들은 나치의 암호를 체계적으로 해독하는 계산기를 만들기로 합의하고, 곧바로 제작에 들어갔다. 기존의 증기구동장치는 기어의 작동이 느리고 자주 걸리는 등 문제가 많았지만, 이들이 처음으로 만든 계산기 '봄베bombe'는 로터와 드럼, 계전기를 전기로 구동하는 방식이어서 시간을 많이 절약할 수 있었다(기본적인 설계는 배비지의 차분기관과 비슷했다).

그러나 튜링은 여기에 만족하지 않고 더욱 야심 찬 프로젝트인 콜로서스Colossus에 합류하여 새로운 컴퓨터의 지평을 열었다. 역사가들은 이때 제작된 기계를 '프로그램이 가능한 최초의 디지털 컴퓨터'로 평가하는데, 가장 큰 이유는 차분기관이나 봄베에 사용되는 기계 부품과 달리, 거의 광속에 가까운 전기신호로 작동하는 진공관을 사용했기 때문이다. 전기회로에서 진공관의 역할은 물의 흐름을 제어하는 밸브와 비슷하다. 배관 시스템에서 작은 밸브 하나를 작동하면 굵은 파이프 속의 물을 차단하거나 흐르게 할 수 있는데, 전기회로에서는 이 두 가지 상태가 0 또는 1로 표현된다. 즉, 파이프와 밸브로 이루어진 배관 시스템에서 물을 전기로 바꾸고 밸브를 진공관으로 대체하면 곧바로 디지털 컴퓨터가 된다. 블레츨리 파크의 기계는 수많은 진공관이 전기의 흐름을 제어하면서 엄청난 속도로 디지털 계산을 수행할 수 있었다. 튜링을 비롯한 일단의 연구원들이 아날로그 컴퓨터를 디지털 컴퓨터로 바꾼 것이다. 콜로서스 프로젝트에서 탄생한 컴퓨터 중 하나는 진공관이 2400개나 달려 있어서 커다란 실험실을 가득 채울 정도로 덩치가 컸다.

디지털 컴퓨터는 속도가 빠르다는 것 외에 또 다른 장점이 있다. 사무실의 복사기로 사진을 복제하는 과정을 생각해보자(원본을 계속 복제하는 게 아니라, n번째 복사본을 원본으로 삼아 n+1번째 복사본을 만든다고 가정하자 – 옮긴이). 이런 경우 복제를 반복할수록 원본의 정보가 부분적으로 유실되다가 어느 단계에 이르면 모든 정보가 사라진다. 즉, 아날로그 신호는 원본을 복제할 때마다 오류가 발생하기 쉽다.

이제 그림을 디지털화해서(예를 들면 스캐너로 긁어서) 모든 정보를 0과 1의 배열로 바꿨다고 하자. 그림이 처음으로 디지털화되는 과정에서 정보의 일부가 유실되지만, 한 번 만들어진 디지털 그림은 복사를 아무리 많이 거쳐도 정보가 거의 그대로 유지된다. 간단히 말해서, 디지털 컴퓨터가 아날로그 컴퓨터보다 훨씬 정확하다.

게다가 디지털 정보는 편집하기도 쉽다. 손으로 그린 그림을 캔버스에서 직접 수정하려면 여러 단계를 거쳐야 하지만, 디지털화된 그림은 수학 알고리듬algorithm을 이용하여 간단하게 수정할 수 있다. 포토샵에서 사용되는 다양한 필터와 수정 도구가 대표적 사례이다.

튜링과 그의 동료들은 전시의 엄청난 압박 속에서 1942년에 드디어 에니그마 암호를 해독하는 데 성공했다. 그 덕분에 영국군은 대서양을 휘젓고 다니는 나치의 함대에 효율적으로 대응할 수 있었고, 나치 사령부에 깊숙이 침투하여 비밀계획을 미리 알아낼 수도 있게 되었다. 콜로서스 프로젝트는 노르망디 상륙작전이 개시되기 직전인 1944년에 완료되어 독일군의 준비가 허술한 곳을 골라 침투하는 데 결정적인 도움을 주었으며, 상륙작전이 성공한 후로 나치 제국은 몰락의 길을 걷게 된다.

이 모든 이야기는 2014년에 개봉한 영화 〈이미테이션 게임〉의 모티브가 되었다. 블레츨리 암호해독팀의 헌신적인 노력이 없었다면 제2차 세계대전은 몇 년간 더 계속되면서 숱한 희생자를 낳았을 것이다. 역사학자 해리 힌슬리는 튜링을 비롯한 블레츨리 연구팀 덕분에 전쟁이 2년 이상 단축되었으며, 1400만 명이 넘는 목숨을 구한 것으로 평가했다. 이들 덕분에 수많은 양민이 전쟁에서 살아남을 수 있었고, 자칫하면 히틀러의 손아귀에 떨어질 뻔했던 유럽이 지금과 같은 국경을 갖게 된 것이다.

미국에서 원자폭탄 개발에 참여했던 사람들은 전쟁이 끝난 후 영웅대접을 받았지만, 영국의 튜링에게는 전혀 다른 운명이 기다리고 있었다. 영국 정부가 국가 기밀법에 의거하여 그의 업적을 수십 년 동안 공개하지 않았기 때문에, 사람들은 전쟁 기간 동안 튜링이 어디서 무슨 일을 했는지 전혀 모르고 있었다.

튜링과 인공지능의 탄생

전쟁이 끝난 후, 튜링은 젊은 시절부터 관심을 가져왔던 인공지능을 연구하기 시작하여 1950년에 논문을 발표했다. 이 유명한 논문은 "기계는 생각할 수 있는가?"라는 질문으로 시작된다.

이 질문을 조금 다르게 표현하면 다음과 같다. 인간의 두뇌는 일종의 튜링머신인가?

의식意識과 영혼 등 인간을 인간답게 만드는 요인에 대하여 수백 년 동안 이어져온 철학적 논쟁에 지칠 대로 지친 그는 의식을 정의하거나 그 존재를 테스트하는 방법이 없는 한, 모든 철학적 토론은 무의미하다고 결론지었다.

여기서 탄생한 것이 바로 그 유명한 튜링 테스트로서, 진행 방법은 다음과 같다. 일단 밀폐된 방에 사람을 들여보내고, 또 다른 방에는 로봇을 갖다 놓는다. 당신은 이들에게 서면으로 질문을 할 수 있고, 각자의 답변을 글로 확인할 수 있다. 이런 방법으로 당신은 어느 쪽이 사람인지 알아낼 수 있을까? 튜링은 이 테스트를 '이미테이션(모방) 게임'이라 불렀다.

그의 논문은 다음과 같이 계속된다. "앞으로 50년이 지나면 10^9비트를 저장할 수 있는 프로그램용 컴퓨터가 등장할 것이다. 이런 기계로 이미테이션 게임을 실행하는 경우, 질문자가 5분 동안 질문을 던진 후 사람과 로봇을 식별할 확률은 70퍼센트를 넘지 않는다."[4]

끝없이 이어지는 철학적 논쟁에 튜링 테스트를 적용하면 '네' 또는 '아니요'로 답이 나오는 단순한 문제로 변환된다. 철학적 질문에는 답이 없는 경우가 태반이지만, 튜링 테스트는 언제나 정확한 답을 얻을 수 있다. 간단히 말해서, 결정가능하다decidable.

게다가 튜링 테스트는 기계와 인간을 직접 비교하기 때문에, '생각'이라는 난해한 질문에 발목을 잡힐 일도 없다. '의식'이나 '사고', 또는 '지능'을 굳이 정의할 필요가 없는 것이다. 무언가가 오리처럼 생겼는데 하는 행동까지 오리와 비슷하다면, 그것은 오리일 가능성이 매우 크다. 이런 경우 당신은 오리를 애써 정의할 필요 없이, 눈에 보이는 것을 그냥 오리라고 결론지으면 그만이다. 이런 것을 조금 낯선 용어로 '조작적 정의operational definition'라 하는데, 튜링이 지능을 정의한 방식도 이와 동일하다.

지금까지 튜링 테스트를 여러 번 반복적으로 통과한 기계는 단 하나도 없다(사람과 구별이 안 될 정도로 똑똑한 기계가 아직 만들어지지 않았다는 뜻이다-옮긴이). 몇 년에 한 번씩 튜링 테스트가 실행될 때마다 신문의 헤드라인에 실리긴 하는데, 기계에게 '거짓말을 해도 된다'는 특권을 부여해도 심사위원들은 예외 없이 사람과 기계를 구별해냈다.

그러나 튜링의 천재적인 연구는 어느 날 불행한 일이 닥치면서 갑자기 중단되었다.

1952년에 튜링의 집에 도둑이 들었는데, 경찰이 범인을 찾던 중 튜링이 동성애자라는 사실이 드러난 것이다(범인은 튜링의 동성애 파트너의 친구였다-옮긴이). 그리하여 튜링은 1885년에 개정된 형법에 따라 체포되어 유죄판결을 받았다. 당시 동성애를 극도로 혐오했던 영국 법정은 그에게 징역형이나 화학적 거세 중 하나를 선택하도록 강요했고, 수감생활을 견딜 자신이 없었던 튜링은 결국 후자를 선택했다. 그 후로 튜링의 몸에는 여성 호르몬 에스트로겐의 일종인 스틸베스트롤이 주기적으로 투입되었으며, 그 결과 가슴이 커지고 발기가 안 되는 등 정신적, 육체적으로 끔찍한 고통에 시달렸다. 이 잔인한 치료를 받기 시작한 지 1년쯤 지난 어느 날, 튜링은 자택에서 숨진 채 발견되었다. 사망원인은 시안화물(청산가리) 중독이었는데, 반쯤 먹고 남은 사과가 침대 옆에서 발견된 것으로 보아 사과에 청산가리를 주입한 후 베어먹은 것으로 추정된다.

현대 컴퓨터의 창시자이자 나치와 파시즘을 물리치고 수백만의 생명을 구한 영웅이 자신의 조국에 의해 파멸을 맞이했다는 것은 정말로 비극이 아닐 수 없다.

튜링이 남긴 유산은 지금도 지구 전역에 걸쳐 생생하게 살아 있다. 지구인의 삶을 송두리째 바꾼 컴퓨터의 모체가 바로 튜링머신이기 때문이다. 세계 경제가 튜링의 선구적인 업적에 말로 표현할 수 없을 정도로 큰 빚을 지고 있는 셈이다.

그러나 여기까지는 이야기의 시작에 불과하다. 튜링의 아이디어는 과거의 원인으로부터 미래가 이미 결정되어 있다는 결정론determinism에 뿌리를 두고 있다. 이는 곧 튜링머신에 동일한 문제를 입력하면 항상 동일한 답이 나온다는 뜻이며, 모든 것이 예측 가능하다는 뜻이기도 하다. 그러므로 우주 자체가 거대한 튜링머신이라면 미래에 일어날 모든 사건은 우주가 탄생하던 순간에 이미 결정되었을 것이다.

그러나 20세기 초 물리학계에 또 하나의 혁명이 세차게 불어닥치면서 결정론적 세계관은 설 자리를 잃게 되었다. 괴델과 튜링이 수학의 불완전성을 보여준 것처럼, 미래의 컴퓨터는 물리학에서 말하는 불확정성uncertainty을 다뤄야 할지도 모른다. 그리하여 수학자들은 또 하나의 질문과 마주하게 되었다. 우리는 과연 양자적 튜링머신을 만들 수 있을까?

3장.
떠오르는 양자

양자이론의 창시자인 막스 플랑크는 여러 면에서 다분히 모순적인 사람이다. 그의 부친은 킬대학교의 법학과 교수였고 친척들도 몇 대에 걸쳐 청렴한 공직자 생활을 해왔으니, 둘째가라면 서러운 보수적 집안 출신이었다. 게다가 그의 조부와 증조부는 모두 신학 교수였고 삼촌 중 한 명은 명망 있는 판사였다.

플랑크는 매사 신중하면서 깔끔한 매너의 소유자로, 겉보기에는 혁명과 담을 쌓은 사람처럼 보였다. 만일 그 시대에 누군가가 "장차 양자역학의 포문을 열어서 기존의 개념을 모두 갈아엎고 역사상 가장 위대한 혁명가가 될 사람은 누구인가?"라고 물었다 해도, 플랑크를 떠올리는 물리학자는 단 한 명도 없었을 것이다. 그러나 정작 그 일을 해낸 사람은 그 누구도 아닌 플랑크였다.

1900년에 학계를 이끌던 물리학자들은 아이작 뉴턴의 운동법칙과 제임스 클러크 맥스웰의 전자기학만 있으면 물리적 세계를 완벽하게 서술할 수 있다고 굳게 믿었다. 실제로 거대한 행성에서 대포알과 번개에 이르기까지, 당시에 알려진 모든 자연현상은 뉴턴과 맥스웰의 이론으로 설명할 수 있었다. 심지어 미국 특허청은 발명할 수 있는 물건은 이미 다 발명되었다며 문을 닫을 생각까지 했을 정도였다.

뉴턴의 역학에 의하면 우주는 태엽이 풀리면서 작동하는 거대한 시계와 비슷하다. 조물주가 우주를 창조하면서 태엽을 감아놓았고, 뉴턴은 태엽이 풀릴 때 작동하는 원리를 발견했다. 즉, 우주는 시계의 초침이 돌아가듯 이미 정해진 법칙에 따라 작동하고 있으므로, 모든 미래는 이미 정해져 있다. 이것이 바로 수백 년 동안 과학계를 지배해 온 뉴턴의 결정론이다(과학자들은 뉴턴의 물리학을 양자물리학과 구별하기 위해 고전물리학classical physics이라 부르기도 한다).

그러나 여기에는 한 가지 문제가 해결되지 않은 채 남아 있었으니, 겉보기에는 사소한 것 같았지만 자칫 잘못하면 뉴턴 물리학 전체가 와해될 수도 있는 심각한 문제였다.

고대의 장인匠人들은 용광로에 점토를 넣고 충분히 높은 온도로 달궜을 때 밝은 빛이 방출된다는 사실을 잘 알고 있었다. 여러분도 알다시피 달궈진 물체는 처음에 붉은빛을 발하다가 노랗게 변하고, 여기서 더 뜨거워지면 청백색이 된다. 성냥불을 켜면 이 변화를 한눈에 볼 수 있다. 불꽃에서 온도가 가장 낮은 위쪽은 붉은색을 띠고, 온도가 높은 아래쪽은 노란색, 온도가 가장 높은 중심부는 청백색으로 타오른다.

19세기 말에 물리학자들은 이렇게 온도에 따라 방출되는 빛의 색상이 달라지는 이유를 설명하고 싶었지만 아무도 성공하지 못했다.

물론 그들은 원자가 이동하면서 열이 전달된다는 사실을 잘 알고 있었다. 즉, 온도가 높을수록 원자의 이동속도가 빨라진다. 또한 원자는 전기전하를 갖고 있으므로, 전하를 띤 원자가 충분히 빠르게 움직이면 맥스웰의 전자기학 법칙에 의해 복사輻射(라디오파 또는 가시광선)를 방출한다(사실은 전하를 띤 입자가 빠르게 움직일 때가 아니라 '가속운동을 할 때' 복사가 방출된다-옮긴이). 뜨거운 물체가 특정한 색을 띠면, 그 색상의 진동수에 해당하는 복사를 방출한다는 뜻이다.

그러므로 뉴턴과 맥스웰의 이론을 원자에 적용하면 뜨거운 물체에서 방출된 빛의 진동수와 강도를 계산할 수 있다. 여기까지는 모든 것이 순조로웠다.

그런데 막상 계산을 해보니 재앙과 같은 결과가 얻어졌다. 뜨거운 물체에서 방출된 에너지가 높은 진동수에서 거의 무한대로 나온 것이다. 현실세계에서는 이런 일이 절대로 일어날 수 없기에, 물리학자들은 이 결과를 '레일리-진스 파탄Rayleigh-Jeans catastrophe'이라 불렀다. 이것은 뉴턴역학 어딘가에 심각한 문제가 있음을 알려주는 적신호임이 분명했다.

어느 날, 플랑크는 물리학 강의 준비를 위해 레일리-진스 파탄을 직접 계산해보던 중 엉뚱하면서도 기발한 아이디어를 떠올렸다. 원자에서 방출되는 에너지가 연속적인 양이 아니라 '양자quanta'라는 작은 덩어리 단위로 방출된다고 가정한 것이다. 물론 이것은 에너지를 연속체로 간주한 뉴턴의 물리학에 위배되는 가정이었다. 그러나 에너지가 양자 덩어리라는 가정하에 계산을 해보니, 실험에서 얻은 온도-빛에너지 그래프가 정확하게 재현되었다.

양자의 개념이 드디어 탄생한 것이다.

양자이론의 탄생

그렇다. 양자컴퓨터로 가는 길고 긴 여정의 첫걸음을 내디딘 주인공은 막스 플랑크였다.

그의 혁신적인 통찰로 인해 뉴턴역학이 불완전한 이론으로 판명되었으니, 구식 이론을 대체할 새로운 이론이 절실하게 필요했다. 우주에 대해 우리가 알고 있던 모든 것을 처음부터 다시 써야 할 상황에 처한 것이다.

그러나 극도로 보수적이었던 플랑크는 자신의 아이디어를 매우 조심스럽게 공개하면서, 이 에너지 덩어리를 연습 삼아 도입하면 자연에서 발견된 에너지 곡선을 이론적으로 재현할 수 있다고 했다. 최초 발견자의 주장치고는 지나칠 정도로 소극적이다.

플랑크는 실질적인 계산을 위해 양자의 크기를 나타내는 수를 도입했는데, 이것이 바로 양자역학의 상징인 플랑크상수 h이다. h의 값은 $6.62\cdots \times 10^{-34}$ joule·sec로 엄청나게 작은 상수여서, 일상적인 세계에서는 양자적 효과가 거의 눈에 띄지 않는다. 그러나 만일 h의 크기를 조절하는 다이얼이 있다면, 양자세계가 일상적인 세계로 변하는 과정을 연속적으로 관찰할 수 있다. 예를 들어 다이얼을 $h=0$에 맞추면 양자적 효과가 전혀 없이 상식에 부합하는 뉴턴의 세상이 되고, h가 커지는 쪽으로 다이얼을 돌리면 영화 〈트와일라잇 존Twilight Zone〉(환상특급)을 방불케 하는 기이한 양자 세상으로 변한다.

이 다이얼은 컴퓨터에도 적용할 수 있다. 즉, $h=0$이면 고전적인 튜링머신에 도달하고, h의 값을 키우면 양자적 효과가 나타나기 시작하면서 튜링머신이 서서히 양자컴퓨터로 변신한다.

플랑크는 실험 결과와 정확하게 일치하는 양자가설을 제안하여 물리학의 새로운 장을 열었지만, 뉴턴의 고전역학을 하늘처럼 믿는 사람들에게 뭇매를 맞으며 힘든 나날을 보내야 했다. 여기서 잠시 그의 항변을 들어보자. "새로운 과학적 진실이 발견되었을 때, 반대론자들을 설득해서 인정받겠다는 건 지나치게 순진한 생각이다. 그들의 생각은 절대로 바뀌지 않는다. 새로운 이론이 수용되려면 반대론자들이 모두 세상을 떠나고 신세대 물리학자들이 새로운 진실에 친숙해질 때까지 기다리는 수밖에 없다."[1]

그러나 반대론자들이 제아무리 목소리를 높여도 양자가설의 타당성을 입증하는 증거는 시간이 흐를수록 쌓여갔고, 몇 년 후에는 그 누구도 반박할 수 없는 확고한 진리로 자리잡게 된다.

양자가설을 입증하는 대표적 사례로 광전효과라는 것이 있다. 금속에 빛을 쪼였을 때 표면에 있는 전자가 튀어나오면서 약한 전류가 흐르는 현상이다. 태양전지판이 빛을 흡수하여 전기를 만들 수 있는 것은 바로 이 광전효과 덕분이다. (계산기에 부착된 태양전지와 빛을 전기신호로 바꾸는 디지털카메라도 광전효과를 이용한 도구이다.)

광전효과를 이론적으로 설명한 사람은 스위스 베른에 있는 특허청에서 잡다한 서류를 정리하며 근근이 살아가는 가난한 물리학자였다. 그는 박사과정 학생 때 지도교수가 강의하는 과목을 수강하지 않고 버티다가 졸업 후 최악의 추천서를 받는 바람에 대학 강사로 취직하지 못했다. 결국 그는 가정교사나 세일즈맨 등 박사학위에 어울리지 않는 일을 전전하면서 궁핍한 생활을 이어나갔고, 생활고에 좌절한 나머지 '나 같은 인간은 세상에 태어나지 말았어야 했다'는 험악한 편지를 부모에게 보내기도 했다. 그러던 중 대학 선배 덕분에 특허청의 말단 직원으로 간신히 취직하긴 했지만, 주변 사람들은 그를 낙오자로 취급했다.

독자들도 잘 알다시피, 그 청년의 이름은 알베르트 아인슈타인이다. 그는 플랑크의 양자가설에 기초하여 빛에너지는 작은 덩어리(양자) 단위로 전달되기 때문에 금속 표면의 전자를 외부로 이탈시킬 수 있다고 주장했다.

여기서 탄생한 것이 '빛의 이중성'이라는 개념이다. 즉, 빛은 광자photon라는 입자처럼 행동할 수도 있고, 광학에서 말하는 파동처럼 행동할 수도 있다. 그 이유는 확실치 않지만, 어쨌거나 빛은 두 가지 특성을 모두 갖고 있다.

그로부터 거의 20년이 지난 1924년에 프랑스의 젊은 물리학자 루이 드브로이는 플랑크와 아인슈타인의 아이디어에 기초하여 한층 더 급진적인 질문을 떠올렸다. 빛이 입자(광자)이면서 동시에 파동이라면, 물질을 구성하는 입자인 전자도 빛처럼 이중성을 갖고 있지 않을까?

그 옛날 데모크리토스가 원자가설을 제안한 후로 과학자들은 모든 물질이 원자 같은 입자로 이루어져 있다고 하늘같이 믿어왔는데 그것이 입자면서 동시에 파동이라니, 파격도 이런 파격이 없었다. 그러나 물질의 이중성은 얼마 후 실험을 통해 사실로 판명되었다.

잔잔한 연못에 돌을 던지면 잔물결이 동심원을 그리면서 퍼져나가고, 돌을 여러 개 던지면 물결이 겹치는 곳에서 그물 모양의 간섭무늬가 나타난다. 물론 이것은 파동만이 갖는 특성이다. 과학자들은 물질이 입자(알갱이)로 이루어져 있기 때문에 어떤 상황에서도 간섭무늬를 만들 수 없다고 생각했다.

간단한 실험을 해보자. 종이 두 장을 적당한 간격으로 나란히 세워놓고 첫 번째 종이에 작은 슬릿(가늘고 긴 구멍) 2개를 뚫은 후 그곳에 빛을 쪼인다. 앞서 말한 대로 빛은 파동적 특성을 갖고 있기 때문에, 두 번째 종이에는 밝고 어두운 줄이 반복해서 나타나게 된다. 파동이 2개의 슬릿을 동시에 통과하면 2개의 파동이 새로 생성되고, 이들이 서로 간섭을 일으키면서 두 번째 종이에 간섭무늬를 만든 것이다. 여기까지는 익히 알려진 현상이다.

이제 빛을 전자빔으로 바꿔서 똑같은 실험을 반복해보자. 두 슬릿을 향해 전자빔을 발사하면 두 번째 종이에는 슬릿과 비슷한 형태로 2개의 줄이 생길 것 같다. 전자가 입자라면 2개의 슬릿을 동시에 통과할 수 없다. 전자는 왼쪽 슬릿이나 오른쪽 슬릿 중 하나를 선택해서 통과해야 한다.

그런데 이 실험을 직접 해본 물리학자들은 두 번째 종이(스크린)에서 간섭무늬를 발견하고 대경실색했다. 전자가 입자가 아닌 파동처럼 행동했던 것이다. 그리하여 물리학자들은 오랜 세월 동안 물질의 최소 단위로 여겨왔던 원자가 경우에 따라 입자일 수도 있고, 파동일 수도 있음을 인정할 수밖에 없었다.

어느 날, 오스트리아의 물리학자 에르빈 슈뢰딩거는 동료와 함께 물질의 파동성에 대해 의견을 나누던 중 이런 질문을 받았다. 물질이 파동처럼 행동한다면, 그 파동의 거동을 결정하는 방정식은 무엇인가? 바로 그 순간, 슈뢰딩거의 눈이 번쩍 뜨였다. 고전적인 물체의 거동이 뉴턴의 운동방정식 $F=ma$에 의해 결정되듯이, 물질파의 거동을 좌우하는 방정식도 분명히 존재할 것이다. 사실 대부분의 물리학자는 빛의 광학적 특성을 연구할 때 바다의 파도나 음파의 형태로 분석하기 때문에, 파동이라는 개념에 매우 익숙하다. 그래서 슈뢰딩거는 '방

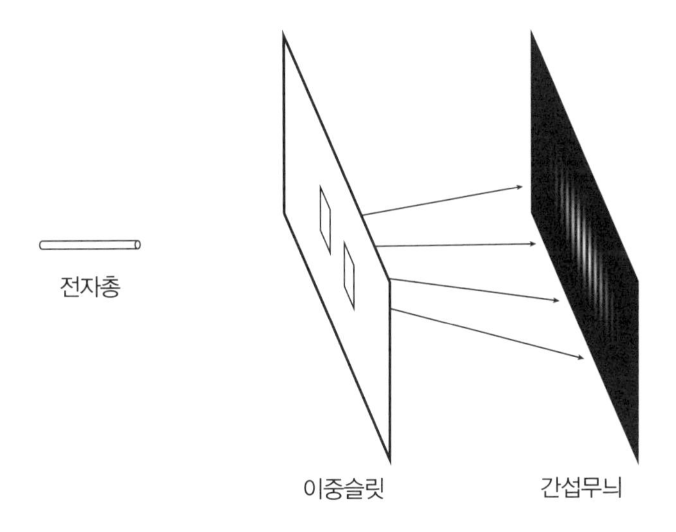

이중슬릿 실험
전자빔이 첫 번째 스크린에 도달하면 둘 중 하나를 골라서 통과하지 않고 간섭을 일으키면서 두 번째 스크린에 복잡한 간섭무늬를 만든다. 한 번에 전자 하나씩 띄엄띄엄 발사해도 결과는 마찬가지다. 어떤 면에서 보면 전자 1개가 두 슬릿을 동시에 통과한다고 생각할 수도 있다. 그렇다면 하나의 전자가 어떻게 두 장소에 동시에 존재할 수 있을까? 물리학자들은 지금도 이 문제를 놓고 열띤 논쟁을 벌이는 중이다. (Mapping Specialists Ltd.)

정식'이라는 말을 듣는 즉시 전자의 파동이 만족하는 파동방정식을 찾기 시작했다. 만일 이런 방정식이 존재한다면, 인류의 우주관은 송두리째 바뀔 것이다. 어떤 면에서 보면 당신과 나, 그리고 모든 화학 원소를 포함한 우주 전체가 파동방정식의 해解일 수도 있다.

파동방정식의 탄생

슈뢰딩거의 파동방정식은 오늘날 물리학과 대학원생들이 반드시 마스터해야 하는 양자물리학의 이론적 기초이다. 이것 없이는 양자물리학 자체를 논할 수 없기에, 나는 뉴욕시립대학교에서 파동방정식을 주제로 한 학기 내내 강의한 적도 있다. 그런데 슈뢰딩거는 대체 무슨 생각을 했기에 이토록 어마무시한 방정식을 유도할 수 있었을까? 그가 20세기 최고의 금자탑을 쌓는 데 영감을 불어넣은 사람은 과연 누구일까? 역사학자와 호사가들은 궁금해서 견딜 수가 없었다.

슈뢰딩거가 당대 최고의 호색가였다는 것은 전기 작가들 사이에 익히 알려진 사실이다. (평소 자유연애를 추구했던 그는 노트에 연인들의 이름을 나열해놓고 만난 날짜를 암호로 표기해놓았다. 심지어 아내와 연인을 함께 대동하고 여행을 다닌 적도 있다.)

훗날 역사가들은 슈뢰딩거의 연구 노트를 뒤진 끝에, 그가 파동방정식을 유도했던 바로 그 주말에 연인과 함께 알프스의 헤르비히 별장에 묵었다는 것을 기어이 알아냈다. 바로 그 여인이 슈뢰딩거에게 영감을 불어넣은 뮤즈였을지도 모른다.

어쨌거나 슈뢰딩거의 방정식은 물리학계에 떨어진 폭탄이었고, 그 여파는 가히 상상을 초월했다. 과거에 어니스트 러더퍼드 같은 물리학자들은 원자의 내부 구조가 태양계와 비슷하다고 생각했다. 원자의 중심부에 원자핵nucleus이 자리잡고 있고, 점입자에 가까운 전자가 그 주변을 돈다고 생각한 것이다. 그러나 이렇게 단순한 모형으로는 자연에 그토록 다양한 원소가 존재하는 이유를 설명할 수 없었다.

그런데 여기에 전자의 파동성을 도입하면 파동이 핵 주변을 돌면서 특정 진동수를 갖는 불연속적 공명을 일으키게 된다. 물리학자들은 전자가 이론적으로 만들어낼 수 있는 모든 공명을 찾아내서 수소 원자 데이터와 비교했는데, 놀라울 정도로 정확하게 일치하는 파동 패턴을 찾을 수 있었다.

왜 그럴까? 욕실에서 노래를 부르면 목소리가 만들어낸 파동의 일부만이 벽면 사이에서 공명을 일으키기 때문에 듣기 좋은 소리가 생성된다. 샤워를 하면서 노래를 부르면 음치조차도 오페라 가수 빰치는 가창력을 뽐낼 수 있다. 주 진동수에서 어긋난 음이 벽면에 흡수되어 사라지기 때문이다. 이와 마찬가지로 드럼을 치거나 트럼펫을 불면 특정 진동수만이 북의 표면이나 트럼펫의 관과 공명을 일으켜 일정한 소리를 만들어낸다. 이것이 바로 음악의 원리이다.

슈뢰딩거의 파동방정식으로 계산된 공명 진동수는 실제 공명 진동수와 정확하게 일대일로 대응된다. 이는 곧 원자의 내부 구조를 엿볼 수 있다는 뜻이기도 하다. 드미트리 멘델레예프를 비롯한 여러 화학자들이 발견한 100여 가지 화학원소의 특징을 수학적으로 설명할 수 있게 된 것이다.

이것은 실로 놀라운 성과였다. 과묵하기로 유명한 영국의 물리학자 폴 디랙도 흥분을 감추지 못하여 다음과 같은 글을 남겼다. "이로써 물리학의 상당 부분과 화학의 전부를 다루는 데 필요한 수학 법칙이 완전한 모습을 드러냈다. 이 법칙을 실제 원자에 적용했을 때 방정식이 풀 수 없을 정도로 복잡해진다는 것만 빼면, 모든 문제는 이미 풀린 것이나 다름없다."[2]

양자적 원자

화학자들은 수 세기 동안 각고의 노력 끝에 원소의 주기율표를 완성했다. 그러나 슈뢰딩거의 파동방정식을 풀어서 핵 주변을 선회하는 전자파동electron wave의 공명을 구하면 모든 원소의 특성을 설명할 수 있다.

슈뢰딩거 방정식에서 주기율표가 유도되는 과정을 알아보기 위해, 원자를 호텔에 비유해보자. 오직 전자만 투숙할 수 있는 이 호텔은 층마다 객실 수가 제각각이고 하나의 객실에는 전자 2개까지 수용할 수 있으며, 모든 객실은 아래부터 순차적으로 채워져야 한다. 즉, 전자가 2층 객실에 투숙하려면 1층 객실이 꽉 찬 상태여야 한다. 1층에는 객실이 단 하나뿐인데, 문 앞에 '1S'라는 문패가 걸려 있다. 각 객실의 이름을 오비탈orbital(궤도)이라 한다. 이 방에 전자 1개가 투숙 중이면 수소 원자(H)가 되고, 2개가 들어 있으면 헬륨 원자(He)가 된다. 2층에는 2S와 2P라는 두 가지 유형의 오비탈이 있다. 이들 중 2S에는 전자가 2개까지 들어갈 수 있지만, 2P는 Px, Py, Pz라는 3개의 객실로 이루어져 있어서 각 객실당 2개씩 총 6개의 전자가 들어갈 수 있다. 그러므로 2층에 들어갈 수 있는 전자의 수는 최대 8개이며, 순차적으로 리튬(Li), 베릴륨(Be), 붕소(B), 탄소(C), 질소(N), 산소(O), 불소(F, 플루오린), 네온(Ne)에 해당한다.

하나의 방에서 전자가 짝을 이루지 못하고 혼자 있는 경우에는 방이 남아도는 이웃 호텔과 전자를 공유할 수 있다. 즉, 2개의 원자(호텔)가 서로 가까워지면 짝을 이루지 못한 전자의 파동을 공유하게 되고, 그 결과 전자파동이 두 원자 사이를 오락가락하면서 결합을 유도한다. 이것이 바로 분자가 형성되는 기본 원리이다.

모든 화학 법칙은 전자가 호텔 방을 채워나가는 원리로 설명할 수 있다. 예를 들어 가장 낮은 1층의 S 궤도가 전자 2개로 가득 찬 헬륨은 다른 원소와 화학결합을 할 수 없기 때문에 화학적으로 불활성不活

性이며, 특별한 환경이 조성되지 않는 한 분자를 형성하지 않는다. 이와 비슷하게 전자 8개로 2층이 가득 찬 네온(Ne)도 분자를 형성할 수 없다. 헬륨과 네온, 그리고 크립톤(Kr)이 '불활성 기체'로 불리는 것은 바로 이런 이유 때문이다.

이 성질을 이용하면 모든 생명의 화학적 특성까지 설명할 수 있다. 생명체에게 가장 중요한 원소는 두말할 것도 없이 탄소이다. 탄소는 다른 원소와 결합하려는 성질이 매우 강해서, 생명의 구성요소인 탄화수소를 쉽게 만들 수 있다. 주기율표에서 보면 탄소 호텔의 2층에는 4개의 빈 궤도(오비탈)가 존재하는데, 이들이 산소나 수소 등 다른 원자 4개와 결합하면 단백질은 물론이고 생명의 기본단위인 DNA까지 만들어낼 수 있다. 우리 몸의 모든 분자들은 이 과정을 거쳐 생성된 것이다.

중요한 것은 각 준위(층)에 존재하는 전자의 수가 결정되면 오직 수학만을 이용하여 원소의 화학적 특성을 간단하고도 우아하게 예측할 수 있다는 점이다. 물론 주기율표에 있는 모든 원소에 해당되는 이야기다. 100종이 넘는 원소들의 특성은 호텔 방을 아래층부터 채워나가듯이 원자핵 주변에서 다양한 공명을 일으키는 전자를 이용하여 대략적으로 설명할 수 있다(자연에 존재하는 원소는 92종이며, 그 외는 자연에 존재하더라도 극히 적거나 특정 조건에서만 존재하기 때문에 없는 거나 마찬가지인, 실험실에서 만들어낸 인공원소이다 – 옮긴이).

생명을 포함한 우주 만물의 구성요소를 단 하나의 방정식으로 설명할 수 있다는 것은 정말로 놀라운 일이 아닐 수 없다. 덕분에 그 끝을 알 길이 없던 우주가 갑자기 단순해졌고, 물리학과 화학은 거의 하나의 분야로 통합되었다.

확률파동

슈뢰딩거의 파동방정식은 막강한 위력을 발휘했지만, 가장 중요하면서도 당혹스러운 의문점이 하나 남아 있었다. 전자가 파동이라면, 무엇이 파동을 친다는 말인가? 점입자인 전자가 직접 파동칠 리는 없을 텐데, 방정식의 해로 얻어진 파동에는 대체 어떤 의미가 담겨 있는가?

얼마 후 제시된 이 질문의 해답은 향후 수십 년 동안 물리학계를 양분하여 숱한 논쟁을 야기하게 된다. 이 시기에 물리학자들은 존재의 의미까지 파고 들어가면서 과학 역사상 가장 치열한 논쟁을 벌였고, 이와 관련된 수학적, 철학적 문제는 지금도 논쟁의 대상으로 남아 있다. 이 책의 주제인 양자컴퓨터도 격렬한 논쟁에서 탄생한 부산물 중 하나이다.

이 세기적 논쟁에 불을 붙인 사람은 독일의 물리학자 막스 보른이었다. 그는 물질은 입자로 이루어져 있지만, '그 입자가 발견될 확률은 파동으로 주어진다'고 주장함으로써 전 세계 물리학자들을 당혹스럽게 만들었다.

그 후로 물리학계는 대륙이 갈라지듯 두 진영으로 나뉘어서 한 치의 양보도 없는 설전을 벌이기 시작했다. 한쪽 진영에는 플랑크와 아인슈타인, 드브로이, 슈뢰딩거 등 '늙은' 물리학자들이 포진하여 보른의 해석을 부정했고, 반대 진영에는 닐스 보어와 베르너 하이젠베르크 등이 보른의 해석을 지지하면서 코펜하겐 학파의 원조가 되었다.

특히 아인슈타인은 보른의 파격적인 해석에 거의 분노에 가까운 감정을 드러냈다. 보른의 해석이 옳다면 양자역학은 확실한 결과 없이 확률만 알 수 있는 반쪽짜리 이론이 된다. 입자의 위치를 정확하게 알아내는 방법은 존재하지 않고, 입자가 특정 위치에 존재할 확률만 계산할 수 있을 뿐이다. 예를 들어 파동방정식을 풀어서 전자가 '이곳'에 있을 확률이 40퍼센트이고 '저곳'에 있을 확률이 60퍼센트로 나왔다면, 이는 곧 하나의 전자가 '이곳'과 '저곳'에 동시에 존재할 수 있음을 뜻한다. 하이젠베르크는 여기서 한 걸음 더 나아가 측정 장비가 제아무리 완벽해도 입자의 위치와 운동량(속도)을 동시에 정확하게 알아내는 것은 원리적으로 불가능하다는 '불확정성 원리'를 발표하여 반대론자들의 심기를 더욱 불편하게 만들었다.

한 시대를 대표했던 물리학자들이 지켜보는 앞에서 과학의 근간이 송두리째 뒤집히고 있었다. 바로 얼마 전에 불완전성 정리가 등장하여 수학자들을 좌절시켰는데, 이번에는 불확정성 원리가 물리학자들의 오래된 믿음을 산산이 부숴놓았다. 결국 물리학도 수학처럼 완벽한 학문이 아니었던 것이다.

보른의 새로운 해석에 기초하여 양자이론의 원리를 매우 축약된 버전이긴 하지만 다음과 같이 표현할 수 있다.

(1) 위치 x에서 전자의 상태를 서술하는 파동함수를 $\Psi(x)$라 하자,

(2) 이 파동함수에 슈뢰딩거 방정식을 적용하면 $H\Psi(x)=i(h/2\pi)\partial_t\Psi(x)$가 된다(H는 주어진 물리계의 총에너지로서, 해밀토니언 Hamiltonian이라 한다. i는 허수 단위이고 h는 플랑크상수이며, ∂_t는 시간에 대한 편미분 기호, 즉 $\frac{\partial}{\partial_t}$의 약자이다).

(3) 방정식의 해는 여러 개가 존재할 수 있는데, 흔히 n이라는

첨자를 써서 $\Psi_n(x)$로 표기한다(n=1, 2, 3, …). 일반적으로 방정식의 해 $\Psi(x)$는 $\Psi_n(x)$를 중첩시켜서 얻을 수 있다($\Psi(x)=\Psi_1(x)+\Psi_2(x)+\Psi_3(x)+\cdots$라는 뜻이다-옮긴이).

(4) 관측자가 관측을 실행하면 파동함수는 단 하나의 상태 $\Psi_n(x)$만 남고 모두 0으로 사라진다. 그리고 전자가 이 상태에 존재할 확률은 $\Psi_n(x)$의 절댓값으로부터 구할 수 있다(좀 더 구체적으로 말해서, 전자가 $\Psi_n(x)$라는 상태에서 발견될 확률은 $|\Psi_n(x)|^2$이다-옮긴이).

이 간단한 규칙을 적절히 활용하면 화학과 생물학에 대하여 지금까지 알려진 모든 것을 유도할 수 있다. 양자역학에서 가장 논란이 되었던 부분은 (3)과 (4)인데, (3)은 미시세계에서 전자가 여러 상태에 동시에 존재할 수 있음을 의미한다. 물론 뉴턴역학에서는 말도 안 되는 소리지만, 실제로 전자는 누군가에게 관측되지 않는 한 다양한 상태들이 중첩된 이상한 세계에 존재하고 있다.

그러나 가장 중요하면서도 받아들이기 어려운 부분은 (4)이다. 이 주장에 의하면 관측(또는 측정)이 실행되는 바로 그 순간에 파동함수가 '붕괴collapse'되면서 (위치를 포함한) 전자의 상태가 하나의 값으로 결정되며, $\Psi_n(x)$는 이와 같은 결과가 얻어질 확률을 말해준다. 즉, 관측이 실행되기 전에는 전자가 어떤 상태에 있는지 절대로 알 수 없다는 뜻이다. 이것이 바로 물리학자들 사이에 뜨거운 논쟁을 야기했던 '관측문제measurement problem'이다.

아인슈타인은 마지막 (4) 주장을 반박하면서 "신은 주사위 놀이를 하지 않는다"라는 유명한 말을 남겼고, 닐스 보어는 "제발 신 타령 좀 그만하라"며 양자역학을 옹호했다.

양자컴퓨터가 가능한 것은 (3)과 (4) 덕분이다. 전자의 상태가 다양한 양자상태의 합(중첩)으로 서술되기 때문에, 양자컴퓨터가 막강한 계산 능력을 발휘할 수 있는 것이다. 기존의 디지털 컴퓨터는 0과 1로 이루어진 숫자열을 더할 뿐이지만, 양자컴퓨터는 0과 1 사이의 모든 양자상태 $\Psi_n(x)$를 더한다. 즉, 상태의 수가 많으므로(디지털 컴퓨터는 상태라는 것이 0과 1, 단 2개뿐이다) 계산 가능한 범위와 계산 능력이 비교가 안 될 정도로 향상되는 것이다.

슈뢰딩거는 양자이론의 역학적 체계를 구축한 장본인임에도 불구하고 양자역학의 확률적 해석을 맹렬하게 비난했다(자신이 파동방정식을 유도한 것을 후회할 정도였다고 한다). 그는 보른이 내린 해석의 문제점을 부각시키기 위해 일부러 역설적인 상황을 만들었는데, 이 이야기의 주인공은 사람이 아닌 고양이이다.

슈뢰딩거의 고양이

물리학과 관련하여 가장 유명한 동물을 꼽는다면 단연 고양이일 것이다. 슈뢰딩거는 코펜하겐 학파의 이단적인 우주관을 한 방에 박살내겠다며 다음과 같이 고양이를 이용한 역설적 상황을 제안했다. 큼직한 상자 안에 고양이 한 마리와 함께 독가스가 들어 있는 작은 병을 집어넣는다. 이 유리병 위에는 망치가 매달려 있고, 망치는 가이거 계수기에 연결되어 있으며, 가이거 계수기는 우라늄 상자에서 방출된 입자를 감지한다. 이 상태에서 어느 순간 우라늄 원자가 붕괴되어 방사능 입자를 방출하면 가이거 계수기가 작동하면서 매달린 망치를 아래로 떨어뜨리고, 망치에 맞은 병이 깨지면서 상자 안에 독가스가 방출된다. 물론 사태가 이 지경에 이르면 고양이는 죽는다. 이 모든 장치를 세팅해놓고 상자의 뚜껑을 닫았다고 하자.

자, 여기서 슈뢰딩거가 결정적인 질문을 던진다. 상자의 뚜껑을 열기 전에 고양이는 살아 있는가, 아니면 죽었는가?

뉴턴이 그 자리에 있었다면 고양이는 살아 있거나 아니면 죽었거나, 둘 중 하나라고 대답할 것이다. 주어진 한순간에 고양이가 놓일 수 있는 상태는 단 하나밖에 없다고 굳게 믿기 때문이다. 이런 논리라면 고양이의 운명은 상자의 뚜껑을 열기 전에 이미 결정되어 있다.

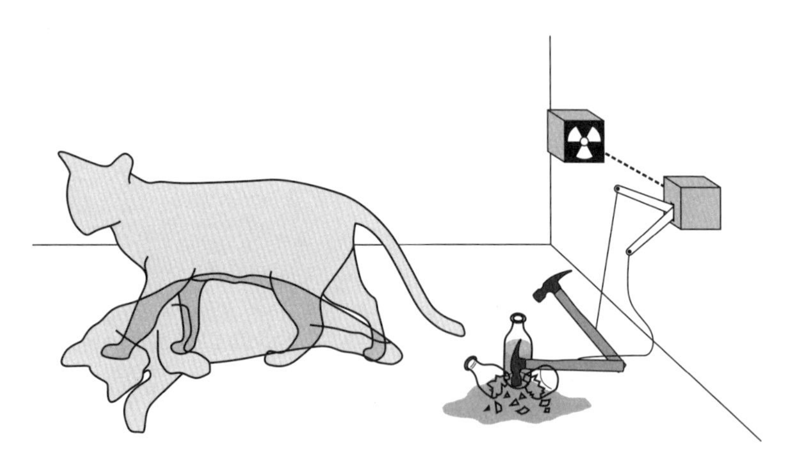

슈뢰딩거의 고양이
독가스 병과 망치, 가이거 계수기, 그리고 우라늄 원자가 들어 있는 상자 안에서 고양이의 상태를 양자역학적으로 서술하려면, 산 고양이를 서술하는 파동함수와 죽은 고양이를 서술하는 파동함수를 더해야 한다. 그러므로 상자의 뚜껑을 열지 않는 한, 고양이는 살지도, 죽지도 않은 중첩상태에 놓여 있다. 고양이가 어떻게 살아 있으면서 동시에 죽을 수 있다는 말인가? 지금도 물리학자들은 이 문제를 놓고 치열한 논쟁을 벌이는 중이다. (Mapping Specialists Ltd.)

그러나 베르너 하이젠베르크와 닐스 보어의 해석이 옳다면 상황은 완전히 달라진다.

이들은 산 고양이의 파동함수와 죽은 고양이의 파동함수의 중첩이 상자 속 고양이에 대한 가장 정확한 서술이라고 주장했다. 누군가가 상자의 뚜껑을 열고 내부를 들여다보지 않는 한(즉, 관측을 하지 않는 한), 고양이는 삶과 죽음의 파동함수가 섞인 상태에 존재한다는 것이다.

그렇다면 고양이는 살아 있는가, 죽었는가? 상자의 뚜껑을 열지 않는 한 이런 질문은 무의미하다. '미시세계에서는 모든 사물이 명확한 상태로 존재하는 것이 아니라, 모든 가능한 상태의 중첩으로 존재한다.' 그리고 누군가가 상자의 뚜껑을 열면 그 즉시 파동함수가 기적처럼 붕괴되면서 산 고양이나 죽은 고양이, 둘 중 하나가 현실로 드러난다. 관측 행위 자체가 미시세계와 거시세계를 연결하는 것 같다.

이 사고실험에는 양자역학의 본질뿐만 아니라 철학적으로 깊은 의미가 담겨 있다. 18세기 영국의 철학자 조지 버클리가 모든 사물은 당신에게 관측되었을 때에만 존재한다는 유아론唯我論, solipsism을 주장한 후로, 과학자들 사이에 치열한 논쟁이 벌어졌다. 버클리의 철학은 '인식되어야 존재한다'는 한 문장으로 요약할 수 있다. 울창한 숲에서 커다란 고목 한 그루가 쓰러졌는데 아무도 그 모습을 보지 못했다면(물론 소리도 듣지 못했다면), 그 나무는 쓰러지지 않은 것과 같다. 유아론적 관점에서 볼 때, 현실이란 인간이 만들어낸 결과물이다. 영국의 낭만파 시인 존 키츠는 '경험하기 전에는 그 무엇도 현실이라 할 수 없다'고 주장했다.

여기까지만 해도 상당히 파격적인데, 양자역학이 상황을 더욱 악화시켰다. 양자역학에 의하면 당신이 바라보기 전에 나무는 장작이나 목재, 재, 이쑤시개, 집, 톱밥 등 모든 가능한 상태가 혼합된 채로 존재하다가, 당신이 바라보는 순간 모든 파동함수가 기적처럼 붕괴되면서 하나의 실체(예를 들어 평범한 나무)로 나타난다.

그러나 관측이란 관측자의 '의식'에서 비롯된 행위이므로, 어떤 면에서 보면 이것은 의식이 존재를 결정한다는 말일 수 있다. 뉴턴의 물리학을 추종하던 사람들은 유아론의 망령이 또다시 물리학에 등장했다며 심한 불쾌감을 드러냈다.

당대 최고의 물리학자인 아인슈타인도 그들 중 한 사람이었다. 그 옛날 뉴턴이 그랬던 것처럼 내가 관측을 하건 말건, 자연에는 '객관적 현실'이 항상 존재한다고 굳게 믿었던 그는 하나의 물체가 여러 곳에 동시에 존재한다는 주장을 도저히 받아들일 수 없었다. 뉴턴의 물리학에서는 일련의 법칙을 통해 모든 미래가 정확하게 결정된다. 그래서 사람들은 고전역학을 '뉴턴의 결정론Newtonian Determinism'이라 부르기도 한다.

아인슈타인의 양자이론 조롱은 다양한 형태로 표출되었다. 그는 집에 손님이 찾아왔을 때 달을 가리키며, 쥐 한 마리가 무심결에 하늘을 바라봤기 때문에 저 달이 존재하게 되었다니 그게 말이나 되는 소리냐고 묻곤 했다.

미시세계와 거시세계

양자역학을 구축하는 데 커다란 공을 세웠던 수학자 존 폰 노이만은 미시세계와 거시세계 사이에 눈에 보이지 않는 '벽'이 있다고 주장했다. 두 세계는 각기 다른 물리법칙을 따르고 있지만 우리는 벽의 양쪽을 오락가락할 수 있으며, 이런 경우에도 모든 실험 결과가 달라지지 않는다는 것을 증명할 수 있다. 다시 말해서, 미시세계와 거시세계의 경계선을 어디로 정하건 상관없기 때문에, 두 세계가 각기 다른 법칙을 따른다 해도 관측 결과에 영향을 주지 않는다는 것이다.

노이만은 사람들이 벽의 의미를 물어올 때마다 "그냥 익숙해지면 된다"라고 답했다.

양자역학이 제아무리 희한하다 해도, 실험 결과를 재현하는 능력만큼은 인정하지 않을 수 없었다. 예를 들어 전자와 광자의 상호작용을 설명하는 양자전기역학quantum electrodynamics(QED)은 이론과 실험의 차이가 100억분의 1 이내여서, 과학 역사상 가장 정확한 이론으로 알려져 있다. 한때 우주에서 가장 신비한 존재였던 원자가 양자역학을 통해 자신의 실체를 완전히 드러낸 것이다. 양자이론을 수용한 차세대 물리학자들 중에는 노벨상 수상자가 무더기로 쏟아져나왔고, 지금까지 실행된 그 어떤 실험에서도 양자이론에서 벗어난 사례는 단 한 건도 없었다.

그렇다. 우리의 우주는 의심할 여지없이 양자적 우주이다.

그런데도 아인슈타인은 끝까지 손사래를 치면서 "양자역학은 성공을 거둘수록 더욱 터무니없어 보인다"라고 했다.

양자역학 반대론자들이 가장 크게 반발했던 부분은 일상적인 거시세계와 상식이 통하지 않는 미시세계를 인위적으로 갈라놓았다는 점이었다. 비평가들은 미시세계와 거시세계가 아무런 장애물 없이 매끄럽게 이어져야 한다고 주장했다. 둘 사이를 가르는 '벽' 같은 것은 현실세계에 존재하지 않는다는 것이다.

예를 들어 우리가 전자처럼 양자세계에 살고 있다면 기존의 상식은 전혀 통하지 않는다. 즉,

- 우리는 서로 다른 두 장소에 동시에 존재할 수 있다.
- 우리는 한 장소에서 갑자기 사라졌다가 다른 장소에 나타날 수 있다.
- 우리는 벽을 허물지 않고서도 가뿐하게 통과할 수 있다(터널효과).
- 우리 우주에서 죽은 사람은 다른 우주에 살아 있을 수도 있다.
- 우리는 방을 가로질러 걸어갈 때, 무한히 많은 경로를 동시에 지나가고 있다.

정말로 희한한 세상이다. 그래서 보어는 "양자역학을 접한 후에도 충격에 빠지지 않는다면 내용을 제대로 이해하지 못한 것"이라고 했다.

하나같이 〈트와일라잇 존〉(환상특급)에 나오면 딱 어울릴 것 같은 소재들이다. 하지만 전자는 매 순간 이런 일을 겪고 있다. 다만 전자의 활동무대가 원자 내부여서 우리 눈에 보이지 않을 뿐이다. 만일 전자가 우리의 상식에 맞게 움직인다면 레이저와 트랜지스터, 디지털 컴퓨터, 그리고 인터넷은 당장 먹통이 될 것이다. 만일 뉴턴이 이 세상에 소환되어 전자의 희한한 행동으로 컴퓨터와 인터넷이 작동하는 모습을 목격한다면 그 자리에서 기절할지도 모른다. 눈에 보이지는 않지만 미시세계에서 희한한 일이 벌어지고 있기 때문에, 이 세상이 지금처럼 멀쩡하게 유지되고 있는 것이다. 어떤 무책임한 신神이 양

자역학이 마음에 안 든다며 플랑크상수를 0으로 세팅한다면 이 세상은 곧바로 와해된다. 당신의 집에 있는 모든 가전제품이 정상적으로 작동하는 것도, 전자가 기적 같은 양자 업무를 끊임없이 수행하고 있기 때문이다.

그러나 우리는 양자적 효과를 눈으로 볼 수 없다. 우리의 몸은 수조 개의 원자들로 이루어져 있어서, 이들이 만들어낸 양자효과가 거의 상쇄되기 때문이다. 게다가 양자요동은 플랑크상수 규모에서 일어나는데, 앞서 말한 대로 플랑크상수는 지극히 작은 값이어서 인간의 감각으로는 감지할 수 없다.

얽힘

양자역학의 파격적 주장에 인내심이 바닥난 아인슈타인은 1930년 벨기에의 수도 브뤼셀에서 열린 제6차 솔베이 학회에서 닐스 보어와 정면 대결을 펼치기로 마음먹었다. 그것은 당대 최고의 두 물리학자가 자연의 실체와 물리학의 운명을 걸고 벌이는 역사적 타이틀매치였다. 무언가가 존재한다는 것은 과연 어떤 의미인가? 우주만물은 우리가 굳이 바라보지 않아도 항상 그곳에 존재하는가? 아니면 바라볼 때만 존재해도 '존재한다'고 인정해야 하는가? 두 거장의 논쟁 결과에 따라 답이 달라질 판이었다. 회의에 참석했던 네덜란드의 물리학자 파울 에렌페스트는 훗날 다음과 같이 회고했다. "그날 논쟁이 마무리된 후 두 사람이 회의장을 떠나던 모습은 평생 잊지 못할 것이다. 아인슈타인은 회심의 미소를 지으며 느긋하게 걸어나갔지만, 보어는 당황한 기색이 역력했다."[3] 그날 저녁 내내 보어는 거의 사색이 된 얼굴로 혼자 중얼거렸다. "아인슈타인… 아인슈타인… 아인슈타인…"

미국의 물리학자 존 아치볼드 휠러도 그날 있었던 일을 또렷하게 기억했다. "그것은 최고의 지성들이 벌인 역대 최고의 논쟁이었다. 그 후로 어느덧 30년이 흘렀지만, 그토록 위대한 대가들이 그토록 긴 시간 동안 그토록 심오한 주제로 논쟁을 벌이는 광경은 두 번 다시 보지 못했다."[4]

그 후로 아인슈타인은 틈날 때마다 양자역학의 문제점을 거론하면서 보어를 괴롭혔다. 보어는 공격받을 때마다 당혹스러워했지만, 밤새도록 생각을 정리하여 바로 다음 날 완벽한 반론을 펼치곤 했다. 한번은 아인슈타인이 빛과 중력에 관한 역설로 보어를 궁지에 몰아넣은 적이 있는데, 논리가 너무도 완벽했기에 사람들은 '드디어 보어가 외통수에 걸렸다'며 양자역학의 앞날을 걱정했다. 그러나 아이러니하게도 보어는 아인슈타인의 중력이론(일반상대성이론)을 이용하여 그의 역설에서 오류를 찾아냈다.

대부분의 물리학자는 제6차 솔베이 타이틀매치를 보어의 판정승으로 평가했다. 그러나 패배를 절대 인정할 수 없었던 아인슈타인은 더욱 깊은 곳에서 양자역학의 허점을 찾기 위해 갖은 노력을 기울였다.

그로부터 5년 후, 아인슈타인은 마지막 반격의 포문을 열었다. 그의 박사과정 제자인 보리스 포돌스키, 네이선 로젠과 함께 양자역학을 한 방에 날려버릴 비장의 신무기를 개발한 것이다. 세 사람의 이름 첫 자를 따서 'EPR 역설'로 알려진 이들의 논문은 양자역학에 떨어진 마지막 폭탄이었다.

이 운명적인 도전에서 아무도 예상하지 못한 부산물이 탄생했으니,

그것이 바로 이 책의 주제인 양자컴퓨터이다.

EPR 역설의 논리는 다음과 같이 진행된다. 여기, 결맞음 상태에 놓인 2개의 전자가 있다. 결맞음이란 두 전자가 동일한 모드로 진동한다는 뜻이며, 진동수는 같고 위상phase만 다르다는 뜻으로 해석해도 된다. 또한 모든 전자는 '스핀'이라는 물리량을 갖고 있다(전자에 스핀이 없다면 자석도 존재할 수 없다). 전자 2개로 이루어진 물리계의 총 스핀이 0이라고 하자. 이런 경우 전자 하나가 시계방향으로 자전한다면, 나머지 하나는 반시계방향으로 자전할 것이다. 그래야 총 스핀이 0으로 유지되기 때문이다.

이제 두 전자 중 하나는 지구에 놔두고, 나머지 하나를 은하 반대편으로 옮겨놓았다고 하자. 둘 사이의 거리가 이전보다 엄청나게 멀어졌지만, 이들의 결맞음 상태가 그대로 유지된다면 스핀의 합(총 스핀)은 여전히 0이어야 한다. 이제 지구에 있는 실험자가 전자의 스핀을 측정하여 '시계방향'이라는 결과를 얻었다면, 바로 그 순간에 은하 반대편에 있는 전자의 스핀이 반시계방향임을 즉각적으로 알 수 있다. 즉, 스핀에 관한 정보가 두 전자 사이를 빛보다 빠르게 이동한 것이다. 두 전자 사이의 거리를 크게 벌려놓으면 보이지 않는 탯줄이 둘 사이를 연결하여 빛보다 빠른 정보교환이 가능해진다.

그런데 특수상대성이론에 의하면 물체와 정보를 포함한 그 어떤 것도 빛보다 빠르게 이동할 수 없으므로, 아인슈타인은 양자역학이 틀렸다고 결론지었다. 그리고 이 정도면 양자역학을 무너뜨리기에 충분하다고 생각했는지, 그 후로는 더 이상 반론을 제기하지 않았다. 그는 양자적 얽힘에서 초래된 '유령 같은 원거리 작용spooky action at a distance'이 환상일 뿐이라고 주장했다.

아인슈타인은 이 논문으로 양자역학을 완전히 무너뜨렸다고 생각했다. 그러나 EPR 역설은 너무나 미묘한 문제여서 실험으로 확인하기가 어려웠고, 결국 아인슈타인은 끝을 보지 못한 채 세상을 떠났다. 이 실험은 1949년과 1975년, 그리고 1980년에 점차 개선된 버전으로 수행되었는데, 결과는 역시나 양자역학의 승리였다.

(정보가 빛보다 빠르게 전달되면 특수상대성이론에 위배된다. 그래서 아인슈타인은 EPR 논문을 발표하면서 회심의 미소를 지었다. 그러나 물리학의 신은 아인슈타인 편이 아니었다. 두 전자 사이를 오가는 정보는 즉각적으로 전달되긴 하지만, 내용이 무작위로 섞여 있기 때문에 유용한 정보를 전달할 수 없다. 이는 곧 EPR 실험으로는 유용한 정보를 빛보다 빠르게 전송할 수 없음을 의미한다. 실제로 EPR 신호를 분석해보면 무의미한 잡음만 발견될 뿐이다. 그러므로 우리가 내릴 수 있는 결론은 다음과 같다. 정보는 양자적으로 결맞음 상태에 있는, 즉 서로 얽힘 상태에 있는 입자들 사이를 즉각적으로 이동할 수 있지만, 유용한 내용이 담긴 정보는 어떤 경우에도 빛보다 빠르게 이동할 수 없다.)

두 물체가 결맞음 상태에 있으면(동일한 패턴으로 진동하면) 둘 사이의 거리가 아무리 멀어져도 그 상태를 유지할 수 있다. 요즘 물리학자들은 이 현상을 '얽힘entanglement'이라는 용어로 부른다.

바로 이것이 양자컴퓨터의 핵심원리이다. 서로 얽혀 있는 큐비트는 거리가 멀어져도 상호작용을 할 수 있으며, 이로부터 막강한 계산 능력이 발휘된다.

비유하자면, 일상적인 디지털 컴퓨터는 여러 명의 회계사들이 독립적으로 일하는 사무실과 같다. 이들은 완전히 고립된 상태에서 각

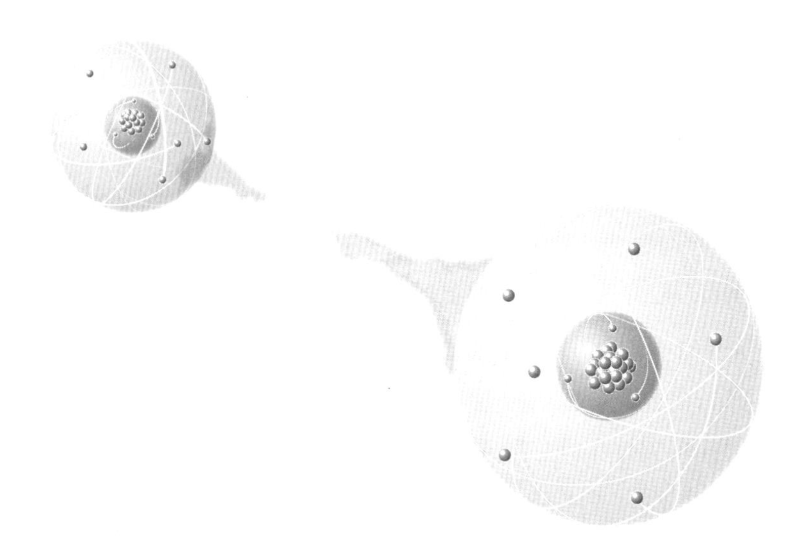

얽힘
인접한 두 원자는 결맞음 상태에서 동일한 진동수로 진동할 수 있다(진동의 위상은 특정 상수만큼 달라도 된다). 이런 상태에서 두 원자를 멀리 떼어놓고 둘 중 하나를 가볍게 흔들면 교란 정보가 다른 원자에게 빛보다 빠르게 전달된다. 그러나 이 정보는 무작위 정보이기 때문에, 특수상대성이론에 위배되지 않는다(즉, 이 정보에는 유용한 콘텐츠를 담을 수 없다). 양자컴퓨터는 이 모든 혼합 상태를 동시에 계산하기 때문에 막강한 위력을 발휘할 수 있다. (Mapping Specialists Ltd.)

자 자신에게 할당된 계산을 수행한 후 결과를 순차적으로 넘겨준다. 그러나 양자컴퓨터는 방 안을 가득 메운 회계사들이 수시로 상호작용을 하면서 동시에 계산을 수행하고, 얽힘을 통해 정보를 교환한다. 즉, 양자컴퓨터의 회계사들은 결맞음 상태에서 주어진 문제를 함께 해결하고 있다.

전쟁의 비극

안타깝게도 역사에 길이 남을 대가들의 논쟁은 전쟁으로 인해 중단되었다. 나치 독일과 미국이 원자폭탄 개발에 착수하면서, 양자이론에 대한 학술적 토론이 삶과 죽음을 가르는 심각한 사안으로 돌변한 것이다. 제2차 세계대전은 물리학계에 파괴적인 결과를 몰고 왔다.

유대인 물리학자들이 독일을 대거 탈출하는 광경을 보다 못한 플랑크는 아돌프 히틀러를 찾아가 제발 유대인 물리학자들을 괴롭히지 말아달라, 그들이 없으면 독일의 물리학은 당장 와해된다며 하소연했다. 그러나 유대인을 옹호하는 듯한 발언에 격분한 히틀러는 플랑크의 면전에 대고 고래고래 소리를 지르며 그의 사상을 비난했다.

훗날 플랑크는 이날을 회고하며 말했다. "그런 사람을 설득하는 건 애초부터 불가능한 일이었다." 게다가 설상가상으로 플랑크의 아들 중 하나인 에르빈 플랑크가 히틀러 암살계획에 연루되어 비밀경찰에게 체포되는 불상사까지 벌어졌다. 플랑크는 아들의 목숨을 구하기 위해 히틀러를 찾아가 선처를 호소했지만 결국 에르빈은 전쟁이 끝나기 직전인 1945년에 처형되었다(이 사건으로 처형된 사람은 군인과 민간인을 합하여 5천 명이 넘는다 – 옮긴이).

히틀러는 아인슈타인에게도 현상금을 걸었다. 나치가 발행한 기관지의 표지에 아인슈타인 사진이 크게 실렸는데, 그 밑에는 "아직 교수형에 처해지지 않은 범죄자"라는 설명이 달려 있었다. 아인슈타인은 1933년에 독일을 떠났고, 그 후 1955년에 세상을 떠날 때까지 돌아가지 않았다.

에르빈 슈뢰딩거는 베를린 거리에서 한 유대인이 나치 친위대에게 폭행당하는 장면을 목격하고 괜히 끼어들어서 말리다가 자신도 뭇매를 맞았다. 이 일로 충격에 빠진 그는 독일을 떠나 옥스퍼드대학교에 자리를 잡았는데, 아내와 내연녀를 모두 데려왔다는 이유로 한동안 구설에 오르기도 했다. 그 후 슈뢰딩거는 미국 프린스턴대학교의 교수직을 제안받았지만 정중하게 거절하고 아일랜드에 정착하여 노년을 보냈다(일부 역사가들에 의하면 그가 프린스턴의 제안을 거절한 이유가 '생활방식이 지나치게 특이해서'였다고 한다).

양자역학의 창시자 중 한 사람인 닐스 보어는 거의 죽을 뻔한 고비를 여러 번 넘기면서 극적으로 유럽을 탈출하여 미국에 정착했다.

독일 최고의 양자물리학자였던 베르너 하이젠베르크는 나치의 원자폭탄 개발 프로젝트에 차출되었으나, 연합군의 폭격으로 연구소는 몇 번이나 옮겨다녀야 했고 하이젠베르크는 전쟁이 끝난 후 연합군에게 체포되었다. (다행히도, 그는 우라늄 원자의 붕괴확률과 관련된 중요한 숫자 하나를 몰랐기 때문에 원자폭탄을 완성하지 못했다.)

유럽에서의 전쟁이 나치의 파멸로 끝난 후에도 미국과 일본은 태평양에서 여전히 혈투를 벌이고 있었다. 그러나 이 전쟁은 히로시마와 나가사키에 원자폭탄이 투하되면서 마침표를 찍었고, 사람들은 양자의 가공할 위력을 비로소 실감하게 되었다. 상아탑의 전유물인 줄로만 알았던 양자역학이 우주의 비밀을 밝히고 인류의 운명을 좌우할 새로운 '파워'로 부상한 것이다.

얼마 후 전쟁의 잿더미 속에서 현대문명을 밑바닥부터 바꿔놓을 새로운 발명품이 탄생했다. 원자의 막강한 힘을 이용하여 이 땅에 평화를 가져올 환상적인 발명품, 그것은 바로 트랜지스터였다.

4장.

양자컴퓨터의 여명기

트랜지스터는 꽤나 역설적인 물건이다.

일반적으로 기계는 클수록 강력하고 유용하다. 거대한 제트여객기는 수백 명의 승객을 단 몇 시간 만에 지구 반대편으로 실어나를 수 있고, 우주로켓은 수십 톤의 화물을 화성으로 보낼 수 있다. 또한 둘레가 27킬로미터에 달하는 100억 달러짜리 대형강입자충돌기Large Hadron Collider(LHC)는 빅뱅의 비밀을 밝혀줄 유력한 후보로서 제네바 전체를 에워쌀 정도로 거대한 크기를 자랑한다.

그러나 20세기 최고의 발명품인 트랜지스터는 손톱만 한 면적에 수십억 개가 들어갈 정도로 작은데도, 인류의 문명을 송두리째 바꿔놓았다.

그렇다. 가끔은 작은 것이 좋을 때도 있다. 당신의 머릿속에 들어 있는 두뇌는 우리가 아는 한 우주에서 가장 복잡한 물체이다. 그 안에는 1천억 개의 뉴런이 있고, 하나의 뉴런은 1만 개의 다른 뉴런과 거미줄처럼 연결되어 있다. 구조의 복잡성으로 따진다면 두뇌는 단연 우주 챔피언이다.

복잡다단한 인간의 두뇌와 수십억 개의 트랜지스터로 이루어진 마이크로칩은 한 손에 들어올 정도로 작지만, 이들의 능력은 타의 추종을 불허한다.

왜 그런가? 작은 외형 안에 엄청난 양의 정보를 저장할 수 있고, 그 많은 정보를 정확하고 정교하게 처리할 수 있기 때문이다. 게다가 정보를 저장하는 방식이 튜링머신과 비슷하므로, 뛰어난 계산 능력을 발휘할 수 있다. 마이크로칩은 유한한 입력 테이프를 갖춘 디지털 컴퓨터의 핵심이며(튜링머신의 입력 테이프는 원리적으로 무한히 길 수 있다), 두뇌는 새로운 것을 배우면서 스스로 개선해나가는 학습기계(또는 신경망)이다. 튜링머신은 자체 수정이 가능하므로 신경망처럼 스스로 배워나갈 수 있다.

트랜지스터의 위력이 소형화의 결과라면, 그다음 질문이 자연스럽게 떠오른다. 컴퓨터는 어디까지 작아질 수 있을까? 가장 작은 트랜지스터는 어떤 형태일까?

트랜지스터의 탄생

1956년, 세 명의 물리학자가 노벨상을 공동으로 수상했다. 벨연구소에서 트랜지스터를 발명한 존 바딘과 월터 브래튼, 그리고 윌리엄 쇼클리가 그 주인공이다. 이들이 제작한 세계 최초의 트랜지스터는 지금도 워싱턴의 스미스소니언박물관에 보물처럼 전시되어 있다. 겉모습은 다소 투박하고 거칠지만, 전 세계에서 온 과학자들은 이 역사적인 전시물에 깊은 경의를 표하고 있다. 심지어는 그 앞에서 마치 신에게 경배하듯 절을 하는 사람도 있다고 한다. 바딘과 브래튼, 그리고 쇼클리는 반도체라 불리는 새로운 양자 물질을 이용하여 트랜지스터를 만들었다. (금속은 전류가 자유롭게 흐르는 도체이고 유리와 플라스틱, 고무 등은 전류가 통하지 않는 부도체이다. 반도체의 전도성은 그 중간쯤이어서, 전자의 흐름을 필요에 따라 제어할 수 있다.)

트랜지스터는 반도체의 특성을 이용한 회로소자로서, 튜링의 컴퓨터에서 진공관이 하던 일을 똑같이 수행한다. 앞서 말한 대로 진공관과 트랜지스터는 수도관 속에서 물의 흐름을 제어하는 밸브와 비슷하다. 파이프를 가늘게 만들어서 여러 곳에 설치하고 작은 밸브를 여러 개 달면 물의 흐름을 훨씬 다양한 방식으로 제어할 수 있다(닫힌 밸브는 0에 해당하고, 열린 밸브는 1에 해당한다). 여기서 밸브를 트랜지스터로 바꾸고 파이프를 전선으로 교체하면 트랜지스터를 이용한 디지털 컴퓨터가 된다.

트랜지스터와 진공관은 하는 일이 비슷하지만, 성능 면에서는 트랜지스터가 압도적으로 우월하다. 직접 다뤄본 사람은 알겠지만, 진공관은 부품이 거칠고 성능도 매우 불안정해서 손이 많이 가기로 유명하다. (나는 어린 시절에 TV가 안 나올 때마다 뚜껑을 열고 진공관을 모두 꺼내서 어느 것이 고장났는지 일일이 확인해야 했다.) 진공관은 덩치가 크고 자주 망가질 뿐만 아니라, 수명까지 짧다.

반면에 얇은 실리콘 기판에 새겨진 트랜지스터는 작고 견고하면서 가격도 저렴하다. 요즘 트랜지스터는 공장에서 대량생산되고 있는데,

그 공정은 티셔츠에 무늬를 새기는 방식과 비슷하다.

티셔츠 공장에서는 그림이나 문자가 새겨진 플라스틱 템플릿을 사용한다. 이것을 티셔츠 위에 올려놓고 스프레이 물감을 뿌리면 필요한 부분에 물감에 스며들고, 템플릿을 제거하면 원하는 무늬가 셔츠에 새겨지는 식이다. 트랜지스터를 만드는 공정도 크게 다르지 않다. 회로가 새겨진 템플릿을 실리콘 기판(웨이퍼) 위에 얹어놓고 자외선을 쪼인 후, 템플릿을 제거하고 산성 물질을 입히면 자외선에 노출된 부분에서 화학반응이 일어나 기판에 회로가 각인된다.

이 공정의 장점은 회로소자의 크기가 자외선의 파장만큼 작아질 수 있다는 것이다(자외선의 파장은 원자의 지름보다 조금 크다). 이 단계에 이르면 컴퓨터에 쓰이는 평범한 크기의 칩에 트랜지스터 10억 개를 새길 수 있다. 오늘날 트랜지스터 제조는 한 국가의 경제를 좌우할 정도로 거대한 사업이 되었으며, 세계적 규모의 반도체 공장들은 생산원가로 매년 수십억 달러를 투자하고 있다.

마이크로칩은 대도시의 도로망과 비슷하다. 회로에 흐르는 전류는 도로를 달리는 자동차에 해당하고, 트랜지스터는 교통의 흐름을 제어하는 신호등에 해당한다. 빨간불이 켜지면 자동차가 멈추는 것처럼 전류가 멈추면 0이 할당되고, 파란불이 켜지면 자동차가 달리듯이 전류가 흐르면 1이 할당된다.

칩에 새겨진 트랜지스터의 수를 늘리는 것은 도로를 더욱 촘촘하게 깔아서 신호등을 더 많이 설치하는 것과 같다. 그러나 주어진 지역에 깔 수 있는 도로의 수에는 분명히 한계가 있다. 도로가 많아지면 도로의 폭이 점점 좁아지다가 결국은 자동차가 인도를 침범하는 불상사가 일어나는 것처럼, 회로 사이의 간격이 너무 좁아지면 단락이 발생한다.

실리콘칩에 새긴 회로소자의 폭이 원자의 크기에 가까워지면 하이젠베르크의 불확정성 원리가 작동하기 시작하면서 전자의 위치가 불확실해지고, 결국은 경로를 이탈하여 회로를 단락시킬 것이다. 게다가 좁은 영역에 빽빽하게 들어찬 트랜지스터에서 과도한 열이 발생하여 회로를 녹일 수도 있다.

모든 것은 왔다가 사라진다. 수십 년 동안 전성기를 구가했던 실리콘 시대도 마찬가지다. 실리콘이 역사의 뒤안길로 사라진 후에는 '양자 시대'가 도래할 가능성이 크다.

이런 변화를 60년 전에 미리 예견한 천재가 있었으니, 그가 바로 20세기 최고의 물리학자 중 한 사람인 리처드 파인먼이다.

천재다운 행동

파인먼은 정말로 특이한 사람이었다. 물리학자 중에서 그와 같은 캐릭터는 두 번 다시 찾아보기 힘들 것이다.

연예인 뺨칠 정도로 강렬한 카리스마의 소유자였던 그는 자신의 과거사나 흥미로운 기담을 늘어놓으면서 청중을 사로잡곤 했다. 게다가 억양이 어찌나 거칠었는지, 목소리만 들으면 물리학자가 아니라 영락없는 트럭 운전사였다.

또한 자물쇠 따기와 금고 열기의 전문가를 자처했던 그는, 맨해튼 프로젝트에 차출되어 로스앨러모스에서 근무하던 시절에 원폭 관련 극비서류가 들어 있는 금고를 몰래 열었다가 경보장치가 가동되는 바람에 한바탕 곤욕을 치른 적도 있다. 허공에 뜬 채 자신의 육체를 내려다보는 임사체험을 하겠다며 스스로 고압산소실에 들어간 사건은 지금도 전설처럼 전해진다. 특별한 일이 없는 날에는 하루 종일 봉고를 두들기면서 무아지경에 빠졌던 못 말리는 물리학자, 그가 바로 파인먼이다.

그와 대화를 나눠본 사람은 이야기에 너무 심취하여 그가 1965년에 노벨상을 받고, 빛과 전자의 상호작용을 상대론적으로 설명한 최고의 물리학자라는 사실을 까맣게 잊곤 했다. 이 이론이 바로 그 유명한 양자전기역학(QED)인데, 이론과 실험의 차이가 100억분의 1을 넘지 않는다. 뉴욕에서 LA까지 거리를 이론적으로 계산한 후 실제 거리를 측량한 경우와 비교할 때, 오차범위가 머리카락 한 올 굵기보다 작은 것과 비슷하다. 이 정도면 과학 역사상 가장 정확한 이론으로 손색이 없다. 어떤 물리학자이건 파인먼과 대화를 나눌 때는 행여 한마디라도 놓칠세라 온 정신을 집중했다. 그가 무심결에 던진 말에도 심오한 통찰이 배어 있었기 때문이다.

나노기술의 탄생

무엇보다도 파인먼은 앞날을 정확하게 내다본 선구자였다.

컴퓨터가 점점 작아지고 있음을 간파한 그는 스스로 자문했다. 컴퓨터는 어느 정도까지 작아질 수 있을까?

그는 트랜지스터가 점점 작아지다가 결국 원자 크기에 도달한다는 사실을 깨닫고, 물리학의 다음 개척지로 원자 규모의 작은 기계를 만드는 나노기술을 지목했다.

원자만 한 크기의 망치나 핀셋, 렌치 등을 만들 때, 양자역학에 기인한 한계는 어떤 것이 있는가? 원자 크기의 트랜지스터로 이루어진 컴퓨터는 궁극적으로 어떤 한계에 부딪힐 것인가?

파인먼은 원자 규모에서 환상적인 발명이 가능하다는 것을 깨달았다. 거시세계에 적용되는 물리법칙은 원자 규모에서 무용지물이 되기 때문에, 새로운 가능성의 세계로 눈을 돌려야 한다는 것이다. 그는 1959년에 칼텍에서 열린 미국 물리학회에서 "바닥에는 여유 공간이 많이 남아 있다"라는 제목으로 강연을 했는데, 그것은 실로 새로운 과학의 탄생을 알리는 신호탄이었다.

이 강연에서 파인먼은 다음과 같이 물었다. "24권짜리 백과사전을 바늘의 뾰족한 끝에 몽땅 새겨넣을 수는 없을까요?"

그가 제시한 아이디어는 간단하다. 원자를 우리가 원하는 대로 배열해주는 작은 기계를 만들면 된다. 망치와 핀셋 등 우리가 일상적으로 사용하는 도구를 기본입자(물질을 구성하는 최소 단위 입자의 총칭–옮긴이) 크기로 소형화하는 것이다. 자연은 우주 초창기부터 원자를 마음대로 조작해왔는데, 우리라고 못할 이유가 어디 있는가?

파인먼은 양자컴퓨터에 대한 자신의 생각을 다음과 같이 요약했다. "자연은 고전적이지 않다. 그러므로 자연을 흉내내려면 양자역학적 방법을 동원해야 한다."

당연한 말 같지만, 사실 여기에는 심오한 통찰이 숨어 있다. 기존의 디지털 컴퓨터는 성능이 아무리 좋아도 양자적 과정을 시뮬레이션하기에는 역부족이다. (IBM의 부사장 로버트 수터는 다음과 같은 비유를 들었다. 디지털 컴퓨터로 카페인 같은 단순한 분자가 형성되는 과정을 시뮬레이션하려면 10^{48}비트의 정보가 필요한데, 이 수는 지구를 구성하는 총 원자 개수의 10퍼센트에 해당한다. 따라서 디지털 컴퓨터로는 단순한 분자조차 시뮬레이션할 수 없다.)

파인먼은 이 유명한 강연에서 몇 가지 놀라운 아이디어를 제안했는데(이 강연은 얼마 후 책으로 출판되었다–옮긴이), 그중 하나가 혈관을 타고 이동하면서 다양한 병을 치료하는 초소형 로봇이다. 파인먼이 '삼키는 의사swallowing doctor'라고 불렀던 이 로봇은 백혈구처럼 몸 전체를 돌아다니면서 인체에 해로운 박테리아와 바이러스를 공격하거나, 문제가 생긴 부위를 수술할 수도 있다. 모든 치료가 몸속에서 이루어지기 때문에 피부를 절개하지 않아도 되고, 통증과 감염을 걱정할 필요도 없다.

또한 파인먼은 언젠가 원자를 눈으로 직접 '볼 수 있는' 슈퍼현미경이 등장할 것이라고 예측했다. (이 예측은 수십 년이 지난 1981년에 주사터널링현미경이라는 형태로 실현되었다.)

그러나 파인먼은 시대를 너무 앞서갔기에, 그가 제시했던 미래상은 곧 대중들 사이에서 잊혔다. 그의 선견지명을 알아본 사람이 없었다는 것은 참으로 부끄러운 일이다. 오늘날 파인먼의 예견 중 상당 부분은 현실로 이루어졌다.

파인먼은 모든 사람을 대상으로 다음과 같은 아이디어를 공모한 적이 있다. (1)책 한 페이지에 들어갈 내용을 오직 전자현미경으로만 볼 수 있을 정도로 축소하거나, (2)한 변의 길이가 64분의 1인치(약 0.4밀리미터)인 정육면체에 들어가는 모터를 만드는 사람에게 1천 달러의 상금을 주겠다고 공언한 것이다. 얼마 후 두 사람의 발명가가 상금을 받아갔는데, 사실 이들이 만든 물건은 파인먼이 내걸었던 조건을 완전히 충족하지는 못했다.

파인먼이 내놓았던 또 하나의 예견은 원자 하나 두께의 탄소층으로 이루어진 나노물질 그래핀의 발명과 함께 실현되었다. 영국 맨체스터에서 연구를 진행하던 두 명의 러시아 과학자 안드레 가임과 콘스탄틴 노보셀로프는 우연한 기회에 흑연의 얇은 층이 스카치테이프로 벗겨진다는 사실을 알아냈다. 두 사람은 이 과정을 세밀하게 반복한 끝에 마침내 원자 하나 두께의 탄소층에 도달하는 데 성공했고, 이 공로를 인정받아 2010년에 노벨상을 공동으로 수상했다. 탄소 원자는 대칭적인 배열로 촘촘하게 결합하는 성질이 있어서, 이들로 이루어진 그래핀은 다이아몬드보다 강하다. 코끼리 한 마리를 어떻게든 연필 위에 올려서 균형을 잡은 후, 이 연필을 그래핀에 통째로 올려놓아도 찢어지지 않을 정도다.

소량의 그래핀은 간단하게 만들 수 있지만, 순수한 그래핀을 대량생산하기란 결코 쉬운 일이 아니다. 그러나 그래핀은 초고층 건물이나 교량을 지을 수 있을 정도로 강력하다(물론 그래핀으로 지으면 너무 얇아서 보이지 않을 것이다). 특히 그래핀으로 짠 섬유는 사람과 화물을 우주로 올려주는 우주 엘리베이터의 건설재료로 아주 제격이다. (우주 엘리베이터는 그래핀 케이블에 매달려 있다. 언뜻 생각하면 금방 아래로 추락할 것 같지만, 지구의 자전에 의해 생기는 원심력이 중력과 정확하게 상쇄되어 절대로 떨어지지 않는다.) 또한 그래핀은 전도성이 좋은 도체이기 때문에, 초소형 트랜지스터의 소재로도 쓸 수 있다.

파인먼은 양자컴퓨터의 막강한 능력을 제일 먼저 간파한 사람이었다. 앞서 말한 대로 양자컴퓨터의 성능은 큐비트 하나를 추가할 때마다 두 배로 향상된다. 따라서 원자 300개로 이루어진 양자컴퓨터는 1큐비트짜리 양자컴퓨터보다 2^{300}배 뛰어난 성능을 발휘할 수 있다.

파인먼의 경로적분

파인먼이 남긴 또 하나의 업적은 현대물리학의 판도를 바꿔놓았다. 그는 수많은 대가들이 구축한 양자역학을 완전히 새로운 이론체계로 재구성했는데, 이것이 바로 그 유명한 파인먼의 경로적분path integral 이다.

모든 것은 파인먼이 고등학교에 다닐 때 시작되었다. 수학 계산이나 수수께끼 같은 문제를 유난히 좋아했던 그는 단순히 문제를 푸는 데 그치지 않고, 하나의 문제를 여러 가지 방법으로 풀어서 가장 빠른 해결책을 찾아내곤 했다. 한 가지 방법으로 밀고 나가다가 막다른 길에 도달했을 때 재빨리 다른 방법으로 선회하여 답을 찾아내는 것이 그의 주특기였다. 그는 모든 물리학자의 목표가 "자신이 틀렸다는 것을 가능한 한 빠르게 증명하는 것"이라고 했다. 자신이 언제라도 틀릴 수 있음을 항상 염두에 두고, 길이 막혔을 때는 담벼락에 헤딩하지 말고 곧바로 다른 길을 찾으라는 뜻이다.

(나 역시 이론물리학자로서 파인먼의 조언을 항상 마음속 깊이 새겨왔다. 물리학자는 자신이 틀렸음을 인정해야 할 때가 있으며, 이런 경우에는 신속하게 다른 방법을 모색하는 게 최선이다.)

고등학교 시절, 파인먼은 과학 과목에서 동급생보다 지나치게 앞서갔기 때문에 수업시간에 지루함을 참지 못하고 꾸벅꾸벅 조는 경우가 많았다. 이를 보다 못한 과학교사는 파인먼의 호기심을 자극할 만한 좋은 아이디어를 떠올렸다.

어느 날, 과학교사는 파인먼을 앞에 앉혀놓고 고전물리학을 완전히 다른 방식으로 해석한 '최소작용원리least action principle'라는 것을 가르쳐주었다. 공이 언덕 아래로 굴러떨어질 때 지나갈 수 있는 길은 무한히 많지만, 실제로 공은 단 하나의 경로를 따라 굴러간다. 그렇다면 공은 자신이 갈 길을 어떻게 선택하는 것일까?

300년 전에 뉴턴이 제시한 답은 다음과 같다. 임의의 순간에 공에 작용하는 힘을 알아낸 후 방정식에 이 힘을 대입하여 풀면, 바로 다음 순간에 공이 어디로 이동하는지 알 수 있다. 이 과정을 아주 짧은 시간 간격으로 여러 번 반복해서 방정식의 해를 하나로 이어붙이면 공이 그리게 될 전체 궤적이 얻어진다. 지금도 물리학자들은 별과 행성, 로켓, 탄환, 야구공 등의 궤적을 예측할 때 이 방법을 사용하고 있다. 이것이 바로 뉴턴 물리학의 기본 원리이며, 대부분의 고전물리학은 이런 식으로 진행된다. 그런데 무수히 많은 해를 어떻게 하나로 이을 수 있을까? 걱정할 것 없다. 이 방법도 뉴턴이 수학적으로 완벽하게 구축해놓았다. 전 세계 고등학생의 필수과정이자 물리학자의 밥줄인 미적분학calculus이 바로 그것이다.

그러나 파인먼의 과학교사는 고전역학 문제를 푸는 또 하나의 방법을 소개했다. 일단 공이 지나갈 수 있는 모든 경로를 그려본다. 아무리 이상하게 보여도 상관없다. 공이 언덕 꼭대기에서 갑자기 하늘로 치솟아 달이나 화성까지 날아갔다가 언덕 아래로 돌아와도 되고, 아예 우주 끝까지 갔다가 돌아오는 경로도 포함시킬 수 있다. 그리고 개개의 경로에 대해 '작용action'이라는 양을 계산한다. (여기서 말하는 '작용'은 사전적인 의미가 아니라 최소작용원리를 서술하기 위해 새로 정의된 용어이다. '작용'은 주어진 계의 에너지와 비슷한 개념인데, 좀 더 정확하게 말하면 운동에너지에서 위치에너지를 뺀 값이다.) 모든 경로에 대해 작용을 계산하면 그중에서 제일 작은 값이 존재할 것이다. 바로 그 값에 해당하는 경로가 공이 선택하는 경로이다. 다시 말해서, 공은 모든 가능한 경로(우주 끝까지 갔다가 되돌아오는 황당무계한 경로도 포함됨)를 '일일이 냄새 맡아보고', 그중에서 작용이 가장 작은 경로를 선택한다는 것이다.

이 황당하면서도 복잡한 계산을 수행하고 나면, 놀랍게도 뉴턴의 방정식으로 푼 것과 동일한 결과가 얻어진다. 설명이 끝나자 파인먼은 경악을 금치 못했다. 복잡한 미분방정식과 씨름할 필요 없이 이렇게 간단한 논리로 뉴턴역학의 모든 것을 재현할 수 있다니, 그야말로 마법이 따로 없었다. 그냥 작용을 계산해서 최솟값에 해당하는 경로를 찾으면 된다. 이로써 파인먼은 고전역학 문제를 푸는 두 가지 방법을 갖게 되었으며, 하나의 문제를 다른 각도에서 바라보면 그만큼 이해가 깊어진다는 값진 교훈도 얻을 수 있었다.

뉴턴식 물리학에서 공의 경로는 특정 시간, 특정 위치에서 공에 작용하는 힘에 의해 결정되며, 현재 위치(또는 시간)에서 멀리 떨어진 지점은 공의 운동에 아무런 영향도 미치지 않는다. 그러나 최소작용원리에 의하면 공은 자신이 취할 수 있는 모든 가능한 경로를 순식간에 '인식'한 후, 그중에서 작용이 가장 작은 경로를 재빨리 '선택'한다. 그렇다면 공은 수십, 수백억 개에 달하는 후보 경로들 중 올바른 경로를 어떻게 '찾아내는' 것일까?

(예를 들어 공을 손으로 들고 있다가 가만히 놓으면 수직 방향으로

떨어진다. 왜 그런가? 뉴턴에게 물으면, 찰나의 순간마다 중력이 공을 아래쪽으로 잡아당기고, 이 위치들을 이어붙이면 수직선이 된다고 답할 것이다. 그러나 최소작용원리에 의하면 공은 모든 가능한 경로를 물색하여 작용이 가장 작은 경로를 취하는데, 이 경우에 작용이 최소인 경로는 수직 방향으로 내려가는 경로이다.)

그로부터 몇 년 후, 파인먼은 훗날 그에게 노벨상을 안겨줄 연구를 수행하면서 고등학생 시절에 배웠던 교훈을 떠올렸다. 최소작용원리는 뉴턴의 고전물리학에 완벽하게 적용된다. 그렇다면 이 이상한 결과를 양자역학에도 적용할 수 있지 않을까?

양자적 경로합

생각이 여기에 미치자, 파인먼은 양자컴퓨터가 막강한 위력을 발휘할 수 있음을 깨달았다. 미로를 예로 들어보자. 고전적인 쥐 한 마리를 여기에 가둬놓으면 가능한 한 많은 경로를 탐색하려고 바쁘게 돌아다니겠지만, 탐색이 순차적으로 진행되기 때문에 오랜 시간이 소요된다. 그러나 양자 쥐를 미로에 가두면 모든 가능한 경로를 동시에 탐색할 수 있다. 이 원리를 양자컴퓨터에 적용하면 계산 능력이 기하급수적으로 향상된다.

파인먼은 최소작용원리에 입각하여 양자역학을 처음부터 다시 써내려갔다. 이 원리에 의하면 입자는 모든 가능한 경로를 '동시에 탐색한다'. 그런데 개개의 경로에 작용 및 플랑크상수와 관련된 가중치를 부여해서 모두 더해보니(즉, 적분해보니) 놀랍게도 기존의 양자역학과

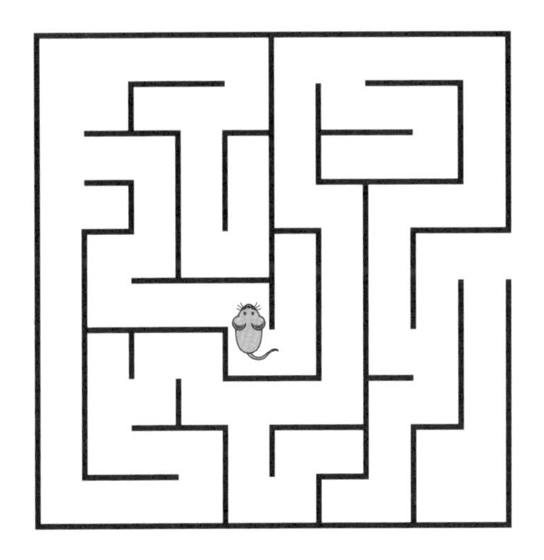

경로합
미로에서 출구를 찾는 고전적인 쥐는 갈림길이 나올 때마다 어느 길로 갈지 매번 결정을 내리는 수밖에 없다. 그러나 양자 쥐는 (어떤 의미에서) 모든 가능한 경로를 동시에 탐색할 수 있다. 양자컴퓨터가 고전(디지털) 컴퓨터보다 월등한 것은 바로 이런 이유 때문이다. (Mapping Specialists Ltd.)

동일한 결과가 얻어졌다. 바로 이것이 파인먼의 경로적분 접근법path integral approach이다(고전물리학의 최소작용원리에서는 가능한 모든 경로 중 하나가 정답으로 선택되지만, 파인먼의 경로합에서는 모든 가능한 경로에 가중치를 곱해서 더한, 또는 적분한 값이 최종적인 답이다. 즉, 전자 같은 입자들은 모든 가능한 경로를 '동시에' 지나가고 있다. 단, 상식에서 벗어난 경로일수록 가중치가 줄어든다 – 옮긴이).

파인먼은 경로적분법으로 슈뢰딩거 방정식을 유도했을 뿐만 아니라, 그 안에 양자역학의 '모든' 내용을 요약할 수 있었다. 슈뢰딩거가 마술처럼 파동방정식을 유도한 지 수십 년 만에, 파인먼이 경로적분법을 이용하여 방정식을 포함한 양자역학의 모든 것을 하나로 통합한 것이다.

나는 물리학과 박사과정 학생들에게 양자역학을 강의할 때, 마술사의 모자에서 튀어나온 토끼처럼 느닷없이 등장한 슈뢰딩거 방정식에서 시작한다. 학생들은 종종 "그 방정식은 어디서 어떻게 유도된 겁니까?"라고 물어오지만, 딱히 해줄 말은 없다. 그저 어깨를 으쓱하며 '유도된 게 아니라 발견된 것'이라고 얼버무릴 뿐이다. 그러나 개강 후 몇 달이 지나서 경로적분 이야기가 나올 때쯤 되면 나도 모르게, 양자이론의 모든 것은 파인먼의 경로적분을 이용하여 입자가 취할 수 있는 모든 가능한 경로를 더해서(적분해서) 재구성할 수 있다고 목소리에 힘을 주게 된다. 단, 이 계산을 수행할 때는 말도 안 되는 황당무계한 경로까지 모두 더해야 한다.

나는 연구할 때뿐만 아니라 집에서 방을 가로지를 때도 경로적분을 떠올리곤 한다. 예를 들어 카펫 위를 걸을 때, 나와 똑같이 생긴 여러 개의 복사본이 '이곳을 걷는 사람은 오직 나뿐'이라고 생각하면서 각자 다른 길로 걸어간다고 상상하는 식이다. 물론 개중에는 화성까지 갔다가 돌아오는 복사본도 있다. 좀 심각한 직업병 같지만, 막상 해보면 꽤 재미있다(가끔은 머리카락이 곤두서기도 한다).

또한 나는 이론물리학자로서 고에너지 입자의 거동을 양자적으로 서술하는 양자장이론quantum field theory(슈뢰딩거 방정식의 상대론적 버전)을 연구하는 중이다. 주어진 물리계에 양자장이론을 적용할 때 제일 먼저 하는 일은 파인먼이 그랬던 것처럼 '작용'을 정의하는 것이다. 그런 다음 모든 가능한 경로에 대해 계산을 수행하여 운동방정식을 구한다. 그러므로 어떤 의미에서 보면 파인먼의 경로적분법이 양자장이론을 통째로 삼켰다고 볼 수도 있다.

이것은 절대로 속임수가 아니다. 게다가 경로적분은 지구의 생명체에게도 중요한 의미가 있다. 앞에서도 말했지만, 양자컴퓨터가 정상적으로 작동하려면 절대온도 0도(0K, -273℃)에 가까운 극저온 상태가 유지되어야 한다. 그러나 자연은 이 기적 같은 일(광합성, 질소고정 등)을 상온에서 실행하고 있다. 미시세계에 고전물리학이 적용된다면 상온에서 원자의 업무를 방해하는 요인(주로 진동)이 너무 많기 때문에 대부분의 화학반응이 불가능해진다. 즉, 광합성은 원자가 뉴턴의 운동법칙을 따르지 않기 때문에 가능한 것이다.

그렇다면 자연은 양자컴퓨터의 최대 난제인 결맞음 문제를 무슨 수로 해결했기에, 상온에서 광합성을 그토록 쉽게 하고 있는 것일까?

그 비결이란 바로 '경로합'이다. 파인먼이 증명한 바와 같이, 전자는 모든 가능한 경로를 탐색하면서 매 순간 기적을 행하고 있다. 다시 말해서, 광합성뿐만 아니라 생명 자체가 파인먼의 경로적분의 부산물일 수도 있다는 이야기다.

양자 튜링머신

1981년에 파인먼은 양자적 과정을 시뮬레이션할 수 있는 것은 오직 양자컴퓨터뿐이라고 역설했다. 그러나 당시 파인먼은 양자컴퓨터를 만드는 방법에 대해서는 구체적인 언급을 하지 않았다. 그 후 파인먼의 바통을 이어받은 옥스퍼드대학교의 데이비드 도이치는 튜링머신에 양자역학을 적용하는 방법을 알아냈다. 파인먼도 이 문제를 다룬 적이 있지만 양자 튜링머신을 위한 방정식까지 유도하진 않았는데, 그 세부사항을 도이치가 마무리한 것이다. 심지어 그는 가상의 양자 튜링머신에서 실행되는 알고리듬까지 설계했다.

앞서 말한 대로 튜링머신은 프로세서를 기반으로 무한히 긴 테이프에 기록된 숫자를 다른 숫자로 변환하여 일련의 수학연산을 수행하는 고전적 기계로, 이것을 이용하면 디지털 컴퓨터의 특성을 요약하여 수학적으로 분석할 수 있다. 그러므로 튜링머신에 양자역학을 추가하면 양자컴퓨터의 기이한 특성을 수학적으로 엄밀하게 분석할 수 있을 것이다. 도이치는 튜링머신의 고전적 비트를 양자적 큐비트로 바꾸면 양자 튜링머신이 된다고 생각했고, 이로부터 몇 가지 중요한 변화가 초래되었다.

첫째, 튜링머신의 기본적인 조작(0을 1로 바꾸거나 1을 0으로 바꾸기, 테이프를 한 칸 앞이나 뒤로 이동시키기 등)은 거의 그대로 유지되지만, 비트는 더 이상 0과 1이 아니다. 양자 튜링머신은 중첩superposition(하나의 입자가 두 곳에 동시에 존재하는 현상)이라는 기이한 양자적 특성을 이용하여 0과 1 사이에 존재하는 큐비트를 생성할 수 있다. 둘째, 양자 튜링머신의 모든 큐비트는 서로 얽힌 관계에 있기 때문에, 하나의 큐비트에 일어난 일은 멀리 떨어진 다른 큐비트에 영향을 줄 수 있다. 마지막으로, 계산이 종료되었을 때 명확한 숫자를 얻으려면, 모든 큐비트가 0 또는 1이 되도록 '파동을 붕괴시켜야' 한다. 이 과정을 거치면 양자컴퓨터로 원하는 답(숫자)을 얻을 수 있다.

튜링이 튜링머신에 정확한 규칙을 도입하여 디지털 컴퓨터의 기초를 세웠듯이, 도이치는 양자컴퓨터의 기초를 다지는 데 중요한 역할을 했다. 그는 큐비트가 작동하는 방식의 핵심을 밝힘으로써 양자컴퓨터의 표준화에 크게 기여했다.

평행우주

도이치는 양자컴퓨터의 기본개념을 확립했을 뿐만 아니라, 이로부터 제기된 철학적 문제도 신중하게 받아들였다. 양자역학에 대한 코펜하겐 해석에 의하면, 전자를 관측하지 않는 한 그 위치는 하나로 결정되지 않는다. 전자의 위치를 알고 싶으면 어떻게든 관측을 실행해야 한다. 관측 행위가 개입되기 전에 전자의 파동함수는 여러 상태가 섞인 모호한 파동으로 존재하다가, 누군가가 그것을 관측하는 순간 파동함수가 마술처럼 '붕괴'되면서 단 하나의 상태로 결정된다. 바로 이것이 양자컴퓨터에서 숫자로 된 하나의 답을 얻어내는 방식이다.

그러나 이 '파동함수의 붕괴'는 지난 세기 물리학자들에게 미스터리한 사건이었다. 붕괴되는 과정 자체는 다분히 인위적이고 작위적인 것처럼 보이지만, 양자세계를 떠나 거시세계로 들어오려면 이 과정을 반드시 거쳐야 한다. 입자는 왜 우리가 바라볼 때만 그와 같은 모습을 보여주는 것일까? 파동함수의 붕괴는 미시세계와 거시세계를 이어주는 다리임이 분명하지만, 철학적으로 허점이 많은 다리이기도 하다.

그래도 어쨌거나 양자역학은 작동한다. 이것은 이견의 여지가 없다.

이런 상황에서 많은 과학자들은 불확실한 기반 위에 쌓아온 지식이 모래성처럼 한순간에 무너져내리지 않을까 전전긍긍했고, 이 문제를 해결하기 위해 지난 수십 년 동안 수많은 가설이 제기되었다.

그중에서도 가장 급진적인 가설은 1956년에 젊은 대학원생 휴 에버렛 3세가 제안한 '다세계 해석many worlds interpretation'일 것이다. 3장에서 우리는 양자역학이 진행되는 과정을 4단계로 나눠서 살펴보았다. 그중 마지막은 파동함수가 붕괴되면서 계의 상태가 결정되는 단계인데, 에버렛은 이 극적인 부분을 목록에서 아예 삭제해버렸다. 즉, '관측을 실행해도 파동함수는 붕괴되지 않는다'고 선언한 것이다. 그렇다면 중첩된 상태로 존재하는 그 많은 가능성은 어떻게 되는가? 에버렛의 해결책은 의외로 간단하다. 모든 가능한 해들은 그 자체로 여러 개의 현실이 되어 갈라진다. 에버렛의 가설에 '다세계many worlds'라는 이름이 붙은 이유다(다세계, 다중우주, 평행우주 등은 뉘앙스가 조금씩 다르지만, 이 책에서는 같은 뜻으로 이해해도 무방하다 – 옮긴이).

여러 개의 지류支流로 갈라지는 강처럼, 전자의 다양한 파동은 관측이 실행될 때마다 여러 개로 갈라지고, 이들은 또 다른 우주에서 엄연한 현실로 존재한다(그 우주에서 누군가가 전자를 관측한다면 또다시 갈라질 것이다). 즉, 우주는 하나가 아니라 무수히 많은 평행우주로 존재하며, 이들 중 어떤 것도 붕괴되지 않는다. 개개의 우주는 당신이 느끼는 현실만큼이나 현실적이지만, 사실 이들은 '모든' 가능한 양자상태 중 하나일 뿐이다.

그러므로 소우주와 대우주는 동일한 방정식을 따른다. 작은 세상과 큰 세상을 분리하는 '벽'도 없고, 파동함수도 붕괴되지 않기 때문이다.

바다에서 일어나는 거대한 파도를 예로 들어보자. 사실 이 파도는 수천 개의 작은 파도로 이루어져 있다. 코펜하겐 해석에 의하면 계에 관측 행위가 개입되었을 때 작은 파도 중 하나만 선택되고 나머지는 마술처럼 사라진다. 그러나 에버렛의 가설에 의하면 관측을 실행한 후 거대한 파도는 여러 개의 작은 파도로 갈라지고, 그 후에도 관측이 실행될 때마다 계속해서 갈라져나간다.

이 가설은 복잡한 철학적 문제를 야기하지 않는다. 파동함수가 붕괴되지 않는다고 처음부터 못을 박았기 때문이다. 그래서 이론체계도 코펜하겐 해석보다 훨씬 단순하고 깔끔하며, 심지어 아름답기까지 하다.

다세계

그러나 에버렛과 도이치의 가설은 '현실'과 '존재'에 대한 기존의 관념을 완전히 뒤집으면서 엄청난 파급효과를 몰고 왔다.

구체적인 사례를 들기 위해 멀리 갈 필요도 없다. 우리는 어떤 직장에 취직할지, 언제 누구와 결혼할 것인지, 그리고 아이를 몇이나 낳을지 등등 수많은 갈림길을 거쳐왔는데, 다세계 이론에서는 매번 결정을 내릴 때마다 우주가 가능한 상태의 수만큼 갈라진다. 지금 이 우주에서 당신이 지극히 평범한 회사원이라 해도, 다른 평행우주에 존재하는 당신의 복사본은 완전히 다른 삶을 살아갈 수도 있다. 어떤 우주에서 당신은 세기적 모험을 즐기는 억만장자인 반면, 또 다른 우주에서는 무료급식소를 전전하는 노숙자일 수도 있다. 개개의 우주에서 당신의 복사본들은 자신이 속한 우주가 진짜 우주이며, 나머지는 가짜라고 믿는다. 그렇다면 양자적 규모에서는 원자들 사이에 상호작용이 일어날 때마다 우주가 엄청나게 많은 지류로 갈라질 것이다.

미국 문학을 대표하는 시인 로버트 프로스트는 그의 시 〈가지 않은 길〉에서 누구나 한 번쯤 생각해봤을 문제를 서정적인 문체로 표현했다. 인생에서 무언가 중요한 선택을 내리고 나면, 선택되지 않은 다른 길이 궁금해지기 마련이다. 그리고 한 번 내린 결정은 나의 삶에 어떤 방식으로든 영향을 준다. 여기서 잠시 프로스트의 시를 감상해보자.

노란 숲속에 두 갈래 길이 있었다.
나는 두 길을 모두 갈 수 없음을 아쉬워하면서
덤불 속으로 이어지는 한쪽 길을
오랫동안 서서 바라보았다.

프로스트의 시는 자신의 결정이 삶을 바꿨고, 발길이 뜸한 길을 선택한 것이 인생의 전환점이었음을 회고하면서 마무리된다.

먼 훗날 어디선가
나는 한숨지으며 말할 것이다.
숲속에서 두 갈래 길에 이르렀을 때
나는 사람들이 덜 지나간 길을 택했다고.
그리고 그 선택 때문에 모든 것이 달라졌다고.

한 번의 선택은 개인의 삶을 넘어 전 세계에 영향을 미칠 수도 있다. 필립 K. 딕의 소설에 기초한 TV 시리즈 〈높은 성의 사나이〉에서는 우주 전체가 2개로 갈라진다. 그중 한 우주에서는 암살자가 미국 대통령 프랭클린 루스벨트를 죽이려 했으나 결정적인 순간에 총이 격발되지 않는 바람에 실패했고, 그 덕분에 루스벨트는 극적으로 살아남아서 제2차 세계대전을 연합군의 승리로 이끈다. 그러나 또 다른 우주에서는 총이 제대로 격발되어 루스벨트가 사망하고, 대통령직을 승계한 부통령이 무능하여 결국 전쟁에서 패하게 된다. 그리하여 독일은 미국 대륙의 동해안을 점령하고, 서해안은 일본이 접수한다는 스토리다.

이 시나리오에서 두 세상을 가른 것은 총알 1개의 격발 여부였다. 첫 번째 우주에서 총알이 발사되지 않은 이유는 약실에 들어 있는 화학추진체의 결함 때문이며, 아마도 이 결함은 폭발물 분자의 양자적 결함 때문일 수도 있다. 그렇다면 눈에 보이지도 않는 단 하나의 양자적 사건 때문에 우주가 둘로 갈라진 셈이다.

에버렛의 아이디어는 양자역학 반대론자들이 보기에도 너무나 급진적이어서 향후 수십 년 동안 별다른 관심을 끌지 못하다가, 최근 들어 우주론의 핫이슈로 떠오르기 시작했다.[1]

에버렛의 다세계

휴 에버렛 3세는 1930년에 군인 집안에서 태어났다. 제2차 세계대전에서 작전참모(중령)로 활약했던 그의 부친은 아내와 이혼 후 혼자 에버렛을 키웠고, 전쟁이 끝난 후에는 에버렛을 데리고 서독에서 근무했다.

에버렛은 어릴 때부터 물리학에 관심이 많았다. 그는 어린 나이에 해묵은 철학 문제를 놓고 심각하게 고민하다가 당대 최고의 물리학자인 아인슈타인에게 편지를 썼는데, 놀랍게도 아인슈타인은 다음과 같은 답장을 보내왔다.

> 휴 에버렛에게
> 저항할 수 없는 힘이나 움직일 수 없는 물체는 존재하지 않습니다. 하지만 자신의 목적을 이루기 위해 어려움을 극복하고 앞으

로 나아가는 용감한 소년은 존재하는 것 같군요.

당신의 친구

A. 아인슈타인으로부터

성인이 되어 프린스턴대학교에서 본격적으로 물리학 공부를 시작한 에버렛은 두 가지 분야를 집중적으로 파고들었다. 그중 하나는 게임이론을 통해 전쟁의 역학을 이해하는 것이었고, 다른 하나는 관측과 관련된 양자역학의 역설을 해결하는 것이었다. 에버렛의 지도교수는 한때 파인먼의 지도교수이자 멘토였던 존 아치볼드 휠러였는데, 그는 보어, 아인슈타인 등과 함께 공동연구를 수행했던 당대 최고의 물리학자 중 한 사람이었다.

에버렛은 양자역학에 불만이 많았다. 특히 파동함수가 붕괴되면서 거시세계의 물리적 상태가 결정된다는 코펜하겐 해석은 도저히 받아들일 수 없었다.

에버렛은 이 문제를 파고들다가 과격하면서도 단순하고 우아한 해결책을 떠올렸다. 휠러는 제자의 아이디어가 양자역학의 판도를 바꿀 수도 있음을 즉시 간파했으나, 한편으로 현실주의자였던 그는 기성 물리학자들(특히 코펜하겐 학파)의 손에 난도질당할 것을 우려하여, 파격적인 인상을 주지 않도록 논문의 수위를 조금 낮춰달라고 요구했다. 에버렛은 썩 내키지 않았지만 제자의 신분으로 지도교수의 말을 거역할 수는 없었기에, 일부 급진적인 주장을 삭제하고 강력한 논조를 부드럽게 순화시킨 후 논문을 다시 제출했다. 휠러는 저명한 물리학자들을 만난 자리에서 에버렛을 띄워주기 위해 그의 논문을 종종 언급했지만, 반응은 대체로 냉담했다.

1959년에 휠러는 에버렛이 코펜하겐에서 보어를 만날 수 있도록 주선했다. 그가 이 정도로 신경 쓴 것을 보면, 에버렛의 다세계 가설에 부분적으로나마 설득되었음이 분명하다. 그러나 코펜하겐으로 날아간 에버렛은 사자 굴에 기어 들어가는 어린 양과도 같은 처지였고, 보어와의 토론은 일대 재앙으로 끝났다. 그 자리에 함께 있었던 벨기에의 물리학자 레온 로젠펠트는 에버렛을 두고 "양자역학의 가장 간단한 원리조차 이해하지 못하는 멍청이"라고 했다.[2]

훗날 에버렛은 보어와의 만남을 회상하면서 말했다. "그곳은… 지옥이었다. 사실, 가기 전부터 알고 있었다." 에버렛의 이론을 알리기 위해 동분서주했던 휠러조차도 나중에는 '부담이 너무 크다'며 포기했다.

당시 휠러는 물리학계의 여러 저명인사들과 친분을 맺고 있었기 때문에, 그의 눈 밖에 난 이상 이론물리학으로 일자리를 구하기란 사실상 불가능했다. 그래서 에버렛은 물리학을 때려치우고 국방부의 무기체계 평가단에 합류하여 미니트맨Minuteman 미사일과 핵전쟁, 낙진, 그리고 게임이론을 응용한 작전 개발 등 일급비밀로 분류된 업무를 수행하면서 여생을 보냈다.

평행우주의 부활

에버렛이 국방부에서 핵전쟁을 분석하는 동안 그의 다세계 가설은 조금씩 부활의 조짐을 보이기 시작했다. 양자역학의 전례 없는 대성공에 한껏 고무된 물리학자들이 내친김에 양자역학을 우주 전체에 적용하려고 시도했다가 뜻하지 않게 평행우주와 마주치게 된 것이다(양자역학을 우주에 적용한다는 것은 중력의 양자이론을 구축한다는 뜻이다).

양자역학은 여러 개의 평행상태(평행우주나 평행상태의 '평행'은 '동시에 여러 개가 존재한다'는 뜻이다-옮긴이)에 존재하는 전자의 파동함수에서 출발하여 외부의 관측 행위에 의해 파동함수가 붕괴되는 것으로 마무리되는데, 이 과정을 우주 전체에 적용하면 당장 곤란한 문제가 발생한다.

아인슈타인은 우주를 팽창하는 구球, sphere로 간주했다. 단, 우리가 살고 있는 3차원 공간은 구의 내부가 아니라 구의 표면에 해당한다(3차원 구의 표면은 2차원이어서 우리의 우주를 담을 수 없다. 여기서 말하는 구는 3차원 구가 아니라 4차원에 존재하는 초구超球, hypersphere이며, 초구의 표면이 바로 우리의 우주와 같은 3차원이다-옮긴이). 이것이 바로 빅뱅 이론의 업그레이드 버전이다. 그러나 양자역학을 우주 전체에 적용하면, 전자와 마찬가지로 우주도 여러 개의 상태가 중첩된 채로 존재한다는 것을 인정할 수밖에 없다. 그리고 우주 전체에 중첩을 허용하면 에버렛이 제안했던 평행우주에 도달하게 된다.

양자역학은 전자가 두 가지 상태에 동시에 놓일 수 있다는 황당한 가설에서 출발하는데, 물리학자들이 이것을 우주 전체에 적용했다가 생각하기도 싫었던 우주의 평행상태, 즉 평행우주와 마주쳤다. 그렇다고 이제 와서 양자역학의 기본 가정을 포기할 수도 없기에, 물리학자들은 울며 겨자 먹기로 평행우주를 받아들여야 했다. '평행전자'를 양자 먹이로 키웠더니 어느새 '평행우주'로 자라난 것이다.

그렇다면 후속 질문이 필연적으로 떠오른다. 우리는 다른 평행우주를 방문할 수 있는가? 평행우주는 무수히 많은데, 우리는 왜 그들 중 단 하나도 볼 수 없는가? 개중에는 우리와 비슷한 우주도 있고, 완전히 다른 우주도 있을 것이다. (나는 이런 질문을 자주 받는다. "엘비스 프레슬리가 살아 있는 우주도 존재합니까?" 현대과학은 말한다. "네, 가능합니다.")

거실에 존재하는 평행우주

노벨상 수상자인 스티븐 와인버그는 어느 날 나와 대화를 나누다가, 머리에 쥐가 나지 않으면서 평행우주를 이해하는 비법을 알려주었다. 지금 당신은 거실에 홀로 조용히 앉아서 휴식을 취하는 중이다. 눈에는 보이지 않지만, 거실 내부는 전 세계 방송국에서 송출한 수백 종의 라디오 전파로 가득 차 있다. 그러나 당신은 이들 중 단 하나의 방송만 들을 수 있다. 라디오는 여러 개의 주파수를 동시에 수신할 수 없기 때문이다. 즉, 당신의 라디오는 거실을 가득 채운 다른 전파와 '결어긋남 상태'에 있다. 거실은 다양한 라디오 전파로 가득 차 있지만, 당신이 그 주파수에 맞추지 않았기 때문에(결어긋남 상태이기 때문에) 다른 방송을 들을 수 없는 것이다.

이제 라디오파를 전자와 원자의 양자적 파동으로 바꿔보자. 거실에는 평행우주의 파동(공룡, 외계인, 해적, 화산 등의 파동)들이 다양하게 존재한다. 그러나 당신은 그들과 결어긋난 상태에 있기 때문에 그들과 상호작용을 교환할 수 없다. 당신의 파동은 공룡의 파동과 같은 모드로 진동하지 않는다. 평행우주는 우주 바깥이나 다른 차원에 존재하는 것이 아니라, 당신의 거실 안에 당신과 함께 존재한다. 그러므로 당신은 다른 평행우주 안으로 들어갈 수 있다. 원리적으로는 가능하다. 그러나 이런 희한한 일이 일어날 확률을 계산해보면, 천문학적인 시간을 기다려야 간신히 한 번쯤 들어갈 수 있는 정도이다.

우리 우주에서 이미 세상을 떠난 사람도 당신의 거실에 있는 다른 평행우주에서 멀쩡하게 살아 있을 수도 있다. 그러나 그들과 우리는 결어긋남 상태에 있기 때문에, 직접 접촉하는 것은 거의 불가능하다. 엘비스가 살아 있다 해도, 그는 우리와 연결될 수 없는 다른 평행우주에서 노래하고 있다.

당신이 다른 평행우주로 들어갈 확률은 거의 0에 가깝다. 그런데 여기서 중요한 것은 '거의'라는 수식어이다. 양자역학에서 모든 사건은 확률로 표현된다. 나는 박사과정 학생들에게 '자신이 다음 날 아침에 화성에서 깨어날 확률을 계산하라'는 문제를 내주곤 한다. 물론 뉴턴역학으로 계산하면 답은 당연히 0이다. 아무런 도움 없이 지구의 중력을 벗어나는 건 도저히 불가능하기 때문이다. 그러나 양자역학에 의하면 중력이라는 장애물을 아무렇지 않게 통과하여 화성에서 깨어날 확률은 0이 아니다. (단, 실제로 계산을 해보면 확률이 거의 0에 가까워서 우주의 나이만큼 기다려도 일어날 가능성이 거의 없다. 그러므로 밤에 침대에 누울 때 다음날 화성에서 깨어날 걱정은 안 해도 된다.)

데이비드 도이치는 이 황당무계한 개념을 진지하게 받아들였다. 양자컴퓨터는 왜 그토록 강력한가? 다른 전자들이 평행우주에서 동시에 계산하고 있기 때문이다. 이들은 '양자적 얽힘'을 통해 상호작용을 교환하면서 서로에게 영향을 미치고 있다. 그러므로 양자컴퓨터의 계산 능력은 달랑 하나의 우주에서 고군분투하는 디지털 컴퓨터보다 훨씬 강력하다.

도이치는 이를 증명하기 위해 휴대용 레이저를 이용한 실험을 제안했다. 2개의 구멍이 뚫린 종이를 향해 레이저를 쏘면 그 뒤에 설치해 둔 스크린에 아름다운 간섭무늬가 나타난다. 레이저 파동이 구멍 2개를 동시에 통과한 후 서로 간섭을 일으켰기 때문이다.

여기까지는 새로울 것이 없다.

이제 레이저에 달린 다이얼을 돌려서 강도를 거의 0까지 줄여보자. 계속 줄이다보면 어느 순간 파동 선단先端, front(파동의 최첨단을 이은 연속면 – 옮긴이)이 아닌 단 1개의 광자(입자)만 발사될 것이다. 자, 이 광자는 과연 구멍 2개를 '동시에' 통과할 수 있을까?

코펜하겐 해석에 의하면 광자는 누군가에게 관측당하기 전까지 구멍 하나에 하나씩 할당된 두 파동의 합으로 존재한다. 관측을 실행하지 않는 한, 광자를 하나의 입자로 고립시키는 것은 아무런 의미가 없다. 누군가가 관측을 실행해야 비로소 광자가 어느 쪽 구멍을 통과했는지 알 수 있다.

에버렛은 이런 식의 설명을 좋아하지 않았다. 코펜하겐 해석을 수용하면 '관측되기 전에 광자가 들어간 구멍은 어느 쪽인가?'라는 질문에 답할 수 없기 때문이다. 이제 광자를 전자로 바꿔서 생각해보자. 에버렛의 다세계 이론에서 전자는 둘 중 하나의 구멍을 통과한 점입자이며, 나머지 구멍을 통과한 쌍둥이 전자는 다른 평행우주에 존재한다. 그러나 각기 다른 우주에 있는 두 전자는 얽힘을 통해 상호작용을 교환하면서 경로를 수정하여 스크린에 간섭무늬를 만든다. 결론적으로 말해서 하나의 광자는 하나의 구멍만 통과할 수 있지만, 평행우주에 있는 파트너 광자와 상호작용을 교환하면(즉, 둘이 양자적으로 얽힌 상태에 있으면) 간섭무늬를 만들 수 있다.

(물리학자들은 파동함수의 붕괴 여부를 놓고 여전히 치열한 논쟁을 벌이는 중이다. 그런데 요즘은 물리학자뿐만 아니라 어린 학생들도 평행우주에 열광하고 있다. 왜냐고? 만화에 등장하는 슈퍼영웅 중 상당수가 평행우주에 살고 있기 때문이다. 아이들이 가장 좋아하는 슈퍼영웅이 곤경에 처하면, 평행우주에 있는 다른 슈퍼영웅이 우리 우주로 날아와서 그를 구해내곤 한다. 이제 양자역학은 기성세대 학자들의 전유물에서 점차 벗어나고 있다.)

양자이론 요약

양자컴퓨터를 가능하게 만든 양자이론의 기이한 특성은 다음 네 가지 항목으로 요약할 수 있다.

1. 중첩

모든 물체는 누군가에게 관측되기 전까지 여러 개의 가능한 상태에 '동시에' 존재한다. 즉, 하나의 전자는 이곳과 저곳에 동시에 존재할 수 있다. 이 특성을 컴퓨터에 응용하면 계산을 수행할 수 있는 상태의 수가 많기 때문에 엄청난 연산 능력을 발휘할 수 있다.

2. 얽힘

양자적으로 얽힌 관계에 있는 두 입자는 둘 사이의 거리가 아무리 멀어져도 상대방에게 영향을 줄 수 있으며, 이 영향은 '즉각적으로' 전달된다. 그래서 양자컴퓨터는 큐비트가 많을수록 상호작용이 기하급수적으로 늘어나고, 성능도 그와 비슷한 비율로 빠르게 향상된다.

3. 경로합

입자가 두 지점 사이를 이동할 때에는 두 점 사이를 연결하는 모든 가능한 경로를 동시에 지나간다. 각 경로에는 확률이 가중치처럼 할당되어 있는데, 이들 중 확률이 가장 높은 것은 고전역학의 해답에 해당하는 경로이다. 그러나 확률이 아무리 낮은 경로라 해도 이들까지 모두 더해야 정확한 최종확률을 구할 수 있다. 이는 곧 확률이 지극히 낮은 경로도 현실이 될 수 있음을 의미한다. 척박했던 지구에 생명이 창조된 것도 확률이 매우 낮은 분자의 경로가 현실세계에 구현되었기 때문일 것이다.

4. 터널효과

일반적으로 입자는 높은 에너지 장벽을 통과하지 못한다. 그러나 양자역학에서 입자는 높은 장벽을 통과할 수 있다. 이 확률은 장벽이 높을수록 0에 가까워지지만, 어쨌거나 0은 아니다(이것은 입자가 벽을 뚫어서 벽에 흠집을 내는 것이 아니라, 벽에 아무런 손상도 입히지 않고 통과하는 현상이다-옮긴이). 생명 활동에 필수적인 복잡한 화학반응이 상온에서 자연스럽게 일어나는 것은 바로 이 터널효과 덕분일 것으로 추정된다.

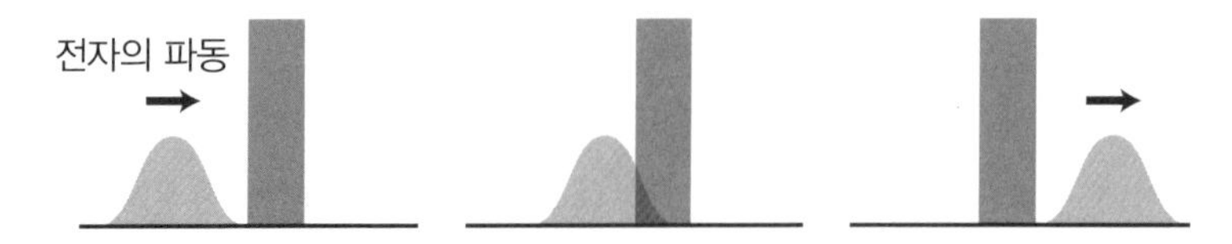

터널효과
거시세계의 인간은 벽을 통과하지 못한다. 그러나 양자세계에서는 입자가 에너지 장벽을 통과할 확률이 0이 아니다. 이것은 원자 규모에서 흔히 일어나는 현상이며, 이로부터 생명현상과 관련된 화학반응이 상온에서 일어나는 이유를 설명할 수 있다. (Mapping Specialists Ltd.)

쇼어, 돌파구를 찾다

1980년대까지만 해도 양자컴퓨터는 극소수의 과학자, 신봉자, 학자들을 위한 학문적 장난감에 불과했다.

그러나 1990년대 초에 AT&T에 근무하던 피터 쇼어의 연구가 세간에 알려지면서, 전 세계 보안 관련 분야는 마치 폭탄을 맞은 듯 아수라장이 되었고, 세계 각국의 각료 회의에서는 양자컴퓨터가 중요한 의제로 떠올랐다. 원래 보안 분석가들은 물리학과 별로 친하지 않고 친할 필요도 없는 사람들이었는데, 이들에게 갑자기 양자역학의 미스터리를 해결하라는 황당한 명령이 떨어졌다.

〈007 제임스 본드〉 영화를 본 사람이라면 이 세상이 치열한 경쟁의 장이며, 은밀한 곳에서 온갖 암호코드와 스파이 행위가 난무한다는 사실을 잘 알고 있을 것이다. 물론 이것은 할리우드 영화의 과장된 플롯일 수도 있지만, 국가기밀을 보호하는 암호코드가 보안기관의 생명줄이라는 점에는 이견의 여지가 없을 줄 안다. 제2차 세계대전 때 튜링이 나치의 에니그마 암호를 해독하지 못했다면 전쟁은 훨씬 길어졌을 것이고, 인류의 역사는 완전히 다른 방향으로 흘러갔을지도 모른다.

1990년대 초까지만 해도 양자컴퓨터는 이론상으로만 존재했고, 그나마 관심을 갖는 사람은 극소수의 전기공학자들뿐이었다. 그러나 쇼어가 던진 폭탄 발언이 분위기를 완전히 바꿔놓았다. 양자컴퓨터는 현재 사용 중인 모든 디지털 암호를 쉽게 해독할 수 있으며, 이렇게 되면 인터넷을 통한 금융거래는 만천하에 노출되고, 한 번에 수십억 달러가 오가는 국가 간의 거래도 위태로워진다. 한마디로 세계 경제가 위태로워질 수도 있다는 것이다.

요즘 비밀정보를 교환할 때 사용되는 RSA 표준RSA standard(RSA는 'Rivest-Shamir-Adleman'의 약자이다-옮긴이)은 큰 수의 인수분해에 기초한 보안시스템이다. 예를 들어 자릿수가 100개인 소수素數, prime number 2개를 곱하면 무려 200자리 정수가 되는데, 사람 손으로 계산한다면 중노동이 따로 없겠지만 컴퓨터에게는 일도 아니다.

그러나 이 수를 소인수분해해서 처음에 곱했던 100자리 소수 2개를 찾는 것은 전혀 다른 일이다. 디지털 컴퓨터로 이 작업을 수행한다면 수백 년은 족히 걸릴 것이다. 이것을 '트랩도어 함수trapdoor function'라 하는데, 두 수를 곱할 때 트랩도어 함수는 아주 간단하지만, 그 반대(나누기)의 경우에는 함수가 엄청나게 복잡해진다. 물론 고전 컴퓨터(디지털 컴퓨터)와 양자컴퓨터 모두 소인수분해를 할 수 있다. 원리적으로 디지털 컴퓨터는 양자컴퓨터가 하는 모든 계산을 수행할 수 있으며, 그 반대도 마찬가지다. 그러나 계산량이 지나치게 많으면 디지털 컴퓨터를 사용하는 것이 무의미할 수 있다.

양자컴퓨터의 가장 큰 장점은 계산에 소요되는 시간이 단축된다는 것이다. 예를 들어 디지털 컴퓨터로 위에서 말한 암호를 해독하는 데 100년이 걸린다면, 그 시간을 기다릴 해커는 없을 것이다.

디지털 컴퓨터는 큰 수를 소인수분해하는 데 엄청난 세월이 걸리기 때문에 비밀 염탐용 도구로는 적절치 않다. 이런 암호는 양자컴퓨터를 동원해도 며칠이나 몇 주는 족히 걸리겠지만, 가치가 있는 비밀이라면 시도해볼 만하다.

해커가 남의 컴퓨터에 침입을 시도할 때, 컴퓨터는 큰 수(예를 들어 200자리 수)를 들이밀며 '남의 비밀을 알고 싶으면 소인수분해부터 하라'고 요구한다. 똑똑한 해커라면 소요시간을 대충 짐작한 후 미련 없이 포기할 것이다. 그러나 해커가 아닌 정당한 수신자는 미리 주어진 2개의 수(예를 들어 100자리 수 2개)를 이용하여 암호를 쉽게 풀 수 있다.

RSA 알고리듬은 현재로서는 안전해 보이지만, 향후에는 양자컴퓨터를 이용하여 이 200자리 수를 소인수분해하는 것이 가능할지도 모른다.

그 원리를 이해하기 위해, 쇼어의 알고리듬을 살펴보자. 지난 수백 년 동안 수학자들은 임의의 수를 소수의 곱으로 표현하는(즉, 소인수분해하는) 알고리듬을 개발해왔다. 예를 들어 16을 소인수분해하면 $2\times2\times2\times2=2^4$이다(2는 1과 자기 자신 외에 약수가 없는 소수이다).

쇼어의 알고리듬은 전통적인 방법에 따라 임의의 수를 소인수분해하는 것으로 시작하여, 알고리듬 끝부분에서 '푸리에 변환Fourier transformation'이라는 과정을 거친다. 이것은 복소수 인자들을 더하는(또는 적분하는) 과정이어서, 특별한 문제는 없다. 그러나 양자 버전으로 가면 수많은 상태를 더해야 하기 때문에 '양자 푸리에 변환'을 실행해야 한다. 그런데 양자컴퓨터에서는 여러 개의 상태들이 동시에 계산을 진행할 수 있으므로 모든 과정을 훨씬 짧은 시간 안에 끝낼 수 있다.

다시 말해서 디지털 컴퓨터와 양자컴퓨터는 거의 같은 방식으로 소인수분해를 하지만, 양자컴퓨터는 여러 상태에서 동시에 계산을 수행하기 때문에 속도가 훨씬 빠르다.

소인수분해할 수를 N이라 하자. 일상적인 디지털 컴퓨터로 이 작업을 수행할 때 소요되는 시간은 거의 e^N과 같이 기하급수적으로 늘어난다(e 앞에 어떤 숫자가 곱해지지만, 별로 중요하지 않다. e는 자연로그의 밑수이다). 그러므로 아주 큰 수를 소인수분해하려면 우주의 나이보다 긴 시간이 걸릴 수도 있다. 즉, 가능하긴 하지만 실용성은 제로이다.

그러나 동일한 계산을 양자컴퓨터로 실행했을 때, 소요되는 시간은 N^n에 비례한다(n은 임의의 정수이다). N이 지수가 아니라 지수가 붙은 몸체이므로, 이 값은 n차 다항식과 비슷한 양상으로 증가한다. 즉, N이 클수록 소요시간이 길어지지만 디지털 컴퓨터처럼 기하급수적으로 길어지지는 않는다는 뜻이다. 이것이 바로 양자컴퓨터의 위력이다.

쇼어 알고리듬 극복하기

이 획기적인 발전의 부작용을 간파한 각국의 정보기관은 황급히 대응책을 강구하기 시작했다.

미국의 기술 표준을 제정하는 국립표준기술연구소(NIST)에서는 양자컴퓨터에 대한 성명을 발표하면서 몇 년 안에 실질적인 위협은 없을 것이라고 했다. 그러나 앞으로 몇 년 동안 안전하다고 해서 몇 년 동안 손을 놓고 있다간 일대 재앙을 피할 길이 없다. 바로 지금이 대책을 강구할 시기이다. 양자컴퓨터가 암호를 해독하기 시작한 후에 보안체계를 개편하는 것은 소 잃고 외양간 고치는 격이다.

그래서 NIST의 간부들은 양자컴퓨터의 위협에 부분적으로나마 대처하기 위해 일반 기업체가 할 수 있는 간단한 조치를 제안했다. 쇼어의 알고리듬을 무력화하는 가장 간단한 방법은 소인수분해할 수를 더 크게 키우는 것이다. 그래도 양자컴퓨터는 개선된 RSA 코드를 뚫을 수 있겠지만, 시간이 지연되면 해커가 부담해야 할 비용이 그만큼 많아지기 때문에 어느 정도 억제효과를 볼 수 있다.

그러나 이 문제를 해결하는 가장 확실한 방법은 트랩도어 함수를 더욱 복잡하게 만드는 것이다. RSA 알고리듬은 양자컴퓨터로 쉽게 뚫을 수 있기 때문에, NIST에서는 기존 RSA보다 훨씬 복잡한 몇 가지 알고리듬을 제안했다. 문제는 새로운 트랩도어 함수를 구현하기가 쉽지 않다는 점이다. 이것으로 양자컴퓨터 해킹을 막을 수 있을지는 좀 더 두고 봐야 할 것 같다.

정부는 곧 다가올 디지털 대격변에 대비하여 공공기관과 기업 운영자들에게 대책을 강구할 것을 당부했다. 미국에서는 NIST가 주도적으로 나서서 새로운 위협에 대한 방어 지침을 모색하는 중이다.

그러나 최악의 사태가 발발하면 정부와 대규모 기관은 양자 해킹에 양자컴퓨터로 대응하는 최후의 수단을 동원할 것이다.

레이저 인터넷

미래에는 일급비밀을 전송할 때 전선 대신 레이저빔을 사용하게 될지도 모른다. 레이저빔은 편광偏光, polarization된 빛이어서, 특정한 평면에서만 진동한다. 만일 해커가 레이저빔을 도청하려 든다면, 외부의 간섭이 레이저의 편광 방향을 변화시키기 때문에 금방 감지할 수 있다. 한마디로 양자역학을 이용한 해킹 방지 시스템이다.

당신이 전송한 레이저 메시지에 범죄자가 접근하면 곧바로 경보가 울리도록 만들 수 있다. 그러나 이 방법으로 국가기밀을 보호하려면 레이저를 기반으로 한 별도의 인터넷망을 설치해야 하기 때문에, 천문학적인 비용을 감수해야 한다.

그러므로 미래에는 인터넷 사용자가 두 계층으로 분리될 가능성이 높다. 정부를 비롯하여 은행이나 대기업 같은 거대 조직에서는 보안을 위해 막대한 비용을 들여 레이저 기반 인터넷을 사용하고, 그 외에 중소기업이나 개인 사용자들은 위험을 감수해가며 비용이 훨씬 저렴한 일반 인터넷을 사용할 것이다.

얽힌 큐비트를 이용하여 암호키를 전송하는 '양자 키 분배quantum key distribution(QKD)'도 미래형 보안기술 중 하나이다. 일본의 다국적기업 도시바의 연구진은 2030년대 말까지 QKD 기술로 30억 달러의 수익을 창출할 수 있을 것으로 예측했다.

그러니 지금 당장은 기다리는 수밖에 없다. 여력이 없는 사람들은 양자컴퓨터의 위협이 과장된 헛소문이길 바랄 뿐이지만, 세계 최고 기업들은 개발 경쟁에 적극적으로 참여하면서 미래기술의 추이를 살피고 있다.

사실 양자 해킹은 새로운 기술이 출현할 때마다 나타나는 부작용 중 하나일 뿐이다. 사이버 위협을 넘어선 곳에는 양자컴퓨터로 정복해야 할 새로운 세계가 기다리고 있으며, 지금도 많은 기업들이 새로운 기술을 선점하기 위해 치열한 경쟁을 벌이고 있다.

두말할 것도 없이, 이 경쟁에서 최후의 승리를 거둔 자가 미래를 좌우하게 될 것이다.

5장.

불붙은 경쟁

실리콘밸리의 일부 유명인사들은 이 경주에서 어떤 말이 승리할지 내기를 걸고 있다. 아직은 승자를 예견하기에 시기상조지만, 무엇보다 중요한 것은 세계 경제의 미래이다.

경쟁의 양상을 이해하려면, 양자컴퓨터의 기본 설계도가 하나가 아니라 여러 개라는 것을 염두에 둬야 한다. 튜링머신의 작동 원리는 매우 일반적이어서, 다양한 기술에 적용할 수 있다. 즉, 진공관이나 트랜지스터 대신 물이 흐르는 파이프와 밸브를 사용해도 정상적으로 작동하는 디지털 컴퓨터를 만들 수 있다. 중요한 것은 0과 1로 이루어진 디지털 정보를 운반하는 시스템과 이 정보를 처리하는 방법이다.

이와 마찬가지로 양자컴퓨터도 다양한 설계가 가능하다. 0과 1이라는 상태가 중첩되고 얽혀서 정보를 처리하는 시스템은 모두 양자컴퓨터가 될 수 있다. 스핀이 위up 또는 아래down인 전자나 이온은 물론이고, 스핀이 시계방향이거나 반시계방향인 편광된 광자도 양자컴퓨터로 손색이 없다. 양자역학은 우주의 모든 물질과 에너지에 적용되므로, 양자컴퓨터를 만드는 방법은 수천 가지나 된다. 어느 물리학자가 나른한 오후에 거실 소파에 앉아서 0과 1이 중첩된 상태를 표현하는 방법을 상상하다가 완전히 새로운 양자컴퓨터를 떠올릴 수도 있다.

그렇다면 양자컴퓨터에는 어떤 종류가 있으며, 개개의 디자인은 어떤 장단점을 갖고 있을까? 앞서 말한 대로 정부와 대기업이 이 분야에 수십억 달러를 투자했으니, 투자자의 선택에 따라 향후 양자컴퓨터의 종류가 결정될 것이다. 현재 IBM이 433큐비트로 선두를 달리고 있는데, 이 순위는 자동차경주나 경마처럼 언제든지 바뀔 수 있다.

이름	제작사	큐비트
오스프리Osprey	IBM	433
지우장九章	중국과학기술대학교(USTC)	76
브리슬콘Bristlecone	구글	72
시카모어Sycamore	구글	53
탱글레이크Tangle Lake	인텔	49

뉴스 보도에 따르면 IBM은 433큐비트짜리 양자컴퓨터 오스프리Osprey를 이미 출시했고, 2023년에 1121큐비트짜리 양자컴퓨터 콘도르Condor를 선보일 예정이라고 한다. IBM의 수석 부사장이자 연구책임자인 다리오 길은 한 언론과의 인터뷰에서 "우리의 목표는 앞으로

몇 년 안에 양자컴퓨터의 가치(실질적인 이득을 창출하는 능력)를 입증하는 것"이라고 했다.[1] IBM의 최종 목표는 100만 큐비트짜리 양자컴퓨터를 구현하는 것이다.

그렇다면 현재 이 분야를 선도하는 양자컴퓨터는 어떤 디자인이며, 제조사들 사이의 경쟁은 어떤 양상으로 전개될 것인가?

1. 초전도 양자컴퓨터 Superconducting Quantum Computer

현재 양자컴퓨터의 기준을 세운 주인공은 초전도 양자컴퓨터이다. 2019년에 구글은 초전도 양자컴퓨터 '시카모어'를 완성하여 양자우위를 달성했다고 선언했다.

그러나 구글의 뒤를 바짝 쫓던 IBM은 2021년에 100큐비트의 장벽을 최초로 넘어선 양자 프로세서 이글Eagle을 개발했고, 얼마 후 433큐비트짜리 오스프리 프로세서를 공개했다.

초전도 양자컴퓨터의 가장 큰 장점은 디지털 컴퓨터 산업계에서 이미 개발해놓은 기술을 적용할 수 있다는 점이다. 실리콘밸리의 기업들은 수십 년 동안 막대한 돈을 들여서 실리콘 기판에 집적회로를 새기는 기술을 개발했다. 개개의 칩은 회로의 특정 부위에서 전자의 존재 여부에 따라 0과 1을 나타낸다.

이 기술은 양자컴퓨터도 크게 다르지 않다. 온도를 절대온도 0도(0K)보다 몇분의 1도쯤 높은 극저온으로 낮추면 회로 자체가 양자역학의 법칙을 따르게 된다. 즉, 전자들이 결맞음 상태가 되어 중첩에 방해를 받지 않는다. 이제 다양한 회로를 하나로 묶어서 얽힌 상태로 만들면 양자적 계산을 수행할 수 있다.

물론 단점도 있다. 초전도 상태가 유지되려면 온도를 낮춰야 하기

양자컴퓨터
사진에서 보는 바와 같이 대부분 양자컴퓨터의 외형은 거대한 샹들리에와 비슷하다. 복잡한 하드웨어의 대부분은 중심부를 절대온도 0도(0K) 근처까지 냉각시키는 파이프와 펌프이며, 연산을 수행하는 핵심 부분은 아래쪽 4분의 1에 집중되어 있다. (Andrew Lindemann, courtesy IBM)

때문에, 냉각용 튜브와 펌프를 배열할 때 엄청난 공을 들여야 한다. 여기 들어가는 비용도 만만치 않지만, 냉각장치가 워낙 섬세해서 망가지기 쉽다. 극소량의 진동이나 불순물이 개입돼도 회로의 결맞음은 쉽게 붕괴된다. 심지어 근처에 있는 사람의 재채기가 실험을 망칠 수도 있다.

과학자들은 '결맞음 시간coherence time'(원자가 결맞음 상태로 진동을 유지하는 시간)으로 기계의 민감한 정도를 측정하는데, 일반적으로 온도가 낮을수록 원자의 움직임이 느려지면서 결맞음 시간이 길어진다. 기계의 온도를 우주 공간보다 낮게 유지하면 결맞음 시간을 극대화할 수 있다.

그러나 0K에 도달하기란 현실적으로 불가능하므로, 계산 과정에 어쩔 수 없이 오류가 발생한다. 기존의 디지털 컴퓨터는 상온에서도 잘 작동하지만, 양자컴퓨터에는 어림도 없는 이야기다. 이쯤 되면 양자컴퓨터의 계산 결과를 신뢰하기 어렵다. 수십억 달러짜리 거래가 이런 위험에 처한다면 정말로 심각한 문제가 아닐 수 없다.

이 문제를 해결하는 한 가지 방법은 큐비트의 집합으로 백업용 큐비트를 만들어서 계산을 중복 실행하여 에러를 줄이는 것이다. 예를 들어 3개의 큐비트와 각 큐비트의 백업을 보유한 양자컴퓨터가 계산을 수행하여 101이라는 숫자열을 얻었다고 하자. 모든 값이 일치하진 않을 것이므로, 틀렸을 확률이 제일 높은 가운데 자리의 0을 1로 대치한다. 이런 식으로 중복성을 도입하면 최종 결과의 오류를 줄일 수 있다. 다만 컴퓨터에 필요한 큐비트의 수가 엄청나게 많아진다는 것이 문제다.

전문가 중에는 계산상의 오류를 바로잡으려면 큐비트 1개당 1000개의 백업용 큐비트가 필요하다고 주장하는 사람도 있다. 1000큐비트짜리 양자컴퓨터라면 백업용으로 100만 큐비트가 필요하다는 뜻이다. 지금으로선 엄청난 양이지만, 구글은 앞으로 10년 안에 100만 큐비트짜리 프로세서를 만들 수 있을 것으로 내다보고 있다.

2. 이온 트랩 양자컴퓨터 Ion Trap Quantum Computer

또 하나의 후보로는 이온 트랩 양자컴퓨터를 꼽을 수 있다. 전기적으로 중성인 원자에서 전자 몇 개를 떼어내면 양전하를 띤 이온(양이온)이 된다. 이온은 전기장과 자기장으로 만든 덫(트랩)에 가둬놓을 수 있는데, 하나의 덫 안에 다수의 이온을 잡아두면 결맞음 상태의 큐비

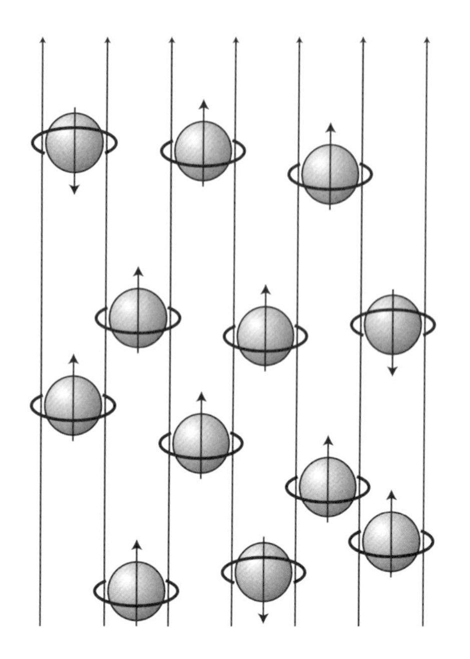

이온 양자컴퓨터
원자는 팽이처럼 자전하고 있다. 여러 개의 원자를 모아놓고 외부에서 자기장을 걸어주면 모든 원자의 스핀이 자기장과 나란한 방향으로 정렬되는데, 이때 스핀이 업이면 숫자 0을 할당하고 스핀이 다운이면 1을 할당한다. 단, 이곳은 원자 규모의 세계이므로 원자의 스핀은 업과 다운의 중첩일 수도 있다. 양자컴퓨터의 계산은 이들에게 레이저를 발사하여 스핀을 뒤집는(즉, 0과 1을 뒤바꾸는) 식으로 진행된다. (Mapping Specialists Ltd.)

트처럼 동일한 모드로 진동하게 된다. 예를 들어 전자의 스핀이 업인 상태에 0을 할당하고 스핀이 다운인 상태에 1을 할당한다면, 양자세계의 이상한 효과로 인해 두 상태가 중첩된 '중간상태'가 존재한다.

이들에게 마이크로파나 레이저를 쏘면 스핀이 뒤집히면서 상태가 바뀌게 된다. 마치 디지털 컴퓨터의 CPU(중앙처리장치)가 트랜지스터의 on-off 상태를 바꾸듯이, 빔이 프로세서 역할을 하여 원자의 상태를 바꾸는 것이다.

아마도 이것은 무작위로 모아놓은 전자 집단에서 양자컴퓨터가 출현하는 과정을 보여주는 가장 확실한 방법일 것이다. 현재 허니웰을 비롯한 몇몇 기업들이 이온 트랩 양자컴퓨터 개발을 선도하고 있다.

이온 트랩 양자컴퓨터에서 원자는 거의 진공에 가까운 상태에서 무작위 운동을 흡수하는 전기장과 자기장 안에 갇혀 있다. 따라서 결맞음 시간은 초전도 양자컴퓨터보다 훨씬 길고, 극저온이 아니어도 정상적으로 작동한다. 다만, 이온 트랩 양자컴퓨터를 만들어서 한동안 사용하다가 더 많은 큐비트를 추가하려면 전기장과 자기장을 미세하게 조정해야 하는데, 이 과정이 너무 어렵다는 것이 문제이다.

3. 광양자컴퓨터Photonic Quantum Computer

구글이 양자우위를 달성했다고 선언한 직후에 중국의 언론이 '우리는 더 높은 장벽을 넘었다'고 주장하고 나섰다. 디지털 컴퓨터로 5억 년이 걸릴 계산을 단 200초 만에 수행할 수 있는 양자컴퓨터를 만들었다는 것이다.

로마 사피엔차대학교의 양자물리학자 파비오 샤리노는 그때를 회상하며 말했다. "저의 첫 마디는 이거였습니다. '와우!'"[2] 중국의 과학자들이 만든 것은 전자 대신 레이저빔으로 계산하는 양자컴퓨터였다.

광양자컴퓨터는 빛이 두 가지 이상의 방향으로 진동하는 특성(편광)을 이용한 컴퓨터이다. 예를 들어 빛은 상하로 진동할 수도 있고, 좌우로 진동할 수도 있다(사람들이 해변에서 쓰고 다니는 편광 선글라스는 이 특성을 이용한 것이다. 편광렌즈에는 수직(또는 수평) 방향으로 홈이 나 있어서, 수평(또는 수직) 방향으로 진동하는 빛을 차단한다). 그러므로 숫자 0과 1은 진동 방향이 각기 다른 빛으로 표현할 수 있다.

광양자컴퓨터는 정밀하게 연마된 유리조각(이것을 빔 스플리터 beam splitter라 한다)에 레이저빔을 45도 각도로 발사하는 것으로 시작된다. 빔이 유리조각에 도달하면 두 가닥으로 분리되어 하나는 계속 직진하고, 나머지 하나는 옆으로 반사된다. 여기서 중요한 것은 갈라진 두 줄기의 광선이 서로 결맞음 상태를 유지하면서 동일한 모드로 진동한다는 점이다.

결맞음 상태에 있는 두 줄기 빔은 잠시 직진하다가 거울을 만나 반사되어 한 점으로 모이는데, 이곳에서 만난 두 광자는 양자적으로 얽힌 큐비트가 된다. 즉, '양자적으로 얽힌 두 광자의 중첩'으로 이루어진 빔이 얻어지는 것이다. 이제 결맞은 광자들을 서로 얽히게 만드는 수백 개의 빔 스플리터와 거울로 이루어진 테이블 상판을 상상해보라. 이것이 바로 기적을 수행하는 광양자컴퓨터(또는 광학 컴퓨터)의 개략적인 모습이다. 중국의 광양자컴퓨터는 100개의 채널을 통해 이동하는 76개의 얽힌 광자로 계산을 수행한다.

그러나 광양자컴퓨터는 거울과 빔 스플리터의 보기 흉한 복합체로 공간을 많이 차지할 뿐 아니라 풀어야 할 문제가 달라질 때마다 거울과 빔 스플리터의 배열을 바꿔야 한다는 심각한 단점을 안고 있다. 즉, 광양자컴퓨터는 프로그램을 짜서 즉각적으로 실행할 수 있는 만능기계가 아니다. 한 차례 계산이 끝나면 부품을 죄다 분해해서 재배열해야 하는데, 여기에 꽤 긴 시간이 소요된다. 게다가 광자는 다른 광자와 상호작용을 거의 하지 않기 때문에, 시스템이 복잡할수록 큐비트를 생성하기가 어려워진다.

양자컴퓨터에 전자 대신 광자를 사용하면 몇 가지 좋은 점이 있다.

전자는 전하를 띠고 있어서 다른 물질에 쉽게 반응하지만(그래서 외부 교란에 취약하다), 광자는 전하가 없기 때문에 주변 환경의 영향을 거의 받지 않는다. 실제로 두 가닥의 광선이 공간에서 서로 교차해도 달라지는 것이 거의 없다. 또한 광자의 속도가 전자보다 빠르다는 것도 광양자컴퓨터의 장점 중 하나이다(전자보다 10배 정도 빠르다).

그러나 뭐니 뭐니 해도 광양자컴퓨터의 가장 큰 장점은 상온에서 작동한다는 것이다. 온도를 0K 근처까지 내리는 데 쓰이는 펌프와 튜브의 엄청난 비용을 절약할 수 있으니, 이 정도면 다른 단점들을 커버하고도 남는다.

물론 실온에서 작동하면 결맞음 시간이 짧아진다. 그러나 레이저 빔의 에너지가 충분히 크면 결맞음 시간 이내에 계산을 마칠 수 있기 때문에 큰 문제가 되지 않는다. 이것은 마치 계산을 방해하는 주변 분자들이 슬로우 모션으로 움직이는 것과 비슷하다. 이처럼 광양자컴퓨터는 주변 환경과의 상호작용에서 생기는 오류를 줄이고 비용까지 절약할 수 있다.

최근 들어 캐나다의 신규 업체인 자나두에서 중국을 능가하는 광양자컴퓨터를 선보였다. 이 기계의 핵심 부품은 미세한 빔 스플리터로 적외선 레이저를 조작하는 작은 칩(탁상 위에 올라가는 광학 칩이 아님)인데, 중국 버전과 달리 프로그램이 가능하며, 인터넷을 통해 사용할 수도 있다. 아직은 큐비트가 8개밖에 없어서 초전도 냉동고로 식혀야 하지만, 자나두의 연구원인 자카리 버넌은 상당히 낙관적이다. "광양자컴퓨터는 양자컴퓨터 분야에서 오랫동안 약자로 간주되어왔다. 그러나 최근에 얻은 결과를 보면 약자가 아니라 선두 주자로 나서기에 부족함이 없다."[3] 최종 결과는 시간이 말해줄 것이다.

4. 실리콘 광양자컴퓨터Silicon Photonic Quantum Computer

얼마 전, 낯선 기업이 이 경쟁에 합류하여 상당한 논란을 불러일으켰다. 신생 업체인 프사이퀀텀이 '실리콘 광양자컴퓨터'의 설계도만 갖고 투자자들을 설득하여 31억 달러라는 엄청난 기업 가치를 인정받은 것이다. 실제로 작동하는 프로토타입이나 데모도 보여주지 않고 이런 거금을 유치했다는 것은 그만큼 이 기계의 장래가 밝게 보였다는 뜻이다.

실리콘 광양자컴퓨터의 가장 큰 장점은 반도체 분야에서 이미 확실하게 검증된 기술을 사용할 수 있다는 점이다. 게다가 프사이퀀텀은 세계 3대 칩 제조사 중 하나인 글로벌파운드리스의 공동투자 기업으로, 출범과 동시에 월스트리트에서 상당한 인지도를 쌓았다.

이들이 언론의 주목을 받은 이유 중 하나는 누구나 관심을 가질 만한 원대한 계획을 세워놓았기 때문이다. 프사이퀀텀 측은 금세기 중반까지 실용적으로 쓸 수 있는 100만 큐비트짜리 실리콘 광양자컴퓨터를 만들겠다고 선언했다. 이들은 타 경쟁사들이 100큐비트짜리 양자컴퓨터에 몰두하는 등, 꿈이 너무 소박하고 지나치게 보수적이라면서, 조속한 시일 내에 선발 주자들을 제치고 최고로 도약한다는 원대한 꿈을 꾸고 있다.

실리콘 광양자컴퓨터의 핵심은 실리콘의 이중적 성질을 활용하는 것이다. 반도체인 실리콘은 트랜지스터로 가공되어 전자의 흐름을 제어할 수 있을 뿐만 아니라, 특정 진동수의 적외선에 대해 투명하기 때문에(즉, 특정 적외선과 상호작용을 하지 않기 때문에) 빛을 전달하는 매개체로 사용할 수 있다. 이 이중적 특성은 여러 개의 광자를 얽힌 상태로 만드는 데 핵심적 역할을 한다.

실리콘 광양자컴퓨터의 또 한 가지 장점은 오류 수정 문제를 해결할 수 있다는 것이다. 양자컴퓨터는 주변 환경과 상호작용하면서 필연적으로 오류가 발생하기 때문에, 백업 큐비트를 충분히 많이 만들어서 중복 계산을 통해 수정해야 한다. 그런데 프사이퀀텀이 계획한 양자컴퓨터는 큐비트가 100만 개라고 했으니, 이 정도면 실용적인 계산을 수행하기에 충분하다.

5. 위상 양자컴퓨터Topological Quantum Computer

위상수학적topological 과정을 이용한 마이크로소프트의 양자컴퓨터도 이 분야에서 다크호스로 떠오르고 있다. 앞에서도 말했지만, 양자컴퓨터의 가장 큰 문제는 컴퓨터가 작동하는 동안 온도를 0K 근처로 유지해야 한다는 것이다. 그러나 양자이론에 의하면 이온 트랩이나 광학 시스템 외에 양자컴퓨터를 구현하는 또 다른 방법이 있다. 어떤 특별한 위상수학적 조건이 유지되면, 양자컴퓨터는 상온에서 안정적으로 작동한다. 예를 들어 동그란 고무줄이 무한히 긴 막대에 걸려 있다고 하자(처음에 무슨 수로 걸었는지는 따지지 말자 – 옮긴이). 이런 경우 고무줄을 막대에서 분리하려면 고무줄을 잘라야 한다. 가위를 들이대지 않는 한, 동그란 고무줄의 위상수학적 특성(이 경우에는 도넛 모양)은 변하지 않기 때문이다. 물리학자들은 오랜 세월 동안 온도와 관계없이 위상이 보존되는 물리계를 찾기 위해 노력해왔다. 이런 계를 찾기만 하면 위상수학적 배열을 이용하여 결맞음 상태에 있는 큐비트를 생성할 수 있다. 즉, 양자컴퓨터의 제작비용이 크게 줄어들고 안정성이 높아지는 것이다.

2018년에 네덜란드 델프트공과대학의 물리학자들은 전술한 특성을 보유한 안티몬화 인듐 나노와이어indium antimonide nanowire를 발견했다. 이 물질은 다양한 구성물질의 상호작용을 통해 생성되었으므로, 누군가가 만들었다기보다 스스로 탄생한 쪽에 가깝다. 전문가들 사이에서 통하는 이름은 '마요라나 제로모드 준입자Majorana zero mode quasiparticle'이다. 당시 언론은 '상온에서도 안정적인 마법 같은 물질'이라며 대서특필했고, 투자를 약속한 마이크로소프트는 새로운 양자 연구소를 짓기 시작했다.

델프트 연구팀은 획기적인 돌파구를 연 것처럼 보였지만, 다른 경쟁자들은 '향후 실험에서 동일한 결과를 재현하기 어려울 것'이라며 회의적인 반응을 보였다. 그러자 델프트 팀은 결과를 면밀하게 검토한 후, 결과를 너무 성급하게 발표한 것 같다면서 이미 발표한 논문을 철회했다.

워낙 민감한 사안이라 물리학자들도 반신반의하고 있지만, 애니온anyon(보손도, 페르미온도 아닌 제3의 입자–옮긴이)과 같은 다른 위상수학적 물질도 활발하게 연구되고 있으므로 위상 양자컴퓨터의 가능성은 아직 남아 있다고 봐야 할 것이다.

6. D–웨이브 양자컴퓨터D-Wave Quantum Computer

캐나다에 본사를 둔 디웨이브시스템은 양자 어닐링quantum-annealing(양자 담금질)이라는 기술을 적용한 새로운 형태의 양자컴퓨터를 개발 중이다. 이 기계는 양자컴퓨터의 모든 기능을 수행하지는 않지만, 개발자들은 5600큐비트를 달성할 수 있다고 주장한다. 이 정도면 다른 경쟁자들을 훨씬 능가하는 수치다. 또한 디웨이브시스템은 몇 년 안에 7000큐비트짜리 컴퓨터를 개발한다는 계획도 세워놓고 있다. 이

회사에서 만든 양자컴퓨터는 1000만~1500만 달러에 판매되고 있는데, 록히드마틴과 폭스바겐, 일본의 NEC, 로스앨러모스 국립연구소, NASA 등이 구매한 것으로 알려졌다. D-웨이브 양자컴퓨터는 무언가를 최적화optimization하는 분야에서 최고의 성능을 발휘하기 때문에, 주요 투자자는 업무상 특정 매개변수(폐기물, 업무효율, 수익 등)를 최적화해야 하는 정부기관과 대기업이다. D-웨이브 양자컴퓨터는 초전도체에 흐르는 전류가 최저에너지 상태에 도달할 때까지 전기장과 자기장을 조절함으로써 데이터를 최적화시킨다.

양자컴퓨터라는 신기술을 선점하기 위해 기업은 물론이고 각국의 정부까지 팔을 걷어붙였다. 이 분야는 발전 속도가 워낙 빨라서 잠시라도 한눈을 팔면 낙오되기에 십상이다. 전 세계의 주요 컴퓨터 회사들은 자체적으로 양자컴퓨터 개발 계획을 세워놓고 있으며, 이미 시장에서 판매되는 프로토타입도 나와 있다.

다음 단계는 산업계 전체의 지도를 바꿀 수 있는 중요하고도 현실적인 문제를 양자컴퓨터로 해결하는 것이다. 지금 과학자와 공학자들은 디지털 컴퓨터로 도저히 갈 수 없는 곳에 초점을 맞춰놓고 있다. 지금까지 도저히 풀 수 없었던 과학 역사상 가장 어렵고 중요한 문제도 양자컴퓨터라면 풀 수 있지 않을까? 바로 이것이 그들의 희망사항이다.

양자컴퓨터가 생명의 기원에 숨겨진 양자역학을 밝혀 광합성의 비밀을 풀고, 모자라는 식량을 늘리고, 충분한 에너지를 생산하고, 난치병을 치료할 수 있다면, 인류의 문명은 완전히 새로운 단계로 진입하게 될 것이다.

QUANTUM SUPREMACY

MICHIO KAKU

2부

양자컴퓨터와 사회

6장.

생명의 기원

모든 문화권에는 생명의 기원을 설명하는 그들만의 신화가 있다. 지구에는 정말로 많은 생명체가 존재한다. 개체 수만 많은 게 아니라 종류도 엄청나게 다양하다. 지구는 어쩌다가 생명의 행성이 되었을까? 오래전부터 사람들은 그 답을 알아내기 위해 다양한 시도를 해왔다. 기독교에서 제시한 답은 구약성서에 기록되어 있는데, 첫 번째 책인 창세기에 의하면 하나님이 6일에 걸쳐 하늘과 땅을 창조했고, 마지막으로 흙을 빚어서 사람을 만들었다. 물론 모든 동물과 식물도 하나님의 창조물이다.

그리스의 창조신화는 아무런 형태가 없는 혼돈과 공허에서 시작된다. 이 거대한 공허 속에서 대지의 여신 가이아와 사랑의 여신 에로스, 빛의 신 에테르가 탄생했고, 밤하늘의 신 우라노스가 가이아와 결혼하여 지구의 생명체를 낳았다.

생명의 기원은 인간에게 가장 큰 미스터리였기에, 종교와 철학은 물론이고 과학의 어젠다까지 지배해왔다. 과거에 한 시대를 풍미했던 위대한 사상가들은 자연에 '생명력life force'이라는 것이 존재하여 무생물에 생명을 불어넣는다고 믿었다. 실제로 다수의 과학자들은 무생물에서 생명이 탄생한다는 자연발생설을 진리로 받아들였다.

1800년대에 이르러 과학자들은 생명의 출처를 알려주는 단서를 하나둘씩 모으기 시작했다. 그리고 루이 파스퇴르를 비롯한 일부 화학자와 생물학자들은 세심한 실험을 통해 생명이 자발적으로 탄생할 수 없음을 입증했다. 다들 알다시피 물을 끓이면 완전히 멸균상태가 되어, 유기체의 자발적 발생이 원천봉쇄된다.

지구의 생명체는 40억 년 전에 처음으로 출현했는데, 그 과정은 지금도 여전히 미스터리로 남아 있다. 이 수수께끼를 풀려면 생물학적, 화학적 과정을 원자 규모에서 분석해야 하는데, 기존의 컴퓨터로는 꿈도 못 꿀 일이다. 디지털 컴퓨터로는 분자에서 일어나는 가장 단순한 반응조차도 구현하기가 버겁다. 그러나 생명현상에 양자역학을 접목하면 해묵은 수수께끼가 풀릴지도 모른다. 그리고 이 작업을 수행하는 데 가장 적절한 도구가 바로 양자컴퓨터이다.

2개의 돌파구

1950년대에 생명의 기원과 관련하여 두 가지 혁신적인 발견이 이루어졌다. 그중 하나가 1952년에 실행된 스탠리 밀러의 실험이다. 시카고대학교의 저명한 물리화학자 해럴드 유리의 대학원생 제자였던 그는 플라스크에 담긴 물에 원시지구 대기의 주성분이었던 메탄(메테인)과 암모니아, 수소 등을 주입한 후 그 안에서 전기 스파크를 일으켰다(이것은 대기에 에너지를 공급하는 조치로서, 원시지구에 떨어진 번개나 태양의 자외선과 비슷한 역할을 한다). 그러나 당장 눈에 띄는 변화는 일어나지 않았고, 밀러는 플라스크를 그대로 방치해두었다.

그런데 일주일 후에 돌아와 보니 플라스크에 담긴 액체가 붉은색으로 변해 있었다. 깜짝 놀란 밀러는 당장 성분 분석에 들어갔고, 액체가 붉게 변한 것이 단백질의 구성 성분인 아미노산 때문임을 알게 되었다. 생명에 반드시 필요한 기본성분이 아무런 인위적 조치 없이 자발적으로 생성된 것이다.

그 후 밀러의 간단한 실험은 여러 과학자들의 손을 거치면서 더욱 정교하게 개선되었고, 새로운 실험도 한결같이 '지구의 생명체는 원시지구에서 일어난 화학반응을 통해 자연적으로 탄생했다'는 결론에 도달했다. 그렇다면 실험실이 아닌 현실세계에서 이와 비슷한 증거를 찾을 수 있을까? 물론이다. 깊은 바닷속 해저면에 나 있는 열수분출공hydrothermal vent(지각의 틈새로 스며든 바닷물이 마그마에 의해 데워진 후 분출되는 해저 구멍 – 옮긴이)에서는 독성이 강한 화학물질이 함께 분출되고 있는데, 40억 년 전에 이들이 생명에 필요한 기본요소(아미노산 등)를 제공했을 수도 있다. 게다가 열수분출공은 이름이 말해주듯 온도가 높기 때문에, 아미노산을 합성하는 데 필요한 에너지도 함께 공급했을 것이다. 현재 지구에서 가장 원시적인 세포 중 일부가 열수분출공 근처에서 발견된 것을 보면, 꽤 설득력 있는 시나리오다.

지금 과학자들은 생명의 기본요소가 생각보다 쉽게 생성된다는 사실을 서서히 깨닫는 중이다. 아미노산은 지구로부터 수 광년(수십조 킬로미터) 떨어진 가스구름이나 우주에서 떨어진 운석의 내부에서도 발견되었다. 탄소결합에 기초한 아미노산은 기나긴 세월 동안 우주 전역에 생명의 씨앗을 뿌리고 다녔을지도 모른다. 이 모든 것은 수소와 탄소, 그리고 산소의 간단한 결합구조 덕분이며, 이 사실을 알 수 있었던 것은 슈뢰딩거의 파동방정식 덕분이었다.

그러므로 지구생명체의 기원은 양자역학을 통해 단계적으로 추적 가능해야 한다. 양자이론은 밀러의 실험이 성공한 이유를 말해줄 뿐만 아니라, 한층 더 심오한 발견으로 우리를 이끌 수도 있다.

첫째, 양자역학을 이용하면 메탄, 암모니아 등이 화학결합을 끊고 아미노산으로 재탄생하는 데 필요한 에너지를 계산할 수 있다. 양자역학의 방정식에 의하면 밀러가 일으킨 전기 스파크는 아미노산을 합성하기에 충분했다. 메탄과 에탄의 화학결합을 끊는 데 더 많은 에너지가 필요하다면, 지구에는 처음부터 생명체가 탄생하지 않았을 것이다.

둘째, 우리는 양자역학 덕분에 탄소 원자에 6개의 전자가 존재한다는 것을 알게 되었다. 이들 중 2개는 에너지가 제일 낮은 바닥궤도에 있고, 나머지는 두 번째 궤도에 있는 8개의 방 중 4개를 각각 차지하고 있어서, 네 종류의 화학반응을 할 수 있다. 주기율표에 수록된 화학원소들 중에서 탄소 같은 원소는 매우 드물다. 그러나 양자역학에 의하면 탄소는 이 특이한 구조 덕분에 다른 탄소나 산소, 수소 등과 함께 길고 복잡한 사슬을 형성하여 아미노산을 만들 수 있다.

셋째, 이 모든 화학반응은 물속에서 진행되는데, 물(H_2O)은 다양한 분자들을 섞어서 더 복잡한 화합물로 만드는 용광로 역할을 한다. 여기에 양자역학을 적용하면 물 분자가 전체적으로 L자 형태이고, 중

심각이 104.5도라는 것까지 알 수 있다. 이는 곧 물 분자의 순전하net charge가 분자 전체에 고르게 분포되어 있지 않다는 뜻이며, 바로 이 전하의 불균형 때문에 다른 화합물의 결합을 쉽게 깨뜨려서 용해시킬 수 있는 것이다.

이쯤 되면 생명 탄생을 위한 조건이 양자역학 덕분에 조성되었다고 해도 과언이 아니다. 그렇다면 양자역학은 밀러의 실험을 넘어 DNA의 형성 과정까지 설명할 수 있을까? 그리고 인간 유전체에 양자컴퓨터를 적용하여 질병과 노화의 궁극적인 원인을 알아낼 수 있을까?

생명이란 무엇인가?

1950년대에 찾은 두 번째 돌파구는 양자역학에서 직접 유도되었다. 이미 파동방정식으로 세계적 석학이 된 에르빈 슈뢰딩거는 1944년에 《생명이란 무엇인가?》라는 책을 발표하여 다시 한번 세간의 이목을 끌었다. 이 책에서 그는 생명 자체가 양자역학의 부산물이며, 생명의 청사진은 아직 발견되지 않은 분자에 암호화되어 있다고 주장했다. 다수의 과학자들이 생명력의 존재를 믿던 시대에 '모든 생명현상은 양자역학으로 설명된다'고 선언했으니, 당시 독자들이 어떤 반응을 보였을지 짐작이 갈 것이다. 또한 슈뢰딩거는 파동방정식의 해를 면밀히 검토한 후, '생명의 본질은 미지의 분자를 통해 암호의 형태로 전달되며, 이 모든 것은 수학으로 설명할 수 있다'고 결론지었다.

당시로서는 도저히 받아들일 수 없는 황당한 주장이었으나, 두 명의 젊은 과학자 프랜시스 크릭과 제임스 왓슨은 고개를 끄덕였다. 생명의 비밀이 분자에 담겨 있다면, 다음 순서는 당연히 그 분자를 찾아서 암호를 확인하는 것이다. 크릭과 왓슨은 학자로서의 경력을 걸고 생명의 비밀을 밝히는 연구에 착수했다.

훗날 왓슨은 그 시절을 회고하면서 "슈뢰딩거의 《생명이란 무엇인가?》를 읽은 후로, 유전자의 비밀을 캐는 일 외에는 아무것도 눈에 들어오지 않았다"고 했다.[1]

두 사람은 슈뢰딩거가 제안한 대로 생명의 분자는 세포핵 안에 있는 유전물질에 숨어 있으며, 대부분이 DNA(디옥시리보 핵산)라는 화학물질로 이루어져 있다고 생각했다. 그러나 DNA 같은 유기분자는 크기가 너무 작아서(가시광선의 파장보다 작다) 가장 좋은 현미경을 들이대도 보이지 않는다. 난관에 봉착한 두 사람은 어느 날 문득 기발한 아이디어를 떠올렸다. 분자가 가시광선의 파장보다 작다면, 파장이 더 짧은 빛을 사용하면 되지 않을까? 그렇다. X선의 파장은 대부분의 분자보다 짧다. 그리고 물리학에는 양자역학에 기초한 X선 결정학結晶學, crystallography이라는 기술이 이미 개발되어 있다.

X선의 파장은 원자의 지름과 비슷하다. 그래서 수조 개의 분자들이 격자처럼 배열된 결정結晶에 X선을 쪼여서 산란시키면 격자의 형태에 따라 특유의 간섭무늬가 형성되고, 이 무늬는 사진 촬영이 가능하다. 이 분야에 숙련된 물리학자는 이 사진만 봐도 분자의 결정이 어떤 모양인지 알아낼 수 있다(이것은 보이지 않는 물체에 여러 각도에서 빛을 쪼여 그림자를 촬영한 후, 여러 개의 그림자 사진을 조합해서 물체의 원형을 알아내는 과정과 비슷하다 – 옮긴이).

크릭과 왓슨은 런던 킹스칼리지의 화학자 로절린드 프랭클린이 X선으로 촬영한 DNA 사진을 분석한 끝에 꼬인 사다리를 닮은 이중나선 구조를 간파했고, 이로부터 DNA의 전체적인 구조를 원자 단위까지 알아낼 수 있었다.

탄소와 산소, 그리고 산소가 결합할 때 원자들 사이의 각도는 양자역학으로 알 수 있다. 크릭과 왓슨은 레고 블록을 갖고 노는 아이들처럼 원자를 이리저리 짜맞춘 끝에 DNA의 원자 배열을 완벽하게 규명했으며, DNA가 복제되는 과정 및 생물학적 발달에 관한 지침서가 하달되는 과정도 설명할 수 있었다.

DNA의 발견은 생물학과 의학의 본질을 바꾼 초대형 사건이었다. 19세기에 찰스 다윈은 진화론에 기초하여 생명의 진화와 다양성을 함축적으로 표현한 '생명의 나무Tree of Life'를 스케치했다. 그런데 이 거대한 생명의 나무는 분자 1개의 움직임에 의해 자라나기 시작했고, 이 모든 것은 슈뢰딩거의 말대로 수학에서 비롯된 결과라 할 수 있다.

크릭과 왓슨이 DNA의 분자구조를 분석해보니, 소위 '핵산'이라고 하는 네 종류의 작은 분자로 이루어져 있었다. 이들의 명칭은 각각 아데닌Adenine(A), 구아닌Guanine(G), 시토신Cytosine(C), 티민Thymine(T)인데, 이들이 특정 순서를 따라 일렬로 늘어서서 2개의 긴 평행선을 형성하고, 이 평행선이 꼬여서 DNA 분자를 형성한다(DNA 분자는 눈에 보이지 않지만, 돌돌 말린 가닥을 길게 펴면 1.8미터나 된다). 복제할 때가 되면 DNA 사다리가 가운데를 중심으로 2개로 갈라지고, 반쪽 사다리가 일종의 주형鑄型(거푸집) 역할을 하여 다른 원자를 끌어모아서 자신에게 맞는 반쪽 사다리를 만든다. 이렇게 만들어진 새로운 반쪽이 원판과 결합하여 이전과 동일한 형태로 DNA가 복제되는 것이다. 모든 생명은 이런 과정을 거쳐 자신과 똑같은 복제품을 만들거나(세포분열), 자신과 닮은 후손을 생산하고 있다(생식).

이로써 우리는 양자역학의 수학을 이용하여 DNA의 구조를 알게 되었다. 여기까지는 별로 어렵지 않다. 정작 어려운 부분은 DNA에 들어 있는 수십억 개의 유전암호를 해독하는 것이다.

DNA의 분자구조를 알아낸 것은 음악을 이해하기 위해 애를 쓰다가 피아노 건반 몇 개를 두드리는 방법을 알아낸 것과 비슷하다. 이것만으로도 대단한 발전이지만, 이 정도로 모차르트가 될 수는 없다. 손가락으로 몇 가지 음을 내는 것은 머나먼 여정의 시작일 뿐이다.

물리학과 생명공학

유전자의 암호해독을 주도한 사람은 하버드대학교의 생화학자이자 노벨 화학상 수상자인 월터 길버트이다. 몇 해 전에 나와 인터뷰를 할 때, 그는 자신의 이력을 소개하면서 '원래 생물학과 담을 쌓았던 사람'이라고 솔직하게 고백했다. 과거에 길버트는 하버드대학교의 물리학과 교수였고, 강력한 입자가속기에서 생성된 기본입자와 씨름을 벌이던 그에게 생물학은 너무도 먼 나라 이야기였다.

그러나 어느 순간부터 생각이 달라지기 시작했다. 천재로 득실대는 하버드대학교 교수들 사이에서 끝까지 살아남아 종신 교수tenure라는 타이틀을 거머쥐기가 얼마나 어려운지 실감했기 때문이다. 게다가 당시 입자물리학 분야에는 쟁쟁한 학자들이 미국뿐만 아니라 세계 곳곳에 포진해 있어서, 그들과 경쟁하는 것이 커다란 부담으로 다가왔다. 길버트가 불확실한 미래 때문에 깊은 고민에 빠져 있을 때, 그의 아내는 DNA 발견자 중 한 사람인 제임스 왓슨을 도와 생명공학 연구를 진행하고 있었다. 길버트는 케임브리지에 머물 때 왓슨과 약간의 친분을 쌓은 적이 있는데 때마침 아내가 그와 함께 연구하고 있었기에, 당시 뜨거운 이슈로 떠오르던 생명공학에 자연스럽게 관심을 두게 되었다. 처음에는 입자의 운동방정식과 씨름하던 중 간간이 짬을 내서 생물학 관련 논문을 읽어보는 정도였으나, 얼마 후에는 주객이 전도되어 틈틈이 짬을 내서 물리학 논문을 읽는 지경에 이르렀다.

그리하여 길버트는 일생일대의 과감한 결정을 내리게 된다. 기본입자를 연구하던 물리학과 교수가 생뚱맞게도 생물학자로 변신을 시도한 것이다. 그리고 1980년에 노벨 화학상을 받았으니, 이 정도면 성공했다고 봐도 무방하다. 그가 생명공학 분야에 남긴 가장 큰 업적은 DNA 분자에 담긴 유전자 정보를 빠르게 읽는 기술을 개발한 것이다.

여기에는 물리학을 연구했던 그의 경력이 결정적 역할을 했다. 그때까지 생물학자는 대부분 평생 한 종류의 동물이나 식물만 끈질기게 파고들었다. 개중에는 새로운 종種을 찾아서 이름을 붙이는 데 평생을 바치는 사람도 있다. 그러던 어느 날, 고급 미적분학을 아무렇지 않게 구사하는 양자물리학자들이 생물학계에 나타나 장족의 발전을 이루었다. 양자역학의 난해한 언어에 능통했던 길버트가 그 원리를 십분 활용하여 생명의 분자를 해독하는 획기적인 방법을 알아낸 것이다.

길버트는 인간유전체 프로젝트를 설계하고 추진했던 핵심인물 중 한 사람이다. 1986년에 뉴욕의 콜드스프링하버연구소에서 연설에 나선 그는 이 원대하고 야심 찬 프로젝트에 필요한 비용을 제안했는데, 그가 예상한 액수는 30억 달러였다. 《유전자 전쟁The Gene Wars》의 저자인 로버트 쿡-디건은 나중에 그날을 회상하며 말했다. "길버트의 말이 떨어지자마자 청중석에서 고함이 터져나왔다. 그들의 예상과 너무나도 달랐기 때문이다." 그 자리에 모인 생물학자들은 30억 달러로는 턱도 없다고 생각했다. 당시에는 유전자 서열의 극히 일부만 알려진 상태였고, 대부분의 과학자는 영겁의 시간이 흘러도 인간 게놈을 결코 끝까지 읽을 수 없을 것이라고 굳게 믿고 있었다.

그러나 미국 의회는 길버트의 말을 믿고 인간유전체 프로젝트를 승인했다. 그 후로 기술이 빠르게 발전하여 프로젝트는 예상했던 기간보다 빠르게 마무리되었고, 비용도 30억 달러를 넘지 않았다. 워싱턴에서는 좀처럼 보기 드문 경우다. (그와 인터뷰할 때 30억이라는 수가 어떻게 나왔는지 물었더니 대답은 이랬다. DNA에 들어 있는 염기쌍이 약 30억 개쯤 되니, 하나당 1달러로 계산해서 30억 달러가 나왔다는 것이다.)

길버트는 말한다. "미래에는 약국에 가서 약간의 비용을 지불하고 며칠만 기다리면 당신의 DNA 염기서열이 완벽하게 담긴 CD를 받을 수 있을 것이다. 그러면 당신은 집에 있는 매킨토시 컴퓨터로 자신의 DNA를 분석할 수 있다. 주머니에서 CD 한 장을 꺼내며 이렇게 말할 수도 있다. '여기에 들어 있는 게 나예요!'"

미국 국립보건원(NIH)의 원장인 프랜시스 콜린스도 인간유전체 프로젝트의 성공에 깊은 감명을 받은 사람 중 하나이다. 그는 현재 전 세계적으로 영향력이 가장 큰 의사인데, 아마 독자들도 본 적이 있을 것이다. 코로나19 바이러스가 절정에 달했을 때 수시로 TV에 출연하여 현재 상황과 향후 동향을 분석했던 사람이 바로 콜린스였다. 언젠가 그를 만난 자리에서 나눴던 대화를 여기 소개한다.

나: 당신의 본업은 화학자였는데, 어떻게 생물학에 관심을 갖게 되었습니까?

콜린스: 기존의 생물학이 지나치게 너저분하다고 느꼈기 때문입니다. 온갖 희한한 이름이 난무하는데, 이유도 없고 운율도 없더군요. 하지만 화학에는 신중하게 연구하고 복제할 수 있는 규율과 질서, 그리고 패턴이 존재합니다. 그래서 저는 학생들에게 슈뢰딩거 방정식으로 분자의 특성을 설명하는 물리화학을 가르쳤지요. 그러던 어느 날 문득 이런 생각이 들더군요. 내가 길을 완전히 잘못 들었다고 말이죠. 물리화학은 잘 알려진 원리와 개념으로 이미 확고하게 정립된 분야였습니다.

그 후로 콜린스는 생물학을 다른 눈으로 바라보기 시작했다. 생물학자들은 이상하게 생긴 벌레와 동물에게 듣기에도 생소한 그리스식 이름을 붙이고 있었는데, 생명공학 분야는 매일같이 새로운 개념과 아이디어가 속출하면서 무서운 속도로 성장하고 있었다. 이 분야에 새로 뛰어든 사람에게 생명공학은 미지의 신천지나 다름없었다.

콜린스는 여러 생물학자를 만나 조언을 구했는데, 그중 한 사람인 길버트는 입자물리학자였다가 DNA 서열을 밝히게 된 자신의 파란만장한 이력을 들려주고 격려해주었다.

여기에 용기를 얻은 콜린스는 과감한 결정을 내렸고 그 결정을 후회하지 않았다.

길버트의 조언을 듣는 순간, 눈이 번쩍 뜨였습니다. '맙소사, 내가 찾던 노다지가 바로 여기 있었네!' 사실 저는 학생들에게 열역학을 가르칠 때마다 고민이 많았습니다. 학생 대부분이 가장 따분한 과목으로 꼽았으니까요. 하지만 당시 생물학계에는 1920년대의 양자혁명에 견줄 만한 변화가 일어나고 있었습니다. 그저 보고만 있어도 넋이 나갈 지경이었지요.

콜린스는 생물학으로 전향하자마자 곧바로 세상에 자신의 이름을 알렸다. 1989년에 낭성섬유증(체내에 점액이 과잉생산되어 폐와 췌장의 기능을 저하시키는 유전병 - 옮긴이)을 유발하는 돌연변이 유전자를 발견한 것이다. 그가 알아낸 바에 따르면 이 질병은 DNA에서 3개의 염기쌍이 삭제되면서(ATCTTT에서 ATT로) 발생한다.

마침내 콜린스는 미국 최고의 의료행정가가 되어 워싱턴에 입성했다. 그러나 아침이 되면 항상 그래왔듯이 오토바이를 타고 출근했으며, 《신의 언어》라는 베스트셀러를 출간할 정도로 자신의 종교적 신념을 소중하게 여겼다(그는 독실한 감리교회 신도이다 - 옮긴이).

생명공학의 3단계

길버트와 콜린스는 생명공학의 발전상을 현장에서 목격하고 그중 일부를 진두지휘한 상징적 인물이다.

1단계: 게놈(유전자 집합) 지도 작성하기

1단계에서 길버트와 콜린스를 비롯한 과학자들은 역사상 가장 의미 있고 야심 찬 모험인 인간유전체 프로젝트를 완수했다. 그러나 여기서 얻은 목록은 2만 개의 단어를 아무런 설명 없이 늘어놓기만 한 사전과 비슷하다. 물론 이것도 역사에 길이 남을 업적이지만, 이 상태로는 무용지물에 가깝다.

2단계: 각 유전자의 기능 알아내기

2단계에서 콜린스를 비롯한 여러 학자들은 각 유전자의 기능을 밝히기 위해 엄청난 노력을 기울였다. 다양한 질병과 조직, 기관 등을 좌우하는 유전자의 위치를 하나씩 찾아나가면서 각 유전자에 할당된 역할을 규명하는 식이다. 이 작업은 고통스러울 정도로 느리게 진행되고 있지만, 한 걸음씩 침착하게 옮기다보면 언젠가는 완전한 사전이 만들어질 것이다.

3단계: 유전자 수정 및 개선

지금 우리는 사전을 제작하는 단계를 넘어서, 사전을 이용하여 우리의 이야기가 담긴 책을 써내려가기 시작했다. 이 단계에 본격적으로 접어들면 양자컴퓨터를 이용하여 유전자의 작용 원리를 해독하고, 이로부터 난치병을 정복하는 등 의학의 새로운 장이 열릴 것이다. 각종 질병이 손상을 입히는 과정을 분자 수준에서 이해하면, 병의 진행을 막거나 치료하는 방법도 어렵지 않게 알 수 있다.

생명의 역설

생명의 기원을 추적하다보면 누구나 피할 수 없는 역설과 마주치게 된다. 예나 지금이나 화학반응은 무작위로 일어나는데, 이런 혼돈 속에서 어떻게 그토록 짧은 시간 안에 복잡한 분자가 만들어질 수 있었을까?

지질학자들은 지구의 나이를 약 46억 년으로 추정하고 있는데, 처음 10억 년 동안은 지구 전체가 뜨거운 액체 상태였기 때문에 생명이 출현할 수 없었다. 소나기처럼 쏟아지는 운석에 연신 얻어맞고, 사방에서 화산이 수시로 폭발하고, 바다까지 펄펄 끓어오르는 환경에서 생명체가 탄생하기란 도저히 불가능하다. 그러나 불덩이 같았던 지구는 서서히 식어갔고, 38억 년 전에 지구의 바다는 생명체가 살아갈 수 있을 정도로 차가워졌다. 과학자들은 DNA가 약 37억 년 전에 최초로 형성되었다는 주장에 대체로 동의하는 편이다. 이는 곧 지구의 온도가 진정된 지 불과 몇억 년 만에 에너지를 재활용하고 자기복제 기능까지 갖춘 DNA가 갑자기 땅에서 솟아났다는 뜻이다.

일부 과학자들은 그런 일은 절대로 불가능하다고 주장한다. 우주론의 선구자 중 한 사람인 프레드 호일은 DNA가 37억 년 전에 출현했다면, 지구가 아닌 외계에서 온 것이 분명하다고 단언했다. 깊은 우주를 떠도는 암석과 가스구름에서 아미노산이 확인된 것을 보면, 생명이 외계에서 날아왔다는 주장도 일견 설득력이 있다.

이것을 판스페르미아설panspermia theory(외계생명체 유입설)이라 하는데, 최근에 이를 뒷받침하는 증거가 발견되면서 학계의 이목을 끌고 있다. 운석 내부의 광물질 함량과 기포의 분포 상태를 분석해보면 화성의 암석 성분과 매우 비슷하다. 지금까지 발견된 운석 6만 개 중 적어도 125개는 화성에서 날아온 것으로 추정된다.

지금으로부터 약 1만 3000년 전에 ALH 84001이라는 유성이 남극 대륙에 떨어졌다(우주공간을 떠도는 소형 천체는 '유성流星, meteor'이고, 유성이 지구에 떨어진 것이 '운석隕石, meteorite'이다 – 옮긴이). 천문학자들은 1600만 년 전에 커다란 유성이 화성에 충돌했을 때 그 여파로 튀어나온 바위 조각이 긴 세월 동안 우주공간을 떠돌다가 마침내 지구로 떨어졌을 것으로 추정했다. 그런데 이 운석의 내부를 현미경으로 들여다보니 벌레처럼 생긴 구조가 곳곳에서 발견되었다(지금도 고대화석에서 이와 비슷한 구조가 종종 발견된다. 과학자들은 이것이 다세포 생물의 화석인지, 아니면 자연적으로 발생한 흔적인지를 놓고 열띤 논쟁을 벌이는 중이다). 화성의 암석이 지구까지 날아왔는데, DNA라고 오지 말란 법은 없지 않은가?

현재 화성과 달, 그리고 지구 사이에는 다수의 유성이 떠도는 것으로 추정된다. 이들이 빠른 속도로 행성(또는 위성)과 충돌하면, 그 여파로 튀어나온 바위가 우주를 떠돌다가 다른 행성에 떨어질 수도 있다. 그렇다면 지구가 아닌 다른 곳에서 DNA가 최초로 발현했을 가능성도 고려해야 한다(지구의 흙 속에 묻혀 있던 DNA가 먼 옛날 운석이 떨어지면서 우주로 날아가 다른 행성에 안착했을 수도 있다 – 옮긴이).

그러나 이 수수께끼를 다른 식으로 설명할 수도 있다.

앞서 말한 대로 양자역학에는 화학반응을 가속시키는 몇 가지 메커니즘이 존재한다. 예를 들어 경로적분법은 화학반응에서 일어날 가능성이 거의 없는 경우까지 모두 합산하여 결과를 도출한다. 즉, 뉴턴역학에서 절대로 일어날 수 없는 사건도 양자역학에서는 (확률은 낮지만) 얼마든지 가능하다. 그리고 이 '드물게 일어나는 사건'에서 복잡한 분자구조가 탄생할 수도 있다.

효소도 화학반응을 촉진한다. 반응이 쉽게 일어나도록 화학물질을 한곳에 모은 후, 에너지 장벽을 낮춰서 쉽게 넘을 수 있도록 만드는 것이 효소의 역할이다. 즉, 효소의 도움을 받으면 일어날 가능성이 매우 낮은 화학반응도 쉽게 일어날 수 있다. 어떤 반응은 에너지보존법칙을 위반하는 것처럼 보이지만, 양자역학에서는 아무런 문제가 되지 않는다.

그러므로 지구의 생명체가 일찍 태동한 것은 굳이 판스페르미아설을 도입하지 않아도 양자역학으로 설명 가능하다. 양자컴퓨터가 완성되면 아직 풀리지 않은 생명의 미스터리 중 상당 부분이 해결될 것이다.

전산화학과 양자생물학

양자컴퓨터가 초유의 관심사로 떠오르면서 새롭게 탄생한 과학 분야가 있으니, 그것이 바로 전산화학computational chemistry과 양자생물학quantum biology이다. 양자컴퓨터로 현실적인 분자모형이 완성되면, 과학자들은 원자를 나노초 단위로 시뮬레이션하면서 화학반응이 일어나는 과정을 볼 수 있다.

요리책을 보면서 저녁 식사를 준비하는 과정을 예로 들어보자. 단계별로 지시사항을 따르는 것은 별로 어렵지 않지만, 조미료와 식재료가 상호작용하여 맛을 내는 과정은 도저히 알 길이 없다. 그렇다고 책을 덮고 시행착오와 추측으로 요리를 하면 시간이 오래 걸릴 뿐만 아니라 그렇게 만든 것도 음식쓰레기통으로 직행하기 십상이다. 이 모든 것은 오늘날 화학이 진행되는 방식과 아주 비슷하다.

이제 음식의 모든 성분을 분자 단위로 분석한다고 가정해보자. 분자의 상호작용이라는 첫 번째 법칙에 기초하여 새로운 일품요리를 만들 수 있을까? 원리적으로는 얼마든지 가능하다. 양자컴퓨터의 목적 중 하나는 유전자와 단백질, 그리고 화학물질의 상호작용을 분자 수준에서 이해하는 것이다.

IBM의 연구원 지넷 가르시아는 말한다. "분자가 클수록 기존의 디지털 컴퓨터로 시뮬레이션하기가 더욱 어려워진다."[2]

또한 〈사이언티픽 아메리칸〉에 실린 그녀의 글에는 다음과 같이 적혀 있다. "현재 세계 최강의 디지털 컴퓨터도 가장 간단한 분자의 거동을 예측하기에는 역부족이다. 분자는커녕, 전자 몇 개의 거동도 간신히 계산하는 수준이다. 혁신적인 근사법이 개발되지 않는 한, 디지털 컴퓨터로는 원자와 분자를 시뮬레이션할 수 없다. 그러나 이 분야는 앞으로 몇 년 안에 양자컴퓨터의 등장과 함께 비약적으로 발전할 것이다."[3]

여기에 가르시아는 다음과 같이 덧붙였다. "지금 양자컴퓨터는 수소화리튬 같은 작은 분자의 특성을 모델링하는 수준까지 도달했으며, 앞으로 더욱 빠르게 발전할 것이다."

버지니아공과대학교에서 양자컴퓨터를 연구한 주링화의 이야기도 들어보자. "원자는 양자로 이루어져 있고, 컴퓨터도 마찬가지다. 양자를 시뮬레이션하기 위해 양자를 사용하는 셈이다. 고전적 접근법에서는 항상 근사적인 방법을 사용하지만, 양자컴퓨터를 이용하면 원자들 사이의 상호작용을 정확하게 알 수 있다."[4]

예를 들어 〈모나리자〉의 사본을 그리는 화가를 생각해보자. 그에게 물감과 붓 대신 이쑤시개를 주면 조잡한 그림밖에 나올 수 없다. 직선으로는 인간의 복잡한 얼굴을 표현할 수 없기 때문이다. 그러나 다양한 색상의 가느다란 펜을 사용하면 세밀한 곡선 표현이 가능하므로 원본에 가까운 〈모나리자〉를 완성할 수 있다. 즉, 곡선을 시뮬레이션하려면 곡선을 사용해야 한다. 마찬가지로 화학물질이나 생명의 구성요소처럼 복잡한 양자계를 구현할 수 있는 도구는 양자컴퓨터뿐이다.

이 과정이 어떤 식으로 진행되는지 이해하기 위해, 3장에서 언급했던 슈뢰딩거의 파동방정식으로 되돌아가보자. 거기서 우리는 주어진 계의 총에너지를 나타내는 H(해밀토니언)를 도입했다. 규모가 큰 분자의 경우, 해밀토니언은 아래 나열한 항목의 합으로 주어진다.

- 모든 전자와 원자핵의 운동에너지kinetic energy
- 모든 입자의 정전기에너지electrostatic energy
- 모든 입자들 사이의 상호작용
- 입자의 스핀에 의한 효과

가장 간단한 계(전자 1개와 양성자 1개로 이루어진 수소 원자)에 대하여 슈뢰딩거 방정식을 푸는 것은 별로 어렵지 않아서, 물리학과 석사과정 1학년 정도의 수준이면 충분하다(물론 이들은 미적분을 3년 이상 배운 학생들이다). 방정식을 풀고 나면 이렇게 단순한 계에서도 수소 원자의 에너지준위와 같은 소중한 정보를 얻을 수 있다.

그러나 전자가 2개인 헬륨 원자로 넘어가면 방정식의 난이도가 몇 배로 높아진다. 전자들 사이에서 일어나는 복잡한 상호작용까지 고려해야 하기 때문이다. 게다가 전자가 3개 이상이면 대학원생은 말할 것도 없고 디지털 컴퓨터까지도 두 손을 놓아버린다. 그래서 답을 구하려면 근사적인 방법을 쓸 수밖에 없다. 바로 이럴 때 양자컴퓨터를 동원하면 근사적인 방법을 쓰지 않고 정확한 답을 얻을 수 있을 것이다.

2020년에 구글은 자사의 양자컴퓨터 시카모어가 12개의 큐비트를 사용하여 수소 원자 12개로 이루어진 사슬을 정확하게 시뮬레이션함으로써 새로운 기록을 세웠다고 발표했다.

당시 연구팀의 일원이었던 라이언 배부시는 언론과의 인터뷰에서 이렇게 말했다. "그것은 매우 놀라운 결과였다. 이전에 실행했던 양자화학 시뮬레이션보다 전자의 수가 두 배 이상 많은 경우를 다뤘는데, 큐비트를 두 배로 늘렸더니 이전과 거의 동일한 정확도로 답을 얻을 수 있었다."[5]

양자컴퓨터는 수소와 질소가 포함된 화학반응도 시뮬레이션할 수 있다. 심지어 수소 원자의 위치를 바꿔도 정확한 답이 얻어진다. 배부시는 시카모어가 모든 작업에 사용 가능한 프로그램형 양자컴퓨터임을 강조했다. IBM의 지넷 가르시아는 "디지털 컴퓨터로는 카페인처럼 흔한 분자도 시뮬레이션할 수 없다"라고 했다. 그녀가 생각하는 미래는 양자컴퓨터와 동일어인 것 같았다.

그러나 양자컴퓨터는 아직 초기 단계이며, 지금까지 이룬 성과는 과학자들의 입맛을 살짝 자극한 정도에 불과하다. 그들의 꿈은 생명의 기본과정인 광합성의 시뮬레이션 같은 훨씬 원대한 프로젝트를 실행하는 것이다. 햇빛을 받아서 과일과 채소를 만들어내는 비법이 언젠가는 양자컴퓨터를 통해 드러날지도 모른다. 그러므로 우리의 다음 주제는 지구에서 가장 중요한 양자적 과정 중 하나인 광합성의 비밀이다.

7장.

지구 녹화하기

화창한 봄날, 온갖 식물로 가득 찬 숲길을 걷다보면 보기에도 신선한 초록의 생명력과 나를 에워싼 아름다운 꽃들에 압도되곤 한다. 어디를 둘러봐도 무지개를 능가하는 총천연색의 향연이 펼쳐지고 있다. 식물은 열심히 햇빛을 흡수하여 생명을 유지하고 자손을 퍼뜨린다. 누구나 숲속에 들어가면 생명이 사방으로 퍼지는 것을 온몸으로 느낄 수 있다.

그러나 나는 이런 상황에서 또 한 가지 사실을 떠올리며 이루 말할 수 없는 경외감에 빠져든다. 지난 30억 년 동안 지구의 다양한 생명체들을 먹여 살려온 기적 같은 과정이 눈앞에서 진행되고 있기 때문이다. 지구의 생명계를 유지하는 원동력은 단연 광합성이다. 모든 식물은 이산화탄소와 햇빛, 그리고 물을 흡수하여 당과 산소를 만들어내고 있다. 입력과 출력만 놓고 보면 참으로 단순한 공정이다. 바로 이 광합성을 통해 지구에는 1초당 1만 5000톤에 달하는 바이오매스 biomass(화학에너지로 사용 가능한 생명체의 양 – 옮긴이)가 생성되고, 이들이 지구를 초록색으로 덮고 있다.

광합성이 없다면 지구의 생물은 존재할 수 없다. 식물은 물론이고 식물을 먹고 사는 동물도 마찬가지다. 그런데 더욱 놀라운 것은 지난 수천 년 동안 과학이 그토록 눈부시게 발전했음에도 불구하고, 광합성의 구체적인 얼개가 아직 명확하게 밝혀지지 않았다는 점이다. 일부 생물학자들은 광합성에서 광자 포획 과정의 효율이 거의 100퍼센트에 가까우므로 양자역학적 과정이라고 주장한다. (그러나 햇빛을 연료와 바이오매스로 바꾸기 위해 중간에 거쳐야 할 복잡한 화학적 과정까지 고려하면, 전체적인 효율은 1퍼센트로 떨어진다.) 양자컴퓨터가 광합성의 비밀을 알아낸다면, 광전지의 효율이 거의 100퍼센트에 가까워지면서 그토록 꿈꿔왔던 태양에너지 시대가 도래할 것이다. 또한 작물의 수확량을 늘려서 식량난을 해결하고, 광합성의 일부를 수정하여 척박한 환경에서 잘 자라는 식물을 만들 수도 있다. 훗날 화성을 식민지로 개척해야 하는 상황이 도래한다면, 화성의 환경에 특화된 화성 전용 작물을 만드는 것도 가능하다.

생명공학 분야에서 현재 진행 중인 연구과제 중 인공광합성이라는 것이 있다. 이 연구의 목적은 광합성 과정의 일부를 수정하여 당과 산소를 최대효율로 생산하는 '인공잎artificial leaf'을 만드는 것이다. 광합성은 수십억 년 동안 완전한 혼돈 속에서 무작위로 진행된 화학반응의 최종 산물이다. 다시 말해서, 그 기적 같은 과정이 모든 생물을 먹여 살리게 된 것은 순전히 우연이었다. 따라서 양자컴퓨터로 광합성의 신비를 (양자 수준에서) 풀면 식물이 자라는 방식을 지금보다 더욱 효율적으로 개선할 수 있다. 수십억 년에 걸친 식물의 진화 과정이 양자컴퓨터 덕분에 몇 달로 단축되는 것이다.

버클리에 있는 카블리에너지나노과학연구소의 그레이엄 플레밍은 말한다. "나는 광합성 초기 단계에서 자연이 어떤 식으로 작동하는지 정말로 알고 싶다. 이 지식이 확보되면 씨를 뿌리고, 영양분을 공급하고, 병충해를 막는 등 전통적인 농법의 번거로움을 모두 없애고 자연의 좋은 점만 가진 인공 시스템을 만들 수 있다."[1]

식물의 발육 과정은 과거 오랜 세월 동안 미스터리로 남아 있었다. 생명체임은 분명한데 그냥 방치해두고 가끔씩 물만 주면 알아서 꽃을 피우니 그럴 만도 했다. 그래서 고대인들은 식물이 흙을 먹으면서 자란다고 생각했고, 이 단순한 믿음은 1600년대 중반에 벨기에의 과학자 얀 판 헬몬트가 식물과 흙의 무게 변화를 측정한 후에야 비로소 수정되었다. 그는 실험용 토양에 식물의 씨앗을 심은 후 주기적으로 흙의 무게를 측정했는데, 식물이 아무리 크게 자라도 흙의 무게는 변하지 않았다. 그래서 헬몬트는 식물이 물을 먹고 자란다고 주장했다.

그 후 영국의 화학자 조지프 프리스틀리는 좀 더 정밀한 실험을 실행했다. 유리병 속에 식물을 심은 후 불붙인 양초 2개 중 하나를 병 속에 넣고 다른 하나는 병 외부에 세워놓았는데, 놀랍게도 병 속에 넣어둔 양초가 훨씬 오랫동안 타들어갔다. 그는 여러 가지 가능성을 분석한 끝에, 식물이 이산화탄소를 소모하면서 산소를 만들어내기 때문에 병 속의 양초가 더 오래 타들어갔다고 결론지었다.

여러 사람에 의해 간헐적으로 실행된 실험은 1800년대 초가 되어서야 퍼즐 맞추듯이 지식의 빈자리를 채우기 시작했고, 생물학자들은 드디어 식물이 햇빛과 물, 이산화탄소를 소비하면서 산소를 만들어낸다는 사실을 알게 되었다.

광합성은 지구의 대기 성분을 완전히 바꿔놓았다. 지구가 처음 형성되었을 무렵, 대기의 주성분은 화산에서 방출된 이산화탄소였다. 화성과 금성의 대기가 맹렬한 화산활동 때문에 이산화탄소로 뒤덮인 것이 그 증거이다.

그러나 지구에는 식물이 등장했고, 이들이 수행하는 광합성 덕분에 이산화탄소가 산소로 전환되었다. 그래서 나는 숨을 쉴 때마다 수십억 년 전에 일어났던 그 드라마틱한 변화를 떠올리곤 한다.

1950년대에 과학자들은 그때까지 알려진 지식을 하나로 묶어서 이산화탄소와 물이 탄수화물로 변하는 과정을 알아냈다. 이것이 그 유명한 '캘빈사이클Calvin cycle'이다. 그들은 탄소-14(^{14}C)의 분석을 포함한 여러 가지 기술을 총동원하여 특정 화학물질이 식물을 거쳐 이동하는 과정을 단계별로 추적했고, 이로부터 식물의 은밀한 사생활을 조금씩 이해할 수 있었다.

그러나 여기에는 풀리지 않는 의문 하나가 남아 있었다. 광합성의 첫 단계에서 식물은 어떻게 광자의 에너지를 포획하는가? 이 일련의 사건은 어떻게 시작되는가? 이것은 지금까지도 미스터리로 남아 있다. 우리의 궁금증을 후련하게 풀어줄 후보는 오직 양자컴퓨터뿐이다.

광합성의 양자역학

대부분의 과학자는 광합성이 양자적 과정이라고 믿고 있다. 독자들도 학창시절에 배웠겠지만, 광합성은 불연속의 에너지 덩어리인 광자가 잎에 함유된 엽록소chlorophyll를 때리면서 시작된다. 엽록소 분자는 빨간색과 파란색 빛을 흡수하고 초록색 빛을 주변 환경으로 반사한다. 대부분의 식물이 녹색을 띠는 이유는 그들이 녹색 빛을 흡수하지 않기 때문이다(만일 식물이 모든 빛을 흡수한다면, 나뭇잎은 초록색이 아닌 검은색으로 보일 것이다).

광자가 나뭇잎에 충돌하면 모든 방향으로 산란되어 영원히 사라질 것 같지만, 사실은 그렇지 않다. 바로 여기서 양자 마법이 기적을 일으키기 때문이다. 광자가 엽록소를 때리는 순간 '엑시톤exciton'이라 불리는 진동에너지가 발생하여 잎의 표면을 따라 전달되고, 결국 이 에너지는 잎 표면에 있는 '에너지 수집 센터energy collection center'에 모여서 이산화탄소를 산소로 바꾸는 데 사용된다.

열역학 제2법칙에 의하면 에너지가 하나의 형태에서 다른 형태로 바뀔 때 대부분이 무용한 에너지가 되어 주변 환경에 버려진다. 따라서 광자가 엽록소 분자와 충돌했을 때 알뜰하게 사용되는 에너지는 극히 일부에 불과하고, 대부분이 폐열廢熱로 사라질 것 같다.

그러나 신기하게도 엑시톤의 에너지는 거의 아무런 손실 없이 에너지 수집 센터로 운반된다. 이 과정은 거의 100퍼센트에 가까운 효율을 자랑하는데, 이유는 아직도 오리무중이다.

광자가 만든 엑시톤이 수집 센터에 모이는 현상은 여러 명의 골퍼가 각자 임의의 방향으로 티샷을 날리는 마구잡이 골프경기와 비슷하다. 이런 대회라면 골프공이 거의 모든 방향으로 날아가면서 아까운 공만 낭비하고 말겠지만, 양자 골프에서는 날아가는 공들이 돌연 방향을 바꿔 한결같이 홀인원을 달성한다. 도저히 가능할 것 같지 않지만, 실제로 실험실에서 관측되는 현상이다.

이 미스터리를 해결하는 한 가지 방법은 엑시톤의 경로를 리처드 파인먼의 경로적분으로 설명하는 것이다. 앞서 말한 대로 경로적분은 양자역학의 한 분야가 아니라, 양자역학 전체를 새로운 관점에서 바라보는 또 하나의 역학체계이다. 전자는 한 지점에서 다른 지점으로 이동할 때 '모든 가능한 경로'를 탐색한 후, 각 경로에 할당된 확률을 계산한다. 무슨 마술을 어떻게 부리는지 모르겠지만, 어쨌거나 전자는 두 점 사이를 잇는 모든 경로를 '알고 있다'. 이는 곧 전자가 가장 효율적인 경로를 '선택한다'는 뜻이다.

또 다른 미스터리도 있다. 일반적으로 광합성은 상온에서 진행되는데, 이렇게 높은 온도에서는 주변 원자들의 무작위 운동 때문에 엑시톤 사이의 결맞음이 쉽게 붕괴된다. 대부분의 양자컴퓨터는 이 현상을 방지하기 위해 0K 근처까지 냉각시켜야 하는 부담을 안고 있다. 그러나 식물은 상온에서도 멀쩡하게 잘 자란다. 어떻게 그럴 수 있을까?

인공광합성

양자효과가 실제로 존재한다는 것을 증명(또는 반증)하는 한 가지 방법은 2개 이상의 원자가 같은 모드로 진동할 때 나타나는 결맞음의 징후를 찾는 것이다. 대부분의 경우에는 아무런 규칙도 없이 원자들이 제멋대로 진동하겠지만, 일부 원자의 진동 위상이 일치하면 양자효과가 존재한다는 확실한 증거가 될 수 있다.

2007년에 그레이엄 플레밍은 자신이 이 드문 현상을 직접 목격했다고 주장했다. 그가 광합성에서 결맞음을 발견했다고 자신 있게 주장할 수 있었던 이유는 1펨토초femtosecond(100만×10억분의 1초)라는 짧은 시간 동안 빛을 비추는 초고속 다차원 분광기를 사용했기 때문이다. 주변 입자와 무작위 충돌을 일으키기 전에 결맞음 상태를 감지하려면 노출 시간이 극도로 짧은 레이저를 사용해야 한다. 이런 레이저의 관점에서 보면 주변에 있는 원자는 거의 멈춰 있는 상태나 다름없기 때문에 심각한 방해가 되지 않는다. 플레밍은 광파가 2개 이상의 상태에 동시에 존재할 수 있다는 것을 입증했고, 이는 곧 빛이 에너지 수집 센터로 진행할 때 여러 개의 경로를 동시에 지나갈 수 있음을 의미한다. 엑시톤이 수집 센터로 가는 길을 거의 100퍼센트의 정확도로 찾아내는 이유가 설명된 것이다.

플레밍의 연구 동료인 비르기타 웨일리는 말한다. "엑시톤은 모든 가능한 경로 중에서 가장 효율적인 경로를 가장 효율적으로 '선택'한다. 이를 위해서는 이동하는 입자의 모든 가능한 상태들이 10분의 1펨토초 동안 단 하나의 결맞음 상태로 중첩되어 있어야 한다."[2]

플레밍의 실험 결과를 이용하면 광합성이 파이프와 튜브 없이 상온에서 진행될 수 있는 이유를 설명할 수도 있다. 그리고 여기에 필요한 계산을 수행할 수 있는 가장 이상적인 도구가 바로 양자컴퓨터이다. 경로적분을 이용한 접근법이 옳은 것으로 판명된다면, 광합성의 역학적 구조를 조금씩 바꿔서 다양한 문제를 해결할 수 있다. 과거에 식물을 대상으로 수천 번 반복했던 실험을 단 한 번의 가상실험(시뮬레이션)으로 끝낸다고 상상해보라.

광합성을 수정해서 효율을 높이면 과일과 채소의 생산성을 높여서 농부의 수확량을 늘리고 식량문제도 해결할 수 있다.

사람의 식단은 쌀이나 밀 같은 일부 곡식에 크게 의존하고 있기 때문에, 이들에게 치명적인 전염병이 창궐하면 먹이사슬 전체가 위태로워진다. 우리가 먹는 기본 식량 중 하나라도 공급이 중단되면 사회 전체가 기능을 상실할지도 모른다. 그래서 과학자들은 천연곡물 의존도를 낮추기 위해 인공광합성을 이용한 '인공잎' 개발에 박차를 가하고 있다.

인공잎

오늘날 지구가 직면한 문제를 논할 때, 도마 위에 가장 자주 오르는 최고의 악당은 단연 이산화탄소(CO_2)일 것이다. 이산화탄소는 태양에서 날아온 에너지를 대기 안에 가둬서 지구를 뜨겁게 만든다. 이 온실가스를 재활용해서 무해하게 만들 수는 없을까? 이렇게만 된다면 재활용 이산화탄소를 이용하여 상업적으로 가치 있는 화학물질을 만들 수도 있을 것이다. 과학자들은 이 꿈같은 일을 실현해줄 후보로 햇빛을 지목하고 있다. 대기에서 추출한 이산화탄소를 햇빛 아래서 물과 결합시켜 연료와 같은 유용한 화학물질을 만들어내는 식이다. 재료와 공정은 잎에서 일어나는 광합성과 비슷하지만 인공적으로 진행되기 때문에 '인공잎'이라 부른다. 여기서 만들어진 연료를 태우면 더 많은 이산화탄소가 생성되고, 이것을 또다시 햇빛, 물과 재결합시켜서 더 많은 연료를 생산하고… 이런 식으로 계속하면 대기 중 이산화탄소의 양을 늘리지 않은 채 재활용이 가능하다. 악역 전문이었던 이산화탄소가 유용한 자원으로 변신하는 방법이기도 하다.

이 재활용 사이클은 두 단계를 거쳐 진행된다.

첫 번째 단계는 햇빛을 이용하여 물을 산소와 수소로 분리하는 것이다. 여기서 생성된 수소는 무공해 수소자동차에 동력을 공급하는 연료전지를 만드는 데 사용한다. 요즘 출시된 전기자동차의 문제점은 배터리를 충전할 때 화력발전소에서 생산된 전기에너지를 사용한다는 것이다. 배터리가 소모될 때는 폐기물이 나오지 않지만, 그 배터리를 충전하기 위해 여전히 화석연료를 써야 한다는 것이 문제이다. 따라서 요즘 전기 배터리를 사용할 때에는 눈에 보이지 않는 비용이 추가로 지출되고 있다. 그러나 연료전지는 산소와 수소를 연소시키면서 에너지를 생산하고, 폐기물로 배출되는 것은 물밖에 없다. 즉, 연료전지는 석탄이나 석유를 소모하지 않으면서 깨끗하게 연소되는 청정에너지원이다. 그러나 연료전지에 기반을 둔 산업 인프라는 전기 배터리보다 훨씬 뒤처진 상태이다.

두 번째 단계는 물을 분해하여 얻은 수소를 이산화탄소와 결합시켜서 소중한 탄화수소와 연료를 생산하는 것이다. 이 연료는 연소되면서 다시 이산화탄소를 만들어내지만, 수소와 다시 결합시키는 식으로 재활용할 수 있다. 그러면 이산화탄소가 순환하는 새로운 사이클이 형성되어 대기에 누적되지 않으면서 재활용이 가능해진다. 온실가스의 양을 늘리지 않고 에너지를 안정적으로 공급할 수 있다.

미국 에너지부 산하 단체로서 인공광합성에 자금을 지원하는 인공광합성공동연구센터(JCAP)의 소장 해리 애트워터는 이렇게 말했다. "우리의 목표는 탄소연료의 악순환을 끝장내는 것이다. 그런 면에서 인공잎은 정말 대담하고 창의적인 개념이 아닐 수 없다."[3]

이 연구가 성공한다면 지구온난화와 벌여온 전쟁의 패러다임 자체가 변한다. 이산화탄소는 더 이상 악당이 아니라 사회를 움직이는 수많은 톱니바퀴 중 하나가 되어 우리의 삶을 더욱 윤택하게 해줄 것이다. 물론 이산화탄소 재활용을 실현해줄 해결사는 단연 양자컴퓨터이다. 양자물리학자 알리 엘 카파라니는 〈포브스〉에 기고한 글에 다음과 같이 적어놓았다. "이산화탄소를 재활용하여 수소나 일산화탄소 같은 유용한 가스를 생산하려면 새로운 이산화탄소 촉매제가 개발되어야 한다. 양자컴퓨터가 등장하면 이 분야의 연구가 더욱 빠르게 진척될 것이다."[4]

이 꿈같은 기술에 첫발을 내디딘 사람은 일본의 화학자 후시지마 아키라와 혼다 겐이치였다. 두 사람은 1972년에 이산화티타늄(TiO_2)과 백금(Pt)으로 만든 전극에 빛을 쪼여서 물을 산소와 수소로 분해하는 데 성공했다. 전체 공정의 효율은 0.1퍼센트에 불과했지만, 원리를 검증함으로써 인공잎 제작이 가능하다는 사실을 증명한 것이다.

그 후 화학자들은 비싼 백금을 저렴한 재료로 대체하기 위해 수많은 시행착오를 겪었고, JCAP의 연구팀은 전극을 반도체로 제작하고 니켈을 촉매로 사용하여 10퍼센트의 효율로 물을 분해하는 데 성공했다.

이로써 수소와 이산화탄소를 결합하여 저렴한 비용으로 연료를 생산하는 어려운 부분만 남게 되었다. 이 과정이 어려운 이유는 이산화탄소의 화학적 특성 때문이다. 이산화탄소는 매우 안정적인 물질이어서 다른 분자와 좀처럼 결합하지 않는다. 그러나 하버드대학교의 화학자 대니얼 노세라는 자신이 방법을 알아냈다고 말한다. 그는 랄스토니아 에우트로파*Ralstonia eutropha*라는 박테리아를 이용하여 수소와 이산화탄소를 결합시켜서 11퍼센트의 효율로 연료와 바이오매스를 얻는 데 성공했다. 그는 자신이 구현한 인공광합성이 천연광합성보다 10~100배 뛰어나다고 주장한다. "이제는 화학이나 기술이 문제가 아니다. 어려운 고비는 모두 넘겼다." 결국 남은 문제는 돈이다. 정부와 산업계가 이산화탄소 재활용에 거금을 투자하도록 설득하는 것이 관건이다.

이 프로젝트에 참여한 하버드대학교의 파멜라 실버는, 탄소를 재활용하기 위해 미생물을 사용하는 것이 처음에는 이상하게 들릴 수도 있지만 와인 업계에서는 이미 오래전부터 미생물을 이용하여 설탕을 발효시켜왔다고 말했다.

캘리포니아대학교 버클리 캠퍼스의 화학자 양페이동도 생명공학에 박테리아를 사용하지만, 방식이 조금 다르다. 그는 미세한 반도체 나노와이어를 사용해서 물을 수소와 산소로 분해한 후(물론 이 과정에서 빛이 필요하다) 나노와이어에서 배양된 박테리아에 수소를 공급하여 부탄올($C_4H_{10}O$) 같은 천연가스를 만들어내고 있다.

양자컴퓨터가 등장하면 위에서 언급한 기술은 한 단계 업그레이드된다. 지금까지 이 분야는 수많은 시행착오를 겪으면서 서서히 개선되어왔다. 낯선 화학물질의 효능을 확인하려면 수백 번의 실험을 거쳐야 한다. 예를 들어 수소를 이용하여 이산화탄소로부터 연료를 생산하는 것은 수많은 전자를 이동시켜서 결합을 파괴하는 복잡한 공정이다. 이런 경우 양자컴퓨터를 사용하면 화학반응을 시뮬레이션해서 새로운 양자경로를 찾을 수 있다. 이산화탄소는 일련의 산화반응에서 생성된 최종 결과물이므로, 양자컴퓨터의 도움을 받으면 이산화탄소의 결합을 끊고 수소와 결합하여 연료를 생산하는 과정을 빠르게 시뮬레이션할 수 있다.

인공광합성과 인공잎의 마지막 남은 과제를 양자컴퓨터가 해결해 준다면 고효율 태양전지와 대체 작물, 그리고 인공광합성을 제공하는 완전히 새로운 산업이 미래를 선도하게 될 것이다. 물론 이 과정에서 양자컴퓨터의 도움을 받아 이산화탄소 재활용법이 개발될 수도 있다.

양자컴퓨터는 태양에너지를 영양분으로 바꾸는 광합성을 인간에게 더욱 유리한 쪽으로 개선해줄 것이다. 그러나 지구촌을 위협하는 식량문제를 해결하려면 수확량을 늘리는 데 반드시 필요한 비료부터 확보해야 한다. 그리고 여기서도 양자컴퓨터가 핵심적 역할을 할 수 있다.

이 마지막 단계를 개척하여 수십억 명의 사람들에게 식량을 공급하고 현대문명을 가능하게 만든 과학자가 있었다. 그러나 아이러니하게도 그는 후손들에게 위대한 과학자가 아닌 전쟁범죄자로 알려지게 된다.

8장.

지구 먹여 살리기

현대사에서 그 어떤 위인보다 많은 사람의 생명을 구했음에도 불구하고, 일반 대중에게 거의 알려지지 않은 인물이 있다. 현재 세계 인구의 절반은 그의 발견 덕분에 살아 있다고 해도 과언이 아니다. 그러나 세간에는 이 대단한 인물을 기리는 전기도 없고, 그 흔한 다큐멘터리도 제작된 적이 없다. 전 세계인의 삶에 막대한 영향을 미친 그 주인공은 프리츠 하버로서, 인공비료 제조법을 발견한 독일의 화학자이다. 그의 선구적인 업적이 없었다면 전 세계 식량 생산량은 지금의 절반밖에 되지 않았을 것이다. 그러나 역사가들 중에는 그를 칭송하는 사람이 거의 없을 뿐만 아니라, 대부분이 그의 이름을 거론하는 것조차 부담스러워하고 있다.

하버는 자연의 비밀을 한 꺼풀 벗겨 농사에 필요한 비료를 거의 무한정 생산할 수 있는 길을 열었으니, 사실상 녹색혁명의 창시자인 셈이다. 그는 공기 중에서 질소를 추출하는 화학적 과정을 발견하여 인류의 역사를 바꾸었다. 과거 한때 농민들이 턱없이 부족한 수확량으로 비참하게 살아갔던 척박한 땅에, 지금은 녹색 작물이 지평선 끝까지 무성하게 자라고 있다. 식량이 특정 지역에 집중 공급되는 현상은 아직도 문제로 남아 있지만, 먹거리 걱정이 과거보다 줄어든 것만은 분명한 사실이다. 이 획기적인 변화의 돌파구를 연 사람이 바로 프리츠 하버였다.

하버의 이름이 퇴색하게 된 결정적 이유는 그의 기술이 고에너지 무기와 독가스를 만드는 데에도 사용되었기 때문이다. 전 세계 수십억 명의 사람들이 그에게 빚을 지고 있지만, 제1차 세계대전에서는 수천 명의 군인들이 그가 만든 무기에 희생되었다.

또한 그가 개발한 하버-보슈법은 전력 소모량이 너무 많고 대기오염과 기후변화를 초래한다는 단점이 있다.

그러나 하버-보슈법은 분자 수준에서 반응이 너무 복잡하기 때문에, 100년이 지나도록 별다른 개선 없이 거의 원형 그대로 사용되고 있다. 바로 이것이 양자컴퓨터에 기대를 거는 또 하나의 이유이다. 양자컴퓨터로 하버-보슈법을 수정하거나 새로운 대안을 찾는다면, 너무 많은 에너지를 쓰거나 환경문제를 일으키지 않고 전 세계에 안정적으로 식량을 공급할 수 있다.

하버의 업적과 양자컴퓨터의 후속 역할을 제대로 이해하려면 과거에 맬서스가 예측했던 미래가 얼마나 암울했으며, 그로부터 탈출하는 것이 얼마나 어려운 일이었는지를 알아둘 필요가 있다.

인구과잉과 기근

1798년에 영국의 경제학자 토머스 로버트 맬서스는 머지않아 세계 인구가 식량 공급량을 초과하여 대규모 기근과 죽음이 닥쳐올 것이라고 예견했다. 그의 논리는 다음과 같이 진행된다. 모든 동물은 아득한 옛날부터 목숨을 건 경쟁을 치러왔는데, 개체 수가 서식지의 수용 능력을 초과하면 낙오자는 굶어 죽을 수밖에 없다. 물론 인간은 동물과 다르다며 격식을 차리고 있지만, 식량문제가 코앞에 닥쳐오면 본능이 격식을 압도할 것이다. 사람이건 동물이건, 식량이 풍부해야 번성할 수 있다. 그런데 인구는 기하급수적으로 증가하는 반면, 식량은 기껏해야 산술급수적으로 증가하기 때문에 언젠가는 인구가 식량 공급량을 추월할 것이고, 그때가 되면 대규모 폭동과 기아, 그리고 식량 확보를 위한 국가 간 전쟁이 도처에서 발발할 것이다.

1800년대가 되어 맬서스의 섬뜩한 예언은 더욱 현실에 가까이 다가왔다. 세계 인구는 기원전까지만 해도 2억 명이 넘지 않는 수준에서 안정적으로 유지되어왔으나, 1800년대로 접어들면서 갑자기 빠른 속도로 증가하기 시작했다. 산업혁명과 기계 시대Machine Age의 도래와 함께 인구폭발이 시작된 것이다.

(나는 초등학교 시절에 이 무서운 현상을 눈으로 확인한 적이 있다. 과학실험 시간에 영양분을 주입한 페트리 접시에 박테리아 몇 개를 집어넣었는데, 며칠 후 확인해보니 접시가 넘치도록 개체 수가 많아졌다. 그런데 이상한 것은 박테리아 집단이 어느 정도 커진 후 성장을 멈췄다는 것이다. 왜 그럴까? 박테리아가 식량 부족을 눈치채고 산아 제한(정확하게는 세포분열제한)이라도 한 것일까? 머지않아 나는 충격

적인 사실을 알게 되었다. 박테리아 집단이 성장을 멈춘 게 아니라, 영양분을 닥치는 대로 먹어치우다가 먹이가 고갈되자 단체로 굶어 죽은 것이다. 그 작은 접시 안에서도 맬서스의 말대로 목숨을 건 식량 쟁탈전이 벌어지고 있었다.)

오늘날 전 세계 식량 생산량은 비료에 크게 의존하고 있다. 비료의 핵심성분은 단백질과 DNA에도 있는 질소(N)이다. 사실 질소는 우리 주변에 지천으로 깔려 있다. 대기 중에서 질소가 차지하는 비율은 무려 80퍼센트나 된다. 콩과식물(콩, 땅콩 등)의 뿌리를 따라 자라는 단순 박테리아는 대기 중에서 질소를 추출한 후 이것을 탄소, 산소, 수소분자와 결합시켜서(즉, '고정fix'시켜서) 비료의 주성분인 암모니아를 만들어내는데, 그 과정은 아직도 미스터리로 남아 있다.

무슨 재주를 부렸는지 모르겠지만, 아무튼 박테리아는 대기에서 질소를 추출하여 생명의 비료를 만드는 비법을 마스터했음이 분명하다. 그러나 화학자들은 이 비법을 재현하는 데 여전히 어려움을 겪고 있다.

가장 큰 원인은 대기에 존재하는 질소가 식물에게 유용한 N_3가 아니라 N_2이기 때문이다. 즉, 질소 원자 2개가 3개의 공유결합(삼중결합)을 통해 단단하게 붙어 있어서, 일반적인 화학 공정으로는 분리할 수 없다. 우리가 숨 쉬는 대기에 질소가 가득 차 있는데, 분자 형태가 부적절해서 비료로 사용할 수 없는 것이다. 이것은 마치 '소금물로 가득 찬 바다에서 갈증으로 죽어가는 사람'과 비슷하다. 사방이 물로 넘쳐나는데 마실 물은 하나도 없다.

문제의 근원은 슈뢰딩거 방정식으로 알아낸 원자의 구조에서 찾을 수 있다. 질소는 7개의 전자를 갖고 있는데, 이들 중 2개는 첫 번째 궤도(에너지준위)인 1S를 점유하고, 나머지 5개는 두 번째 궤도에 있다. 첫 번째와 두 번째 궤도를 가득 채우려면 10개의 전자가 필요하다. (앞서 말한 대로, 각 궤도에 있는 전자들은 파트너가 부족하지 않은 한 항상 쌍을 이룬다. 그러므로 호텔 1층에 있는 단 하나의 방에는 전자 2개가 들어가고, 2층에 있는 4개의 방에는 방 하나당 2개씩, 총 8개의 전자가 들어갈 수 있다.) 질소의 전자는 총 7개이므로 2개가 1S, 2개가 2S를 차지하면 3개가 남는데, 이들이 각각 P_x, P_y, P_z 궤도에 들어간다. 즉, 3개의 전자가 쌍을 이루지 못한 상태이다. 여기에 다른 질소 원자가 가까이 다가오면 솔로로 남았던 전자 3개가 이웃집 솔로들과 사이좋게 짝을 이루고, 첫 번째와 두 번째 궤도를 가득 채우는 데 필요한 전자의 수(10개)도 충족된다. 그리고 가장 중요한 것은 3개의 솔로가 짝을 이룬 삼중결합이 엄청나게 강력하다는 것이다.

전쟁을 위한 과학과 평화를 위한 과학

바로 여기서 프리츠 하버의 업적이 빛을 발한다. 그는 어린 시절부터 또래 아이들과 어울리지 않고 혼자 실험을 할 정도로 화학을 좋아했다. 그의 아버지는 염료와 물감을 수입하는 부유한 상인이었는데, 하버는 가끔씩 아버지의 공장에서 일을 돕곤 했다. 그는 당시 유럽의 과학과 사업계를 장악했던 유대인 신흥세대의 일원이었지만 훗날 기독교로 개종했다. 그러나 무엇보다도 하버는 조국 독일을 위해 자신의 화학 지식을 언제든지 동원할 준비가 되어 있는 열렬한 민족주의자였다.

하버의 주 관심사는 공기 중의 질소를 이용해서 비료나 폭발물처럼 유용한 물건을 만드는 것이었다. 그 역시 질소 분자(N_2)를 2개의 질소 원자로 분리하기 위해 고군분투하다가 '질소 분자를 초고온, 초고압 상태에 가두는 것이 유일한 방법'이라는 결론에 도달했다. 온도와 압력으로 엄청난 힘을 가하여 질소결합을 끊어낸다는 이론이다. 그는 실험실에 거의 살다시피 하면서 최적의 온도와 압력을 알아냈고, 그와 함께 인류의 역사도 바뀌었다. 대기에서 추출한 질소를 300℃까지 가열한 후 대기압의 200~300배로 압력을 가하면 질소 분자가 원자로 분해되고, 이들이 수소와 결합하면서 암모니아(NH_3)가 생성된다. 인류 역사상 최초로 화학을 이용하여 인류를 먹여 살리게 된 것이다.

하버는 이 공로를 인정받아 50세였던 1918년에 노벨 화학상을 받았다. 하버가 만든 질소는 식물에게 흡수되었다가 다시 동물의 몸속으로 들어갔고, 그 동물이 죽은 후 분해되면서 다시 식물에게 흡수되기를 반복했다. 그러므로 당신의 몸속에 있는 질소 분자의 절반은 하버의 업적이 낳은 직접적인 결과물인 셈이다. 현재 지구에는 약 80억 명의 인류가 살고 있는데, 하버의 업적이 없었다면 절반은 살아남지 못했거나 태어나지도 못했을 것이다.

그러나 하버-보슈법은 질소를 압축하고 열을 가하는 과정에서 엄청난 양의 에너지를 소비한다. 현재 전 세계 에너지 소비량의 2퍼센트가 하버-보슈법 공정에 투입되고 있다.

하버의 관심사는 비료뿐만이 아니었다. 철저한 민족주의자였던 그는 제1차 세계대전 때 독일군을 열렬하게 지지했으며, 질소 분자에 저장된 에너지는 생명을 주는 비료뿐만 아니라 적을 죽이는 폭탄으로도 사용될 수 있었다. (이것은 아마추어 테러리스트도 아는 사실이다. 비료에 중유를 섞어서 만든 비료폭탄은 웬만한 아파트 한 동을 통째로 날려버릴 수 있다.) 그리하여 하버는 질소고정의 부산물 중 하나인 질산염을 재료 삼아 다양한 화학폭탄을 만들어서 독일군에 납품했고, 특히 그가 제조한 독가스는 수많은 인명을 앗아갔다.

한 시대를 대표했던 화학의 대가가 한편으로는 세계 인구를 늘리는 데 공헌하면서 다른 한편으로는 수천 명의 목숨을 빼앗는 데 기여했으니, 이 또한 아이러니가 아닐 수 없다. 실제로 하버는 '질소고정을 구현한 화학자'보다 '화학전의 아버지'로 더 널리 알려져 있다.

그의 삶도 그다지 순탄하지 않았다. 평화주의자였던 그의 아내는 1915년에 스스로 목숨을 끊었는데, 알려진 바에 의하면 화학무기와 독가스를 제조한 남편의 행동에 죄책감을 느꼈기 때문이라고 한다(하버와 한바탕 부부싸움을 벌인 끝에 마당에 나가 권총 자살을 했으니, 진짜 이유는 본인만 알 것이다–옮긴이). 하버는 수십 년 동안 독일 정부와 독일군을 지원해왔고 종교도 유대교에서 기독교로 개종했지만, 1930년대에 독일 전역을 휩쓴 반유대주의 물결을 피해갈 수는 없었다. 결국 그는 독일을 탈출하여 여러 나라를 떠돌다가 1934년에 세상을 떠났다. 그 무렵 독일을 장악한 나치 정부는 5년 후에 제2차 세계대전을 일으키고 하버가 개발한 독가스 치클론Zyklon으로 수많은 사람을 죽였는데, 그중에는 하버의 친척들도 끼어 있었다.

ATP: 천연배터리

현대의 과학자들은 효율이 낮은 하버-보슈법을 양자컴퓨터의 도움으로 개선한다는 원대한 꿈을 꾸고 있다. 그러나 꿈을 이루려면 자연이 질소를 고정하는 방법부터 알아야 한다.

하버는 질소결합을 끊기 위해 고가의 비용을 감수하고 외부에서 엄청나게 높은 온도와 압력을 가했다. 그러나 자연은 용광로나 압축기 없이 상온-대기압에서 이 작업을 말 그대로 '자연스럽게' 수행하고 있다. 인간에게는 엄청난 공정이 필요한 작업인데, 땅콩 같은 하찮은 식물이 무슨 수로 그런 일을 해내는 것일까?

자연의 근본적인 에너지원은 생명의 일꾼이자 천연배터리로 불리는 ATP(adenosine triphosphate, 아데노신삼인산)이다. 우리는 근육을 수축하거나 숨을 쉴 때, 그리고 음식을 소화할 때마다 ATP의 에너지를 사용하여 각 조직에 연료를 공급하고 있다. 기본적인 ATP 분자가 거의 모든 생명체에서 발견되는 것을 보면, 수십억 년 전부터 에너지원으로 사용되어왔음이 분명하다. ATP가 없으면 대부분의 생명체는 죽을 수밖에 없다.

ATP의 비밀을 밝히려면 당연히 그 구조부터 분석해야 한다. 이 분자는 사슬 형태로 배열된 3개의 인산염 그룹으로 이루어져 있으며, 각 그룹은 산소와 탄소로 둘러싸인 인(P) 원자로 구성되어 있다. 그리고 ATP 분자의 에너지는 마지막 인산염 그룹에 위치한 전자에 저장된다. 생명체가 생물학적 기능을 수행하려면 에너지가 필요하고, 그럴 때마다 마지막 그룹에 속한 전자로부터 에너지가 배달된다.

화학자들은 식물의 질소고정법을 분석하다가, 하나의 N_2 분자를 분해하는 데 ATP 분자 12개가 필요하다는 사실을 알아냈다. 바로 이 점이 문제이다. 일반적으로 원자는 당구공처럼 일대일로 부딪힌다. 여러 개의 원자가 집단충돌을 하는 경우에도, 이들은 동시에 충돌하지 않고 하나씩 순차적으로 충돌한다. 다시 말해서, 원자의 충돌은 단계적으로 일어나는 현상이다. 그러므로 ATP가 질소 분자를 분해하려면 수많은 중간단계를 거쳐야 한다.

자연에서 원자의 무작위 충돌을 통해 12개의 ATP 분자로부터 에너지를 얻으려면 이론상 몇 년이 걸린다. 이렇게 느려터진 배달 시스템으로는 생명을 유지할 수 없다. 그러므로 생명체가 살아가려면 시간을 단축해주는 일련의 지름길을 활용해야 한다.

이 수수께끼를 푸는 데 양자컴퓨터가 도움이 될 수 있다. 양자컴퓨터를 이용하면 모든 과정을 분자 수준에서 규명하여 질소고정을 개선하거나 대체 과정을 찾을 수도 있다.

글로벌 데이터베이스 전문기업 CB인사이트에서 2021년 7월에 발행한 잡지에는 다음과 같은 기사가 실렸다. “암모니아 합성을 촉진하는 최상의 촉매를 디지털 컴퓨터로 찾는다면, 가장 강력한 슈퍼컴퓨터를 동원해도 수백 년이 걸린다. 그러나 양자컴퓨터를 사용하면 다양한 촉매 후보를 빠르게 분석하여(화학 시뮬레이션의 또 다른 응용 사례임) 최상의 촉매를 찾을 수 있다. 이 작업이 성공하면 암모니아 생산공정은 혁명적 변화를 맞이하게 될 것이다.”[1]

촉매: 자연이 찾은 지름길

과학자들은 문제의 핵심은 촉매이고, 촉매를 분석할 수 있는 도구는 양자컴퓨터뿐이라고 말한다. 촉매는 야구선수를 응원하는 관중과 비슷해서, 화학 공정에 직접 관여하진 않지만 그 존재로 인해 반응이 촉진된다.

일반적으로 우리 몸속에서 일어나는 화학반응은 매우 느리게 진행된다. 그러나 가끔은 마법 같은 일이 일어나서 몇분의 1초 안에 완료될 수도 있다. 촉매가 반응속도를 높였기 때문이다. 질소고정 과정에는 질소고정효소nitrogenase라는 촉매가 작용하는데, 그 역할은 교향악단의 지휘자와 비슷하다. 12개의 ATP 분자가 질소와 결합하여 삼중결합을 끊으려면 여러 개의 중간단계를 거쳐야 하는데, 이 과정을 지휘-통제하는 것이 바로 질소고정효소이다. 따라서 질소고정효소는 제2의 녹색혁명을 촉발하는 열쇠라 할 수 있다. 그러나 안타깝게도 디지털 컴퓨터는 촉매의 비밀을 밝히기에 역부족이다. 이 중요한 임무를 완벽하게 수행할 수 있는 도구는 오직 양자컴퓨터뿐이다.

질소고정효소와 같은 촉매는 두 단계에 걸쳐 작용한다. 첫 번째 단계는 결합이 쉽게 일어나도록 2개의 반응물을 한곳에 모아서 지그소 퍼즐처럼 짜맞추는 것이다. 이제 반응이 일어나려면 '활성화 에너지'라는 에너지 장벽을 넘어야 하는데, 반응물 사이의 상호작용으로는 이 에너지에 도달할 수 없는 경우가 태반이다. 바로 여기서 촉매의 두 번째 역할이 빛을 발한다. 즉, 촉매가 활성화 에너지의 장벽을 낮춰서 반응이 쉽게 일어나도록 만드는 것이다. 그러면 반응물이 결합하여 새로운 화학물질이 생성되고, 촉매는 멀쩡하게 남는다(즉, 촉매는 일회용 촉진제가 아니다 – 옮긴이).

촉매의 원리를 이해하기 위해 간단한 예를 들어보자. 여기, 각자 다른 도시에 사는 두 남녀가 있다. 두 사람은 한 번도 만난 적이 없지만, 일단 만나기만 하면 커플이 될 가능성이 100퍼센트다. 그러나 안타깝게도 생활 반경이 몇 킬로미터나 떨어져 있어서 마주칠 가능성이 거의 없다. 바로 이런 경우에 남자와 여자를 모두 아는 지인이 있다면, 두 남녀가 만날 가능성이 크게 높아진다. 게다가 그 지인이 중매쟁이를 자처하고 나선다면, 둘은 이미 커플이 된 것이나 다름없다. 우리 몸에서 일어나는 대부분의 화학반응은 촉매라는 중매쟁이를 통해 이루어진다.

그러나 양자 중매쟁이는 사정이 좀 달라서, 두 남녀를 한자리에 모아놓는 것만으로는 일이 성사되지 않는다. 아마도 둘 중 한 사람이 수줍음을 많이 타거나, 말수가 적거나, 낯을 심하게 가리는 것 같다. 이런 경우에 진도를 나가려면 활성화 장벽을 극복해야 한다. 이것이 바로 양자 중매쟁이의 역할인데, 앞서 4장에서 말했던 '터널효과'이다. 양자역학의 세계에서는 현재 보유한 에너지로 도저히 넘을 수 없는 에너지 장벽을 아무렇지 않게 관통할 수 있다(앞에서도 말했지만, 벽에 손상을 입히지 않고 마치 벽이 없는 것처럼 그냥 '지나간다'는 뜻이다 - 옮긴이). 우라늄 같은 방사성원소가 방사선을 방출하는 것도 터널효과 때문이다. 방사선이란 우라늄 원자핵의 일부가 핵의 결합력을 극복하고 외부로 방출되는 현상인데, 사실은 완전히 극복한 것이 아니라 에너지가 모자라는 상태에서 양자터널을 이용하여 빠져나온 것이다. 지구의 내부가 용광로처럼 뜨겁고 대륙이 이동하는 것은 방사성 붕괴(불안정한 원자핵이 방사선을 방출하고 가벼운 원자핵으로 바뀌는 현상)의 여파로 생성된 엄청난 양의 에너지 때문이다. 그러므로 거대한 화산이 폭발하는 장면을 현장에서 보는 사람은 양자터널효과를 눈으로 확인하는 셈이다. 이와 마찬가지로 ATP 분자는 에너지 장벽을 마법처럼 '관통하여' 화학반응을 일으키고 있다.

앞으로 보게 되겠지만 생명 유지에 필수적인 반응 대부분은 촉매를 통해 진행된다. 지구에 생명이 출현한 것도 따지고 보면 양자역학의 결과일지도 모른다.

질소고정(그리고 질소고정효소)은 너무나도 복잡한 과정이어서, 꾸준히 진행되긴 하지만 속도가 매우 느리다. 과학자들은 각고의 노력 끝에 질소고정효소 분자를 완벽하게 알아냈지만, 구조가 너무 복잡해서 작동 원리까지 알아내진 못했다. 물론 이런 분석은 컴퓨터로 이루어지는데, 디지털 컴퓨터로는 어림도 없다. 오직 양자컴퓨터만이 유일한 해결책이다.

마이크로소프트는 이 야심 찬 프로젝트에 도전장을 던진 회사 중 하나이다. 가정용 게임기 엑스박스로 큰 성공을 거둔 후 수익성이 더 높은 아이템을 찾다가 위험부담과 기대치가 모두 최상급인 프로젝트에 눈길이 꽂힌 것이다. 2005년부터 양자컴퓨터 같은 블루스카이 프로젝트blue-skies project(결과가 당장 수익으로 이어지지 않는 프로젝트–옮긴이)에 관심을 가져왔던 MS는 질소고정과 양자계산 분야를 집중적으로 연구하기 위해 스테이션큐라는 회사를 설립했다.

MS의 양자프로그램 담당 부사장인 토드 홀름달은 말한다. "이제 우리는 연구하는 단계에서 개발 단계로 옮겨갈 준비가 되었다. 큰일을 하려면 어느 정도의 위험을 감수해야 하는데, 지금이 바로 그런 시기라고 생각한다."[2]

홀름달은 지금의 상황이 트랜지스터가 처음 발명되었을 때의 분위기와 비슷하다고 했다. 그 무렵 물리학자들은 새 발명품을 어디에 써야 할지 몰라 우왕좌왕했고 일부는 '바다를 항해 중인 배에서 신호를 보낼 때나 써먹을 수 있겠다'고 생각했지만, 결국 트랜지스터는 세상을 바꿔놓았다. 이와 마찬가지로 MS의 양자컴퓨터 역시 의외의 방식으로 세상을 바꿀지도 모른다(〈뉴욕 타임스〉는 MS의 양자컴퓨터를 SF 소설에 비유했다).

MS는 질소고정 문제를 한시라도 빨리 해결하기 위해 총력을 기울이고 있으며, 이미 1세대 양자컴퓨터를 동원하여 가능성을 확인하는 중이다. 이 연구가 성공하면 훨씬 적은 비용으로 전 세계 인구를 먹여 살리는 제2의 녹색혁명이 시작될 것이고, 그렇지 않으면 식량부족으로 인한 폭동과 기근, 그리고 전쟁이 도처에서 일어날 것이다. 지금 당장은 크게 와닿지 않지만, 예나 지금이나 식량은 가장 중요하면서도 민감한 문제이다.

최근 들어 MS는 위상 큐비트topological qubit의 실험 결과가 좋지 않아서 한 차례 좌절을 겪었다. 그러나 양자컴퓨터 신봉자들은 '그저 과속방지턱에 잠깐 걸린 것뿐'이라며 재정비를 서두르고 있다.

구글의 CEO 순다르 피차이는 앞으로 10년 안에 양자컴퓨터가 하버-보슈법을 개선해줄 것으로 굳게 믿는다고 했다.[3]

질소고정과 관련하여 양자컴퓨터가 할 수 있는 일을 정리하면 다음과 같다.

- 양자컴퓨터는 질소고정효소 안에 들어 있는 다양한 구성 원자의 파동방정식을 일일이 풀어서 질소가 고정되는 과정의 전체적인 지도를 그릴 수 있다. 이 작업이 완료되면 아직 알려지지 않은 중간과정도 가장 근본적인 단계에서 이해할 수 있을 것이다.

- 질소 분자(N_2)를 원자 단위로 분해하려면 고온 고압으로 결합을 강제로 끊거나 촉매를 사용해야 한다. 양자컴퓨터는 이런 극약

처방을 쓰지 않고 질소 분자를 분해하는 다양한 방법을 가상공간에서 테스트할 수 있다.

- 양자컴퓨터는 다양한 원자와 단백질을 다른 화학물질로 대체했을 때 나타나는 결과를 시뮬레이션하여 질소고정의 효율을 높이고, 에너지 소모량과 오염을 줄일 수 있다.

- 양자컴퓨터는 다양한 촉매를 테스트하여 질소고정의 속도를 높일 수 있다.

- 양자컴퓨터는 질소고정효소의 단백질 사슬을 변형시킨 다양한 버전의 효소를 테스트하여 촉매의 효과를 극대화할 수 있다.

그러므로 MS를 포함하여 이 분야에 뛰어든 기업들이 질소고정의 비밀을 알아낸다면, 식량공급에 막대한 영향을 미칠 것이다. 그러나 과학자들은 양자컴퓨터에 더욱 큰 기대를 걸고 있다. 식량문제는 결국 에너지 문제와 밀접하게 연결되어 있으므로, 에너지 자체의 특성을 이해하는 것도 식량 못지않게 중요하다. 과연 양자컴퓨터는 에너지 위기를 해결할 수 있을까?

9장.

지구에 에너지 공급하기

많은 사람들은 토머스 에디슨의 라이벌로 니콜라 테슬라를 꼽지만, 20세기 초 산업계의 흐름을 고려할 때 그의 진정한 라이벌은 헨리 포드였다. 다들 알다시피 에디슨은 지칠 줄 모르는 열정과 끈기를 발휘하여 '전기로 움직이는 세상'을 만든 사람이다. 무려 1093개의 특허를 보유했던 그는 전기로 작동하는 수많은 발명품을 만들어서 현대인의 생활방식을 완전히 바꿔놓았다. 한편, 포드는 화석연료로 구동되는 자동차 '모델-티'를 출시하여 수백만 달러를 벌어들인 자동차업계의 왕이었다. 석유를 기반으로 한 현대산업은 그로부터 시작되었다고 해도 과언이 아니다. 포드에게 미래란 '석유와 휘발유를 태워서 에너지를 얻는 세상'이었다.

에디슨과 포드는 가까운 친구 사이였다. 열여섯 살 연하였던 포드는 어린 시절부터 에디슨을 우상처럼 여겼다고 한다. 그들은 여러 해

동안 함께 휴가를 보냈고, 종종 상대방의 회사를 방문하여 최고급 정보를 교환하곤 했다. 두 사람 다 혼자 힘으로 노력해서 세계적 회사를 세운 창업주였기에, 동질감도 그만큼 컸을 것이다.

에디슨과 포드는 만날 때마다 어떤 에너지원이 미래를 석권할지 내기를 하곤 했다. 물론 에디슨은 전기 배터리에, 포드는 휘발유에 걸었다. 당시 상황을 잘 모르는 독자들은 이렇게 생각할 것이다. '그걸 내기라고 하냐? 결과가 너무 뻔하잖아. 당연히 배터리가 이기지!' 전기 배터리는 조용하고 안전하지만, 휘발유는 시끄럽고 위험하면서 몸에 해롭기까지 하다. 게다가 당시 사람들은 몇 블록마다 주유소가 들어선 풍경을 상상조차 할 수 없었다.

석유비관론은 여러 면에서 옳은 생각이었다. 내연기관에서 배출되는 불완전연소가스, 즉 매연은 호흡기질환을 유발하고 지구온난화를 가속시킨다. 그리고 휘발유로 가는 자동차는 지금도 여전히 시끄럽다.

그러나 내기에서 이긴 사람은 에디슨이 아닌 포드였다.

왜 그랬을까?

무엇보다 에너지의 양이 문제였다. 배터리 1개에 저장된 에너지는 휘발유 1갤런(약 3.8리터)에 저장된 에너지보다 형편없이 작다(최고 성능의 배터리는 기껏해야 1킬로그램당 약 200Wh의 에너지를 저장할 수 있는데, 휘발유 1킬로그램으로 얻을 수 있는 에너지는 무려 12000Wh나 된다).

설상가상으로 텍사스와 중동 등지에 초대형 유전이 발견되면서 휘발유 가격이 급락하는 바람에, 미국의 노동자들도 부담 없이 자동차를 살 수 있게 되었다.

그 후로 사람들은 에디슨이 꿈꿨던 세상을 서서히 잊기 시작했다. 에너지에 잔뜩 굶주린 고객들 앞에서 비효율적이고, 고장도 잘 나고, 힘까지 약한 전기 배터리는 옥탄가 높은 액체연료의 경쟁상대가 될 수 없었다.

무어의 법칙을 따라 성장한 저가의 컴퓨터가 세계 경제에 혁명적인 변화를 몰고 온 지금, 많은 사람들은 모든 상품이 무어의 법칙을 따른다고 착각하는 경향이 있다. 그래서 배터리의 효율이 지난 수십 년 동안 거의 제자리걸음을 해왔다는 사실을 알면 깜짝 놀라곤 한다. 이 자리를 빌려 강조하건대, 무어의 법칙은 오직 컴퓨터에만 적용되는 법칙이다. 배터리에 전원을 공급할 때 일어나는 화학반응은 예측하기 어렵기로 정평이 나 있다. 그래서 배터리의 효율을 높이는 새로운 화학반응을 예측하는 것은 미래의 에너지를 생각할 때 매우 중요한 연구과제이다.

지금은 배터리의 성능을 높이기 위해 수백 가지 화학물질을 일일이 테스트하고 있지만, 양자컴퓨터가 있으면 이 모든 실험을 훨씬 빠르게 실행할 수 있다. 물론 실제 실험실이 아닌 가상공간에서 진행되기 때문에 비용도 크게 절감된다. 광합성이나 질소고정 시뮬레이션처럼, 양자컴퓨터로 진행되는 '가상화학virtual chemistry'은 화학 실험실에서 지루하게 반복되는 시행착오를 크게 줄여줄 것이다.

태양에너지 혁명?

성능이 향상된 배터리의 경제적 가치는 말로 표현하기 힘들 정도로 엄청나다. 1950년대에 미래학자들은 머지않아 모든 가정용 전기는 태양에너지를 통해 공급될 것이라고 장담했다. 방대한 영역에 태양전지를 깔아놓고, 만일에 대비하여 강력한 풍차(풍력발전기)를 추가로 설치하면 태양과 바람으로부터 값싸고 안전한 에너지를 안정적으로 얻을 수 있다. 게다가 태양이 빛나고 바람이 부는 데에는 돈이 들지 않는다. 즉, 공짜다. 이 정도면 천국이 따로 없다.

그러나 현실은 그렇지 않았다. 재생에너지 비용은 수십 년 전보다 내려갔지만, 하락 속도는 체감되지 않을 정도로 느리기만 하다. 태양에너지 시대가 오긴 올 것 같은데, 속도가 너무 느려서 이젠 기다려지지도 않는다.

왜 이렇게 되었을까? 근본적인 이유는 현대식 배터리의 성능에 한계가 있기 때문이다. 태양이 지평선 아래로 사라지거나 구름에 가렸는데 바람까지 불지 않으면 재생에너지 생산량은 0으로 곤두박질친다. 그렇다면 이런 날을 대비해서 태양에너지를 미리 저장해둬야 하는데, 재생에너지의 취약점이 바로 이 '저장'이다. 컴퓨터의 성능을 향상시키는 것은 비교적 쉽다. 실리콘칩을 더 작게 만들기만 하면 된다. 그러나 배터리의 전력을 향상시키려면 효율을 높이는 방법을 새로 개발하거나 새로운 화학물질을 만들어야 한다. 요즘도 배터리 생산업체에서는 100년 전에 고안된 화학반응을 그대로 사용하고 있다. 지금보다 효율이 훨씬 높은 슈퍼배터리가 발명된다면 청정에너지 시대를 앞당기고 지구온난화를 막는 데 크게 기여할 수 있을 것이다.

배터리의 역사

지난 수백 년 동안 배터리의 성능이 개선된 속도는 빙하가 이동하는 속도와 거의 비슷했다. 먼 옛날 사람들은 카펫 위를 걷다가 금속제 문고리를 손으로 만졌을 때 전기충격이 온다는 사실을 알고 있었지만, 오랜 세월이 지나도록 전기에 관한 지식은 이런 호기심 수준에 머물러 있었다. 그러던 중 1786년에 이탈리아의 화학자 루이지 갈바니가 절단된 개구리 다리에 금속조각을 문지르다가 믿기 어려운 광경을 목격했다. 이미 몸통에서 분리된 다리가 경련을 일으키며 움직였던 것이다.

전기가 생명체의 근육을 움직이게 만든다는 것은 실로 획기적인 발견이었다. 무생물에서 생물이 탄생한 이유를 설명하기 위해 굳이 '생명력' 같은 모호한 개념을 들먹일 필요가 없어졌기 때문이다. 전기는 영혼spirit(또는 정신)이 없는 육체도 움직일 수 있음을 보여주는 결정적 증거였다. 그리고 갈바니의 놀라운 발견은 함께 전기를 연구하던 동료 중 한 사람에게 번뜩이는 영감을 불어넣었다.

1799년, 알레산드로 볼타가 역사상 최초로 배터리를 만들었다. 그는 자신의 발명품에 에너지가 저장되어 있음을 증명하기 위해 일련의 화학반응을 선보였고, 그 반응은 언제든지 동일한 형태로 재현될 수 있었다. 이로써 과학자들은 실험실에서 필요할 때마다 전기(에너지)를 만들어낼 수 있게 되었으며, 이 놀라운 소식은 순식간에 유럽 전역으로 퍼져나갔다.

그러나 답답하게도 그로부터 무려 200년이 지나도록 배터리의 기본구조는 거의 변하지 않았다. 배터리의 원리를 이해하기 위해, 간단한 실험을 해보자. 2개의 컵을 전해질로 반쯤 채운 후, 컵 속에 금속막대(전극)를 하나씩 담근다. 그리고 이온이 이동할 수 있도록 두 컵 사이를 튜브로 연결하면 가장 간단한 형태의 배터리가 완성된다(볼타 전지를 재현한 실험 대부분은 하나의 컵에 두 전극을 한꺼번에 담근 채 진행된다. 그러면 번거롭게 튜브를 연결할 필요가 없다 – 옮긴이).

전해질이 금속막대와 화학반응을 일으켜 전자가 생성되고, 이 전자는 한쪽 전극anode(양극)을 떠나 반대쪽 전극cathode(음극)을 향해 이동한다. 그런데 전하의 전체적인 이동은 균형을 이뤄야 하기 때문에, 음전하를 띤 전자가 양극에서 음극으로 이동하면 양전하를 띤 이온(양이온)은 튜브를 타고 그 반대 방향으로 이동한다. 이런 식으로 전하가 이동하면서 전기가 생성되는 것이다.

이 기본적인 디자인은 수 세기 동안 조금도 변하지 않았다. 단지 각 부품의 화학적 구성만 조금씩 달라졌을 뿐이다. 화학자들은 배터리의 전압을 높이거나 에너지를 극대화하기 위해 금속과 전해질 성분을 이리저리 바꿔가면서 지루한 실험을 반복했다.

전기자동차는 19세기 말에 처음으로 등장했지만 그것을 대량생산하겠다고 나서는 사업가가 한 명도 없었기에, 배터리를 연구하는 화학자들도 개발을 서두를 이유가 없었다.

리튬혁명

제2차 세계대전이 끝난 후에도 배터리 기술은 여전히 낙후된 상태였다. 전기자동차와 휴대용 전자기기에 대한 수요가 상대적으로 적었기 때문이다. 그러나 지구온난화가 중대한 문제로 떠오르고 전자제품 시장이 폭발적으로 성장하면서 드디어 배터리를 개선할 이유가 생겼다.

대기오염과 지구온난화를 막아야 한다는 여론이 대세로 굳어지자 자동차업계는 어쩔 수 없이 전기자동차에 관심을 두기 시작했고, 그 덕분에 배터리는 과거의 참패에도 불구하고 다시 한번 휘발유의 강력한 경쟁자로 떠올랐다.

1990년대에 시장을 강타한 리튬-이온 배터리는 배터리 개발의 대표적 성공사례로 꼽힌다. 요즘은 휴대폰과 컴퓨터에서 대형 제트여객기에 이르기까지, 거의 모든 전자제품에 리튬-이온 배터리가 사용되고 있다. 이 제품이 인기가 좋은 이유는 모든 배터리 중 용량이 제일 큰데도 부피가 작아서 휴대가 가능하고, 성능도 안정적인 데다 효율까지 높기 때문이다. 물론 리튬-이온 배터리가 발명될 때까지 화학자들은 수십 년 동안 수백 종의 화학물질을 분석하면서 지루한 실험을 반복해야 했다.

리튬-이온 배터리가 유난히 편리한 이유는 리튬 원자의 화학적 특성 때문이다. 무엇보다도 리튬은 가볍다. 주기율표에 등장하는 금속원소 중 제일 가벼운 것이 리튬이다(원자번호 3번). 자동차나 비행기는 무게를 줄이는 것이 관건이므로, 무게를 놓고 따지면 리튬만 한 것이 없다.

리튬의 장점은 이뿐만이 아니다. 리튬 원자는 3개의 전자를 갖고 있다. 처음 2개는 원자의 가장 낮은 에너지준위인 1S에 있고, 나머지 1개는 두 번째 준위에 비교적 느슨하게 묶여 있어서 전자를 제거하기 쉽고 배터리에 에너지를 공급하기도 쉽다. 리튬 배터리가 전류를 쉽게 생성하는 것은 이런 특성 때문이다.

리튬-이온 배터리의 양극은 흑연이고 음극은 리튬 코발트 산화물이며, 전해질로는 에테르가 사용된다. 이 환상적인 배터리를 발명한 존 구디너프와 스탠리 휘팅엄, 그리고 요시노 아키라는 2019년에 노벨 화학상을 공동으로 수상했다.

그러나 리튬-이온 배터리는 모든 배터리 중에서 에너지밀도가 가장 높은데도 불구하고, 발휘할 수 있는 에너지가 같은 무게의 휘발유에 저장된 에너지의 1퍼센트에 불과하다. 누구나 꿈꾸는 탄소 제로 시대를 구현하려면 화석연료와 견줄 만한 배터리가 있어야 한다.

리튬-이온 배터리를 넘어서

리튬-이온 배터리가 엄청난 성공을 거둔 후로, 이 배터리를 개선하거나 새로운 차세대 배터리를 개발하려는 연구가 유행처럼 번지기 시작했다. 그러나 화학과 마찬가지로 공학은 시행착오를 통해 서서히 발전하기 때문에, 당장 새로운 결과가 나올 가능성은 크지 않다.

현재 개발자들이 가장 큰 기대를 걸고 있는 것은 리튬-에어 배터리이다. 대부분의 배터리는 밀폐형이지만, 이 배터리는 내부에 공기가 들어갈 수 있다. 공기 중의 산소가 리튬과 상호작용하여 배터리의 전자를 방출하는 식이다(이 과정에서 과산화리튬(Li_2O_2)이 생성된다).

리튬-에어 배터리의 가장 큰 장점은 에너지밀도가 리튬-이온 배터리의 10배에 가깝다는 것이다(산소가 배터리 안에 저장되어 있지 않고 공기로부터 공급되기 때문이다). 그러나 해결해야 할 기술적 문제가 하도 많아서, 아직은 시제품조차 만들지 못했다. 현재 실험 중인 리튬-에어 배터리는 수명이 2개월에 불과하여 실용성이 거의 없다. 개발자들은 다양한 화학물질을 끈질기게 분석하다보면 언젠가는 문제가 해결될 것이라 믿고 연구에 박차를 가하고 있다.

지난 2022년에 일본 국립재료과학연구소의 과학자들은 투자사인 소프트뱅크와 협력하여 표준형 리튬-이온 배터리보다 에너지밀도가 훨씬 높은 새로운 유형의 리튬-에어 배터리를 개발했다고 발표했다. 그러나 연구소 측이 자세한 정보를 제공하지 않아서 어떤 문제가 얼마나 해결되었는지, 아직은 알려지지 않은 상태이다.

요즘 시판되는 전기자동차의 가장 큰 문제점은 충전하는 데 시간이 너무 오래 걸린다는 점이다(몇 시간은 기본이고, 온종일 걸리는 차도 있다). 이 문제를 극복하기 위해 독일의 스켈레톤테크놀로지와 카를스루에공과대학에서 복합형 슈퍼배터리SuperBattery를 공동개발했는데, 이들의 주장에 의하면 전기자동차를 단 15초 만에 충전할 수 있다고 한다.

이 슈퍼배터리의 기본 아이디어는 리튬-이온 배터리에 축전기를 결합하여 충전 시간을 단축한다는 것이다(축전기는 전기에너지를 저장하는 장치로서, 양(+)과 음(-)으로 대전된 2개의 금속판으로 이루어져 있다. 축전기의 가장 큰 장점은 저장된 전기에너지를 매우 빠르게 방출할 수 있다는 점이다). 이것은 충전 시간 때문에 고민하는 전기자동차 제조사들에게 너무나도 매력적인 기술이다. 최근에 테슬라는 급속 충전 배터리를 자체 개발하기 위해 맥스웰테크놀로지를 인수했다. 이 하이브리드 슈퍼배터리는 이미 시장에 출시되어 전기자동차 사용자들 사이에서 큰 인기를 끌고 있다.

일부 진취적인 기업들은 위험을 무릅쓰고 리튬-이온 배터리의 후속 제품 개발에 뛰어들었는데, 현재 연구 중인 기술은 다음과 같다.

- 프랑스의 나와테크놀로지는 나노기술을 적용한 초고속 탄소전극을 이용하여 전력이 기존 제품보다 10배나 높고 수명도 5배 이상 긴 배터리를 만들 수 있다고 주장했다. 이 배터리를 사용하면 전기자동차의 주행거리가 1000킬로미터로 길어지고, 단 5분 만에 80퍼센트까지 충전할 수 있다고 한다.

- 텍사스대학교의 과학자들은 배터리의 성분 중 오랫동안 문제점으로 제기되어온 코발트를 없앨 수 있다고 주장했다. 코발트는 값이 비싼 데다 독성까지 있어서 항상 문제가 되어왔는데, 연구진은 망간(Mn, 망가니즈)과 알루미늄을 대안으로 제시했다.

- 중국의 배터리 제조사인 SVOLT도 코발트를 다른 물질로 대체할 수 있다고 발표했다. 이들이 개발 중인 배터리는 전기자동차의 주행거리를 800킬로미터까지 늘리고 수명도 더 길다고 한다.

- 핀란드에 있는 동핀란드대학교의 과학자들은 실리콘과 탄소나노튜브를 이용하여 하이브리드 양극(+)을 갖는 고성능 리튬-이온 배터리를 개발했다.

- 캘리포니아대학교 리버사이드 캠퍼스의 연구팀은 양극(+)의 흑연을 실리콘으로 대체한 리튬-이온 배터리를 개발했다.

- 호주 모나시대학교의 과학자들은 리튬-이온 배터리를 개량한 리튬-황 배터리를 공개했다. 이 신종 배터리로 스마트폰을 한 번 충전하면 평균 5일을 쓸 수 있고, 전기자동차는 930킬로미터를 주행할 수 있다고 한다.

- IBM 리서치를 포함한 일부 연구팀은 코발트와 니켈 같은 독성 물질을 제거하고, 심지어 리튬-이온 배터리 자체를 바닷물로 대체하는 방법을 모색 중이다. 이들의 주장에 의하면 바닷물 배터리는 기존의 배터리보다 에너지밀도가 높고 가격도 저렴하다.

리튬-이온 배터리는 느리게나마 개선되고 있지만, 200년 전에 볼타가 제시했던 기본구조는 지금까지 그대로 남아 있다. 이 분야에 양자컴퓨터가 도입되면 수백만 건에 달하는 실험을 훨씬 효율적으로 빠르게 수행하여 시간과 비용을 절약하고, 배터리 혁명을 앞당길 수 있을 것이다.

문제는 배터리 안에서 진행되는 화학반응이 뉴턴의 운동법칙처럼 간단명료하게 설명되지 않는다는 것이다. 그러나 양자컴퓨터는 복잡한 화학반응을 시뮬레이션으로 대체할 수 있으므로 방정식을 일일이 풀지 않고서도 결과를 확인할 수 있다.

자동차 회사들이 순수수학만으로 슈퍼배터리를 설계하기 위해 양자컴퓨터에 거액을 투자하는 것은 별로 놀라운 일이 아니다. 고효율 배터리는 청정에너지 생산의 걸림돌인 전기의 저장 문제를 해결하여 태양에너지 시대로 가는 길을 활짝 열어줄 것이다.

자동차산업과 양자컴퓨터

메르세데스-벤츠의 소유주인 다임러도 양자컴퓨터의 잠재력을 예의 주시하고 있는 자동차기업 중 하나로서, 급변하는 추세를 따라잡기 위해 이미 2015년 초에 양자컴퓨터 계획Quantum Computing Initiative을 수립했다. 메르세데스-벤츠 북미지역 연구개발 담당자인 벤 베서는 말한다. "우리 연구는 10~15년 앞을 내다보고 있으므로 학술적인 성격이 짙다. 우리는 우주 창조의 비밀을 밝히는 위대한 작업에 참여하고 싶다. 또한 우리는 하나의 기업으로서 그 발견자의 일원이 되기를 원한다."[1] 물론 양자컴퓨터를 이용하여 과학적 호기심을 푸는 것도 중요하지만, 다임러에게 양자컴퓨터는 수익을 창출하는 도구이기도 하다.

다임러의 온라인잡지 편집자인 홀거 몬은 자신이 출간한 잡지에서 새로운 배터리를 설계하는 것 외에 양자컴퓨터의 또 다른 이점을 다음과 같이 지적했다. "양자컴퓨터는 연료의 효율을 높이고 승차감을 개선하기 위해 자동차의 공기역학적 형태를 시뮬레이션하거나, 수많은 변수를 계산하여 제조공정을 최적화하는 데 핵심적 역할을 할 수 있다."[2] 2018년에 다임러는 이 어려운 문제를 해결하기 위해 구글 및 IBM과 손을 잡고 최상의 엔지니어 네트워크를 구성했다. 현재 이들은 코드를 작성해서 클라우드에 업로드하는 등, 양자컴퓨터에 익숙해지기 위해 열심히 뛰는 중이다.

한 가지 예를 들어보자. 공기역학은 자동차와 비행기를 설계할 때 반드시 고려해야 할 요소로서, 기본 방정식은 18세기에 이미 완성되었다. 그러나 공기 마찰을 줄이기 위해 풍동wind tunnel(물체에 미치는 공기의 영향을 분석하기 위해 빠르고 일정한 공기의 흐름을 인위적으로 일으키는 터널 모양의 장치 – 옮긴이)에서 직접 실험하는 것보다 신형 모델을 '가상풍동'에 집어넣고 시뮬레이션하는 것이 훨씬 편리하고 비용도 적게 든다. 즉, 양자컴퓨터를 이용하면 가상현실에서 자동차와 비행기의 성능을 훨씬 빠르게 테스트할 수 있다.

에어버스는 양자컴퓨터로 가상풍동을 만들어서 비행기가 이륙하거나 착륙할 때 연료를 가장 적게 소비하는 경로를 계산하고 있으며, 폭스바겐은 혼잡한 도시에서 버스나 택시를 위한 최적의 경로를 찾는 데 양자컴퓨터 기술을 사용하고 있다.

또한 BMW는 2018년부터 허니웰의 최신형 양자컴퓨터를 도입했을 때 해결 가능한 과제를 분석해왔는데, 그들이 선별한 주요 목록은 다음과 같다.

- 자동차용 배터리 성능 개선
- 충전소를 설치할 최적의 위치 결정
- BMW 자동차에 들어갈 다양한 부품의 효율적 구매법
- 공기역학적 성능 및 안전성 향상

특히 BMW는 자동차의 성능을 최대한으로 높이면서 비용을 최소한으로 낮추는 최적화 작업을 위해 양자컴퓨터 도입을 적극적으로 추진하고 있다.

그러나 양자컴퓨터의 능력은 환경을 파괴하지 않으면서도 더 새롭고 더 싸고 더 강력한 배터리와 자동차를 만드는 문제에 국한되지 않는다. 지금 당장은 꿈처럼 들리겠지만, 양자컴퓨터는 태초부터 인류

를 괴롭혀온 난·불치병으로부터 우리를 해방시켜줄 수도 있다. 그래서 지금부터는 양자컴퓨터가 의학계에 몰고 올 혁명에 대해 알아보고자 한다.

'영원한 젊음'은 전설로만 전해지는 영생의 샘에서 찾을 게 아니라, 양자컴퓨터에서 찾아야 할지도 모른다.

QUANTUM
SUPREMACY

MICHIO KAKU

3부

양자의학

10장.
양자건강

당신은 얼마나 오래 살 수 있는가?

인류 역사의 대부분 기간에 사람의 기대수명은 20~30년 사이였다. 우리의 먼 선조들은 삶에서 의미를 찾을 겨를이 없었다. 인생이 짧기만 한 것이 아니라, 그야말로 험난한 역경의 연속이었기 때문이다. 그 중에서도 가장 두려운 것은 질병과 굶주림이었다.

구약성서를 비롯한 고대 문헌에는 질병이나 돌림병에 관한 이야기가 심심치 않게 등장한다. 중세 이후에도 대부분의 부모는 자식이 장성할 때까지 살지 못했기 때문에, '가엾은 고아'나 '사악한 계모' 이야기가 자연스럽게 회자되었다.

안타깝게도 대부분의 역사에서 '의사'란 돌팔이나 사기꾼의 대명사였으며, 이들이 내린 처방은 환자의 상태를 더욱 악화시키기 일쑤였다. 그래도 부자들은 거의 쓸모없는 약이나마 처방해주는 의사를 고용할 수 있었지만, 가난한 사람 대부분은 환자로 붐비는 지저분한 병원에서 속절없이 죽어갔다. (프랑스의 극작가 몰리에르의 작품 〈억지 의사〉는 이와 같은 풍토를 신랄하게 비판한 풍자극이다. 한 가난한 농부가 유명한 의사로 오인된 후, 엉터리 라틴어로 사람들을 현혹시키면서 진짜 의사 행세를 한다는 이야기다.)

그 후 인간의 기대수명을 연장시켜준 몇 가지 혁명적인 변화가 일어났는데, 그중 첫 번째가 바로 '공중위생'이라는 개념의 등장이었다. 고대 도시는 썩은 음식과 배설물로 가득 찬 쓰레기 굴이었다. 모든 시민들이 너 나 할 것 없이 먹고 남은 음식과 오물을 길거리에 마구 버렸기 때문이다. 도시 곳곳에 난 도로는 악취가 코를 찌르는 장애물 코스이자 온갖 질병의 온상이었다. 그러다 1800년대에 이르러 참다못한 시민들이 비위생적인 환경에 불만을 쏟아내자, 사태의 심각성을 느낀 관료들은 하수 처리 시스템을 구축하고 위생 상태를 전면적으로 개선했다. 그 덕분에 중대한 사망원인이었던 수인성 질병이 대부분 사라졌으며, 인간의 기대수명은 무려 15~20년 가까이 길어졌다.

두 번째 혁명적 변화는 1800년대에 유럽대륙을 휩쓴 전쟁과 함께 찾아왔다. 당시에는 전쟁터에서 사망한 군인보다 상처의 후유증으로 뒤늦게 사망한 군인이 압도적으로 많았기에, 각국의 왕실에서는 커다란 포상금을 걸고 효과적인 치료법을 찾았다. 여기에 자극을 받은 야심 찬 의사들은 조잡한 약으로 돈 많은 환자를 속이는 대신 환자에게 실제로 도움이 되는 치료법을 신중하게 개발하기 시작했고, 새로운 의학은 의사의 명성과 무관하게 오직 실험을 통해 검증되어야 했다(전통 있는 저명한 의학전문 학술지는 대부분 이 시기에 창간된 것이다–옮긴이).

의사와 과학자들의 기본자세가 달라지면서 항생제와 백신 등 주요 의약품이 탄생하는 계기가 마련되었다. 이와 함께 치명적인 질병이 하나둘씩 정복되어 인간의 기대수명은 또다시 10~15년쯤 길어졌고, 개선된 영양 상태와 현대식 수술법, 산업혁명 등도 기대수명을 늘리는 요인으로 작용했다.

요즘 대부분 국가의 평균여명(평균 기대수명)은 70세를 넘는다.

그러나 현대의학이 이룩한 눈부신 발전 중 상당수는 의도된 계획이 아니라 우연히 일어난 사건의 결과물이었다. 체계적인 연구보다 행운이 더 크게 작용한 것이다.

예를 들어 1928년에 영국의 미생물학자 알렉산더 플레밍은 페트리 접시에서 자란 박테리아가 곰팡이에 의해 죽는다는 사실을 우연히 발견하여 역사에 남을 의료혁명의 주인공이 되었다(그는 포도상구균을 배양 중인 접시의 뚜껑을 제대로 닫지 않은 채 휴가를 떠났다가 몇 주 후 돌아와서 이 사실을 발견했다-옮긴이). 흔한 질병으로 죽어가는 환자를 무력하게 바라볼 수밖에 없었던 의사들이 페니실린 같은 항생제 덕분에 사람을 살리는 과학자로 거듭난 것이다. 그 후로 콜레라, 파상풍, 장티푸스, 결핵 등을 치료하는 항생제가 연이어 개발되었으나, 연구자의 주요 전략은 체계적 분석이 아니라 지루하게 반복되는 시행착오였다.

약물 저항성 세균의 창궐

처음에 항생제는 매우 뛰어난 효능을 발휘했지만 처방 횟수가 많아지면서 내성을 갖춘 세균이 반격을 가해오기 시작했다. 이것은 결코 학술적인 면에서 느긋하게 다룰 문제가 아니다. 항생제에도 끄떡없는 신종 세균들이 현대인의 건강을 심각하게 위협하고 있기 때문이다. 결핵과 같이 과거 한때 완전히 사라졌다고 여겼던 질병이 요즘 막강한 전투력을 갖추고 곳곳에서 재기의 조짐을 보이고 있다. 이런 '슈퍼 병원균'은 최신 항생제에도 내성이 있는 경우가 많아 기존의 처방으로는 치료되지 않는다.

게다가 현대인은 과거에 아무도 가본 적 없고 사람도 살지 않는 신천지로 이주하면서 새로운 질병에 끊임없이 노출되고 있다. 인간을 비롯한 생명체를 감염시킬 수 있는 미지의 병원균으로 가득 찬 곳, 그곳이 바로 지구이다.

개중에는 '동물에게 항생제를 대량으로 투여했기 때문에 약물 저항성 세균이 출현했다'고 주장하는 사람도 있다. 농부들이 우유와 육류 생산을 늘리기 위해 가축용 소에게 항생제를 과다 투여하는 바람에 소들이 약물 저항성 세균의 온상이 되었다는 것이다.

이런 질병은 예전보다 더욱 강력한 위세를 떨칠 가능성이 크기 때문에, 차세대 항생제 개발이 절실한 상황이다. 단, 누구나 혜택을 볼 수 있을 정도로 가격이 저렴해야 한다. 안타깝게도 새로운 항생제는 지난 30년 동안 단 한 가지도 개발되지 않았다. 요즘 처방되는 항생제는 우리 부모세대가 사용했던 항생제와 거의 동일하다. 그 이유 중 하나는 단 몇 개의 유용한 성분을 추출하기 위해 수천 가지의 화학물질로 실험을 해야 하기 때문이다. 새로운 항생제를 이런 식으로 개발하면 20억~30억 달러의 비용이 들어간다.

항생제의 작용 원리

과학자들은 현대기술을 사용하여 항생제가 작용하는 원리를 조금씩 추론해왔다. 예를 들어 박테리아가 자신의 세포벽을 만들고 강하게 유지하려면 펩티도글리칸peptidoglycan이라는 분자가 반드시 필요한데, 페니실린과 반코마이신vancomycin(세균감염 치료용 항생제－옮긴이)은 이 분자의 생성을 방해하여 박테리아를 무력화시킨다.

또한 퀴놀론quinolone이라는 항생제는 박테리아의 번식에 필요한 화학적 과정을 방해하여(DNA의 기능을 손상시킴) 개체 수가 늘어나는 것을 막는다.

그 외에 테트라사이클린tetracycline처럼 박테리아의 단백질 합성을 방해하거나, 엽산(비타민B 복합체의 하나－옮긴이)의 생성을 중단시켜서 화학물질이 박테리아의 세포벽을 넘나들지 못하도록 만드는 항생제도 있다.

이렇게 다양한 항생제가 개발되었는데, 왜 더 이상 진도를 나가지 못하는 것일까?

한 가지 이유는 항생제를 개발하는 데 시간이 너무 오래 걸리기 때문이다. 최소 10년은 기본이고, 그 이상 걸리는 경우가 태반이다. 이런 의약품은 안전성을 철저히 검증해야 하기 때문에, 시간이 오래 걸리고 비용도 많이 든다. 게다가 10년 동안 노력해서 간신히 만들어낸 결과물이 제값을 못 받는 경우도 많다. 그래서 대부분의 제약회사는 의약품 개발에 들어간 비용을 판매수익으로 충당하기 위해 영업상 무리수를 두곤 한다.

양자의학의 역할

문제의 핵심은 볼타의 배터리처럼 항생제를 개발하는 기본전략이 플레밍 시대 이후로 크게 달라지지 않았다는 점이다. 과학자들은 지금도 페트리 접시에서 병원균을 배양한 후, 다양한 화학약품을 거의 무작위로 투입하는 식으로 실험을 진행하고 있다. 물론 요즘에는 자동화 시스템과 로봇공학, 그리고 기계화된 조립라인 등을 응용하여 다양한 병균이 담긴 수천 개의 페트리 접시에 빠른 속도로 약물을 주입하고 있지만, 기본개념은 100년 전 플레밍의 접근법과 별로 다르지 않다.

현재 과학자들이 펼치는 전략은 대략 다음과 같다.

유망한 약물 테스트 → 박테리아의 생사 여부 확인 → 약물의 작용 원리 파악

양자컴퓨터는 이 과정을 완전히 뒤집어서 신약개발을 가속시킬 수 있다. 이들의 계산 능력은 새로운 박테리아 치료법을 향해 체계적으로 접근할 수 있을 정도로 막강하다. 의학 분야에 양자컴퓨터가 도입되면 후보 치료제나 약물을 만지작거리면서 수십 년을 보내는 일은 더 이상 없을 것이다. 양자컴퓨터의 메모리 안에서 신약을 처음부터 설계할 수 있기 때문이다.

즉, 신약을 개발하는 과정은 다음과 같이 수정된다.

후보 약물의 작용 원리 파악 → 박테리아 생사 여부 확인 → 유망한

약물 테스트

항생제가 세균을 죽이는 메커니즘이 분자 수준에서 밝혀지면 이로부터 새로운 약을 개발할 수 있다. 예를 들어 박테리아의 세포벽을 파괴하는 등 신약에게 시키고 싶은 일을 개발자가 선택한 후, 양자컴퓨터를 이용하여 '세포벽의 취약한 부분을 찾아서 파괴하는 방법'을 찾아내는 식이다. 그다음에는 이 기능을 수행할 수 있는 다양한 후보를 테스트한 후 최종적으로 선발된 몇 가지 물질을 박테리아에 투입하여 결과를 확인하면 된다.

기존의 디지털 컴퓨터로 페니실린 분자를 분석한다면, 훗날 자신의 모든 연구를 제자에게 인수인계하고 은퇴할 각오를 해야 한다. 실제로 이 작업을 수행하려면 10^{86}비트에 달하는 컴퓨터 메모리가 필요하다. 그러나 양자컴퓨터에게 이 정도는 일상적인 계산에 불과하다. 신약을 개발하고 약의 작용 원리를 분자 수준에서 분석하는 것이 양자컴퓨터의 주 업무가 될지도 모른다.

킬러 바이러스

현대과학도 백신을 개발하여 바이러스에 대항해왔지만 그 효능에는 한계가 있다. 백신의 목적은 바이러스를 직접 공격하는 것이 아니라, 우리 몸의 면역체계를 자극해서 간접적인 효과를 얻는 것이다. 그래서 바이러스에 직접 작용하는 치료제 개발은 매우 느리게 진행되었다.

천연두는 역사 이래로 사람을 가장 많이 죽인 바이러스 중 하나이다. 1910년 이후 무려 3억 명에 달하는 사람이 천연두로 사망했다. 고대에도 천연두는 무서운 질병이었으며, 한번 앓았다가 회복해도 피부에 앉은 딱지를 긁으면 가루가 날리면서 다른 사람에게 전염되곤 했다.

천연두 예방법을 최초로 알아낸 사람은 영국의 의사 에드워드 제너였다. 소의 젖을 짜는 여인들이 우두牛痘(소가 앓는 천연두 - 옮긴이)에 걸렸다가 회복되면 평생 천연두에 걸리지 않는다는 사실을 간파한 제너는 1796년, 그녀들의 피부에 난 상처에서 고름을 채취하여 건강한 사람에게 주입함으로써 천연두에 대한 면역력을 키우는 데 성공했다.

그 후 소아마비, B형 간염, 홍역, 수막염, 볼거리(유행성이하선염), 파상풍, 황열병 등 과거에 치료가 불가능했던 질병을 백신으로 예방할 수 있게 되었다. 잠재적 치료 효과를 가진 백신은 수천 가지가 있지만, 사람의 면역체계가 작동하는 원리를 모르는 상태에서 모든 백신을 테스트하기란 현실적으로 불가능하다.

이럴 때 양자컴퓨터가 있으면 백신을 일일이 실험할 필요 없이 컴퓨터로 효능을 확인할 수 있다. 이 방법은 시간과 비용을 절약해줄 뿐만 아니라 효율도 높다.

다음 장에서는 양자컴퓨터를 이용하여 면역체계를 강화하고 암, 알츠하이머, 파킨슨병과 같은 난·불치병을 극복하는 방법에 대해 알아볼 것이다. 그러나 우선은 양자컴퓨터를 이용하여 번식력이 강한 바이러스로부터 인류를 보호하는 또 하나의 방법을 알아보기로 하자.

코로나 팬데믹

2019년 창궐한 코로나 바이러스는 몇 년 사이에 미국인 약 1백만 명의 목숨을 앗아갔고, 수십억 명의 사람들에게 막대한 경제적 손실을 입혔다. 그러나 양자컴퓨터가 있으면 팬데믹이 발생하기 전에 이를 감지하고 알려주는 조기경보시스템을 구축할 수 있다.

과학자들은 모든 질병의 60퍼센트가 동물로부터 전염되는 것으로 추정하고 있다. 그러므로 인간이 아무리 노력해도 새로운 질병이 창궐할 가능성은 항상 열려 있다고 봐야 한다. 실제로 인류는 미개척지로 이주할 때마다 새로운 동물과 그들이 앓는 질병에 무방비로 노출되곤 했다.

예를 들어 대부분의 독감 바이러스는 조류로부터 옮겨왔다. 이것은 바이러스의 유전자 분석을 통해 확인된 사실이다. 그중에서 상당수가 아시아에서 출현하는데, 주된 이유는 이 지역 농부들 사이에 널리 퍼진 복합사육polyfarming(돼지와 조류를 한곳에 모아놓고 키우는 방식) 때문으로 알려져 있다. 바이러스의 진원지는 조류인데, 돼지가 조류의 배설물을 먹고 사람이 돼지고기를 먹으면서 바이러스가 단계적으로 이동하는 것이다. 특히 바이러스가 돼지의 몸속에 들어갔을 때 돼지의 DNA와 조류의 DNA가 섞여서 새로운 바이러스가 탄생하기도 한다. 즉, 돼지의 몸은 바이러스가 변이를 일으키는 중간 기지인 셈이다.

이와 비슷하게 에이즈 바이러스의 근원은 영장류의 질병인 원숭이면역결핍바이러스(SIV)로 거슬러 올라간다. 과학자들은 유전학을 이용하여 다음과 같은 사실을 알아냈다. 1884~1924년 사이에 아프리카에서 누군가가 SIV에 감염된 영장류의 살을 먹었는데, 이 바이러스의 DNA가 사람의 DNA와 섞이면서 HIV로 진화하여 인간을 공격하기 시작했다.

중세시대에 대량학살의 주범이었던 흑사병은 훗날 대중교통의 발달과 함께 사람들의 왕래가 잦아지면서 확산 속도가 엄청나게 빨라졌다. 고대에는 선원들이 한 도시에서 다른 도시로 이동하면서 전염병이 퍼져나갔지만(이들이 자주 사용했던 바닷길과 특정 항구에 정박한 시기, 그리고 질병이 발생한 날짜 등을 비교하면 고대에 전염병이 퍼져나간 경로를 추적할 수 있다), 현대의 병균과 바이러스는 제트여객기 덕분에 대륙 간 이동도 가능해졌다. 그러므로 일단 새로운 전염병이 출현하기만 하면 전 세계로 퍼져나가는 것은 시간문제일 뿐이다.

다행히도 2020년의 과학자들은 고도로 발달한 유전체학을 이용하여 단 몇 주일 만에 코로나19 바이러스의 유전물질 서열을 알아냈고, 그 덕분에 면역체계를 자극하여 바이러스를 공격하는 백신을 만들 수 있었다. 그러나 백신은 질병을 예방할 뿐, 이미 감염된 사람을 치료할 수는 없다. 정말로 필요한 것은 바이러스를 죽이는 강력한 치료제이다.

조기경보시스템

양자컴퓨터로 팬데믹 사태를 막는 데에는 몇 가지 방법이 있다. 가장 기본적으로 필요한 것은 출현 초기에 바이러스를 실시간으로 감지해서 알려주는 조기경보시스템이다. 지금 상황에서 신종 코로나19 바이러스가 출현한 순간부터 경보가 발령될 때까지는 몇 주의 시간이 걸리는데, 이 정도면 경보가 발령되기 전에 인간 생태계로 침투할 가능성이 매우 높다. 그리고 이 상태로 몇 주가 지나면 감염자 수는 수백만에 달할 것이다.

전염병을 추적하는 한 가지 방법은 전 세계 하수도 시스템에 센서를 설치하는 것이다. 특히 혼잡한 도시 주변의 하수를 분석하면 바이러스의 유무를 쉽게 판정할 수 있고, 여기에 신속항원검사를 실행하면 약 15분 안에 바이러스의 발원지를 알아낼 수 있다. 문제는 수백만 개의 하수구에서 수집된 데이터를 디지털 컴퓨터로 분석하면 시간이 너무 오래 걸린다는 것이다. 그러나 양자컴퓨터에게 이런 일은 식은 죽 먹기나 다름없다. 건초더미에서 바늘을 찾는 것은 양자컴퓨터의 주특기다. 미국의 일부 지역에서는 이미 하수도 센서를 이용한 조기경보시스템을 운영하고 있다.

인터넷 연결용 온도계 제조사인 킨사에서는 다른 형태의 경보시스템을 선보였다. 전국에서 발생한 발열 환자의 현황을 분석하여 이상 징후를 찾아내는 식이다. 예를 들어 지난 2020년에 '미국 남부의 병원 여러 곳에서 수천 명이 신종 바이러스에 감염되어 고통받고 있다'는 의외의 뉴스가 보도된 적이 있다. 이때 손을 써보지도 못한 채 많은 사람이 사망했고, 병원은 넘쳐나는 환자 때문에 업무가 마비될 지경이었다.

왜 이렇게 되었을까? 2020년 2월 말에 뉴올리언스에서 마르디그라 축제가 열렸는데, 이날 광장에 모여든 수십만 명의 사람들이 한꺼번에 바이러스에 노출되었을 가능성이 있다. 축제가 끝난 직후에 남부지역 환자들의 체온이 갑자기 높아진 것을 보면, 아마도 '축제 전파설'이 맞을 것이다. 그러나 의사들은 신종 바이러스를 접해본 적이 없었기에 축제가 끝난 후부터 몇 주가 지나서야 전염병의 존재를 알게 되었고, 적절한 치료 시기를 놓친 수많은 환자가 안타깝게 죽어갔다.

미래에는 인터넷에 연결된 온도계나 센서를 통해 데이터를 수집하고, 이것을 양자컴퓨터로 분석하여 전 국민의 체온 분포를 실시간으로 파악하게 될 것이다. 이 데이터를 지도와 함께 분석하면 이상 징후가 나타난 지역을 한눈에 확인할 수 있다.

조기경보시스템을 구축하는 또 한 가지 방법은 전국에서 일어나는 사건이 실시간으로 업데이트되는 소셜미디어를 활용하는 것이다. 예를 들어 인터넷에서 평소와 다른 게시물을 수집해서 분석하는 알고리듬을 만들면 된다. 누군가가 '숨을 쉴 수 없다'거나 '냄새를 맡을 수 없다'는 글을 올리면 양자컴퓨터가 이런 문구를 포착해서 병원에 알리고, 전문 의료요원들이 이런 증상을 추적하여 전염병 감염인지 확인할 수 있다.

이와 비슷한 방법으로 양자컴퓨터는 바이러스가 발생하는 즉시 그 사실을 감지할 수도 있다. 대기 중에 떠다니는 바이러스를 감지하는 센서를 개발하면 된다. 코로나19 창궐 초기에 정부 관리들은 다른 사람과 거리 1.8미터를 유지하는 것만으로도 바이러스 확산을 예방할 수 있다고 장담했다. 그 당시에는 코로나 바이러스가 주로 기침과 재채기를 통해 전염된다고 생각했기 때문이다.

그러나 1.8미터 거리 두기는 결코 안전한 예방책이 아니었다. 그 후에 이루어진 실험에 의하면, 재채기를 타고 방출된 바이러스는 거의 30미터까지 날아갔다. 실제로 바이러스가 전염되는 가장 흔한 경로는 대화이다. 실내에서 노래하거나, 구호를 외치거나, 큰 소리로 떠드는 사람들 옆에 15분 이상 머물면 바이러스에 감염될 확률이 크게 높아진다.

그러므로 미래에는 실내용 센서 네트워크를 통해 공기 중의 바이러스를 감지하고, 이 결과를 양자컴퓨터에 전송하여 위험을 사전에 알리는 조기경보시스템이 우리의 건강을 지켜줄 것이다.

면역체계 해독하기

우리 몸이 자체적으로 보유한 면역체계는 전염병을 물리치는 강력한 무기다. 이 사실은 과거에 개발된 백신을 통해 이미 증명되었다. 그러나 면역체계가 작동하는 원리에 대해서는 알려진 것이 거의 없다.

과학자들은 지금도 면역체계에 대해 새로운 사실을 발견할 때마다 감탄사를 내뱉고 있다. 그중 하나는 많은 질병이 사람을 직접 공격하지 않는다는 것이다. 1918년에 스페인 독감이 창궐했을 때 제1차 세계대전의 총사망자보다 많은 사람이 이 병에 걸려 사망했는데, 안타깝게도 바이러스 샘플이 보존되지 않아서 사망에 이르게 된 과정을 분석하기가 매우 어려웠다. 그런데 몇 년 전에 북극에 도착한 한 무리의 과학자들이 오래전에 그 바이러스로 사망한 후 영구동토층에 갇힌 시신을 발견하여 자세한 사망원인을 조사할 수 있게 되었다.

놀랍게도 그는 질병 때문에 죽은 것이 아니었다. 바이러스가 한 일이라곤 그의 면역체계를 과도하게 자극한 것뿐이었고, 그 결과 면역체계는 바이러스를 죽이기 위해 시토카인cytokine(사이토카인)이라는 위험한 화학물질을 지나치게 많이 생산하여 스스로를 죽인 것이다.

즉, 그의 정확한 사망원인은 바이러스가 아니라 면역체계의 폭주였다.

코로나19 바이러스에서도 이와 비슷한 사례가 발견되었다. 갓 입원한 환자는 상태가 별로 심각하지 않았는데, 질병의 마지막 단계에 이르렀을 때 갑자기 시토카인 수치가 급상승하면서 장기 기능장애를 유발했고, 이 상태에서 적절한 치료 타이밍을 놓친 환자는 대부분 사망했다.

미래에는 양자컴퓨터가 면역체계의 작동 원리를 분자 수준에서 규명하여, 심각한 감염이 일어난 경우에도 면역체계의 폭주로 인해 사망하지 않도록 면역체계를 조금 약하게 조절하거나 아예 무력하게 만들어서 환자의 목숨을 살릴 수 있을 것이다. 면역체계에 대해서는 다음 장에서 좀 더 자세히 다룰 예정이다.

오미크론 바이러스

양자컴퓨터는 변종 바이러스의 특성을 밝히는 데에도 핵심적 역할을 한다. 예를 들어 코로나19 바이러스의 변종인 오미크론은 2021년 11월경에 처음으로 발견되었는데, 이 바이러스의 유전자 서열이 밝혀지자마자 전 세계에 경보령이 떨어졌다. 변이된 형태가 무려 50종이나 되어 델타 바이러스(코로나19 바이러스의 첫 번째 변종–옮긴이)보다 전염성이 훨씬 높았기 때문이다. 그러나 과학자들은 새로 등장한 변종 바이러스가 얼마나 위험한지 알 길이 없었다. 스파이크 단백질(바이러스의 외피에서 바깥쪽으로 돌출된 돌기 형태의 단백질–옮긴이)이 사람의 세포에 훨씬 빠르게 침투해서 지구촌에 대재앙을 몰고 오는 건

아닐까? 그들이 할 수 있는 일이란 그저 지켜보면서 기다리는 것뿐이었다. 그러나 미래의 과학자들은 무력하게 기다리지 않고 양자컴퓨터로 돌연변이 단백질을 빠르게 분석하여 바이러스의 위험도를 판단할 수 있을 것이다.

바이러스의 세부 구조를 알면 그로부터 야기될 사태와 변화의 추이를 예측할 수 있다. 그러나 오미크론 같은 바이러스의 생존전략을 현재의 디지털 컴퓨터로 분석하는 것은 현실적으로 불가능하다. 이런 일은 오직 양자컴퓨터만 할 수 있다. 일단 바이러스의 분자구조가 밝혀지면 바이러스가 신체에 미치는 영향을 양자컴퓨터로 시뮬레이션하여 위험한 정도를 미리 판단하고 대책을 세울 수 있다.

바이러스가 진화하면서 나타난 결과 중에는 인간에게 유리한 것도 있다. 1918년 스페인발 독감처럼 수많은 사람을 죽였을 고대의 바이러스는 지금도 우리와 함께 살고 있지만, 그 사이 여러 차례 돌연변이를 겪으면서 목숨을 위협하는 전염병이 아닌 풍토병의 형태로 존재한다. 진화론에 의하면 바이러스도 다른 종들끼리 치열한 생존경쟁을 벌이고 있으므로, 전염성이 강한 쪽으로 진화하기 위해 무진 애를 쓸 것이다. 따라서 새로 등장한 돌연변이는 이전 세대보다 대체로 전염성이 높다. 그러나 숙주인 인간이 너무 많이 사망하면 번식을 위한 매개체가 줄어들기 때문에, 바이러스는 '전염성은 높지만 사람에게 치명적이지 않은' 쪽으로 진화하는 경향이 있다. 즉, 바이러스는 진화를 거듭할수록 전염성이 강해지고 치명률은 낮아진다. 그러므로 오랜 세월 동안 우리를 괴롭혀온 감기처럼, 코로나19 바이러스도 인간과 더불어 살아가게 될 것이다.

미래

항생제와 백신은 현대의학의 기초이다. 그러나 항생제는 대부분 시행착오를 거치면서 어렵게 발견되었고, 백신은 면역체계를 자극하여 바이러스와 싸울 항체를 만들어낼 뿐이다. 따라서 현대의학의 가장 큰 목표는 바이러스의 첫 번째 방어선인 새로운 항생제를 개발하고, 가장 무서운 살인자인 암에 대비하여 신체의 면역반응을 이해하는 것이다. 면역체계의 미스터리가 양자컴퓨터를 통해 풀린다면 암과 알츠하이머, 파킨슨병, 루게릭병과 같은 난·불치병의 치료법도 알 수 있을 것이다. 이런 질병은 분자 수준에서 피해를 주기 때문에, 오직 양자컴퓨터만이 문제를 해결할 수 있다. 다음 장에서는 양자컴퓨터를 이용하여 면역체계의 비밀을 밝히고 면역력을 강화하는 방법에 대해 좀 더 자세히 알아보기로 하자.

11장.

유전체 편집과 암 치료

1971년, 미국의 리처드 닉슨 대통령은 모든 국민이 지켜보는 가운데 '암과의 전쟁'을 대대적으로 선포하면서 '이 심각한 재앙을 현대의학이 종식시켜줄 것'이라고 장담했다.

그러나 몇 년 후 사회학자와 역사가들은 그간의 성과를 냉철하게 분석한 끝에, 결국 '암의 승리'로 결론지었다. 각종 수술과 화학요법, 방사선 치료 등 암과 싸우는 방법은 이전보다 다양해졌지만, 암으로 인한 사망자 수는 별로 달라지지 않았기 때문이다. 지금도 암은 미국인의 사망원인 순위에서 심혈관계 질환에 이어 두 번째 자리를 굳건하게 지키고 있으며, 2018년에 세계 인구 중 950만 명이 암으로 사망했다.

암과의 전쟁에서 패한 가장 큰 이유는 과학자들이 암의 실체를 제대로 파악하지 못했기 때문이다. 암은 단 한 가지 원인으로 발생하는 병일까? 아니면 식습관과 오염된 대기, 유전적 요인, 바이러스, 방사선, 흡연 등이 불운하게 겹쳐서 나타난 결과일까?

과학자와 의사들은 이 문제를 놓고 수십 년 동안 치열한 공방을 벌이다가, 유전학과 생명공학이 발달하면서 드디어 답을 알게 되었다. 가장 근본적인 단계에서 볼 때 암은 유전자에 나타난 질병이지만, 주변 환경에 퍼진 독성물질과 방사선 등 다른 요인에 의해 발생할 수 있으며, 순전히 운이 나빠서 걸릴 수도 있다. 실제로 암은 하나의 질병이 아니라 유전자가 수천 가지로 변이를 일으키면서 나타난 결과이다. 간단히 말해서 암이란 건강한 세포가 갑자기 비정상적으로 증식하여 숙주를 죽이는 현상인데, 모든 가능한 경우를 일목요연하게 정리한 암 백과사전도 이미 나와 있다.

암은 믿기 어려울 정도로 다양하면서 지구 곳곳에 널리 퍼진 유서 깊은 질병이다. 심지어 수천 년 된 미라에서도 암세포가 발견되었으며, 기원전 3000년에 작성된 고대 이집트 문헌에도 암에 관한 기록이 남아 있다. 그러나 암 때문에 죽는 것은 인간만이 아니다. 암을 앓다가 죽는 사례는 동물의 세계에서도 쉽게 찾을 수 있다. 어떤 의미에서 보면 암이란 지구에 복잡다단한 생명체를 유지하기 위해 우리가 치러야 할 대가일지도 모른다.

살아 있는 세포 안에서는 복잡하기 그지없는 화학반응이 특정 순서를 따라 끊임없이 진행되고 있다. 이런 세포 수조 개로 이루어진 생명체가 성장하려면 새로운 세포가 만들어져야 하고, 이들이 정해진 위치에 자리를 잡으려면 그곳에 있던 늙은 세포는 반드시 죽어야 한다. 갓 태어난 아기의 몸에 있는 세포도 성장을 위해 죽을 수밖에 없다. 이는 곧 세포가 어떤 특별한 상황이 되면 스스로 죽도록 유전적으로 프로그램되어 있다는 뜻이다. 이처럼 개개의 세포는 새로운 조직과 기관을 만들기 위해 자신을 기꺼이 희생하는데, 이것을 의학용어로 '세포자멸사apoptosis'라 한다.

세포가 계획에 따라 죽는 것은 건강한 신체발달을 위해 반드시 필요한 과정이지만, 가끔은 프로그램이 오작동을 일으켜서 유전자의 기능이 불시에 꺼져 세포가 계속 번식하고 증식할 수 있다. 이들은 스스로 재생산을 멈출 수 없으므로, 어떤 의미에서 암세포는 불멸의 세포라 할 수 있다. 이들이 통제할 수 없을 정도로 과하게 성장하면 악성종양이 되어 중요한 신체기능을 저하시키고, 결국 주인을 죽이게 되는 것이다.

간단히 말해서, 암세포는 '죽는 방법을 잊어버린' 평범한 세포이다.

암의 최초 원인이 몸속에서 발생한 후 발발할 때까지는 종종 수년에서 수십 년이 걸린다. 예를 들어 어렸을 때 강한 햇빛에 화상을 입었다가 수십 년 후 그 부위에 피부암이 발생하는 경우도 있다. 평범한 세포가 암세포로 변하려면 여러 차례의 돌연변이를 겪어야 하는데, 암이 발생할 정도로 돌연변이가 축적되려면 보통 수십 년이 걸리기 때문이다. 이 상태에 이르면 세포는 번식을 제어하는 능력을 상실하고 무제한으로 불어나면서 최악의 결과를 초래한다.

그런데 여기에는 한 가지 이상한 점이 있다. 암이 그토록 치명적인 병이라면, 생명체는 수백만 년 동안 진화를 거치면서 결함이 있는 유전자를 제거했어야 한다(물론 자신의 의지로 제거한다는 뜻이 아니라, 오랜 세월에 걸친 자연선택에 의해 암에 취약한 유전자를 가진 생명체들이 도태된다는 뜻이다-옮긴이). 그런데 생명체 대부분은 지금도 여전히 암으로 사망하고 있다. 왜 그럴까? 그 이유는 생명체의 가장 중요한 임무인 생식과 관련되어 있다. 암 대부분은 생식 기간이 끝난 후에 발발하기 때문에, 굳이 암 유전자를 제거하지 않아도 번식에 큰 문제가 없었던 것이다.

우리는 진화가 자연선택과 우연을 통해 진행된다는 사실을 종종 잊곤 한다. 생명을 유지하는 분자 메커니즘은 경이롭기 그지없지만, 그것은 수십억 년에 걸친 시행착오와 무작위로 일어난 돌연변이의 산물일 뿐이다. 그러므로 우리 몸이 치명적인 질병에 대비하여 완벽한 방어능력을 갖추기를 바라는 것은 어느 모로 보나 무리한 요구이다. 암을 유발하는 돌연변이의 종류가 엄청나게 많다는 점을 감안할 때, 이 산더미 같은 정보를 분석해서 질병의 근원을 알아내려면 반드시 양자컴퓨터의 도움을 받아야 한다. 사실 양자컴퓨터야말로 질병을 예방하고 물리치는 데 가장 적합한 도구이다. 이 강력한 도구를 십분 활용하면 암을 비롯하여 알츠하이머, 파킨슨병, 루게릭병과 같은 난치병을 다스릴 수 있을 것이다.

액체생검

우리는 암 발생 여부를 어떻게 알 수 있을까? 안타깝게도 알 수 없는 경우가 태반이다. 암의 징후는 매우 모호하기 때문에 조기 감지가 어려운 병으로 정평이 나 있다. 그리고 종양이 형성될 때쯤에는 이미 수십억 개의 암세포가 몸을 점령한 상태여서 수술이나 방사선 치료, 또는 화학요법으로 종양을 제거해도 별 소용이 없다.

하지만 종양이 형성되기 전에 비정상적인 세포를 찾아내면 암의 확산을 막을 수 있지 않을까? 그렇다. 가능하다. 그리고 이 과정에서 양자컴퓨터가 핵심적 역할을 할 수 있다.

요즘 우리는 의사를 정기적으로 방문하여 혈액검사를 받는다. 며칠 후에는 '건강에 이상 없음'이라고 적힌 건강진단서를 받고 속으로 흐뭇해한다. 그러나 이런 사람도 나중에 느닷없이 명백한 암의 징후가 나타날 수 있다. 이게 무슨 날벼락인가? 간단한 혈액검사로는 왜 암을 발견할 수 없는가?

주된 이유는 우리의 면역체계가 암세포를 감지하지 못하기 때문이다. 암세포는 레이더 아래로 저공비행을 하고 있다. 그들은 면역 레이더망에 쉽게 포착되는 외부 침입자가 아니라 비정상적으로 돌변한 우리 몸의 세포이기 때문에, 면역반응을 분석하는 혈액검사로는 그 존재를 감지할 수 없다.

암 종양이 세포와 분자를 체액으로 배출한다는 것은 100년 전부터 알려진 사실이다. 실제로 암세포와 그 분자는 혈액과 소변, 뇌척수액에서 발견되며, 심지어 타액(침)에서 발견되는 경우도 있다.

안타깝게도 이것은 이미 몸속에 수십억 개의 암세포가 자라난 후에야 나타나는 현상이다. 그래서 체액에서 암세포가 발견되면 대부분 종양 제거 수술에 들어간다. 그러나 최근 들어 유전공학자들은 (외부로 유출되지 않은) 혈액이나 기타 체액 속에서 암세포를 탐지하는 기술을 개발했다. 앞으로 이 기술이 더욱 정밀하게 개선되어 암세포가 수백 개에 불과한 초기에 이상 징후를 감지한다면, 암 종양이 생기기 몇 년 전부터 다양한 대비를 할 수 있을 것이다.

그러나 일반인이 암에 대비한 조기경보시스템을 활용할 수 있게 된 것은 불과 몇 년 전의 일이었다. 그중 하나인 '액체생검液體生檢, liquid biopsy'은 빠르고 간편한 다목적 암세포 탐지법으로, 암 치료에 새로운 전기를 마련해줄 것으로 기대되고 있다.

리즈 쿼와 제나 애런슨은 미국 의학저널 〈미국관리의료저널American Journal of Managed Care〉에 기고한 글에서 다음과 같이 주장했다. "암을 대상으로 한 액체생검은 암세포를 골라내는 혁신적 선별도구로서, 최근 몇 년간 확보한 임상실험 데이터는 우리에게 매우 낙관적인 미래를 보여주고 있다."[1]

현재 액체생검은 최대 50종의 암세포를 탐지할 수 있다. 그러므로 병원을 정기적으로 방문해서 검사를 받으면, 암이 목숨을 위협하기 전에 조기발견이 가능하다.

미래에는 화장실 변기에 부착된 센서가 체액에 실려 떠도는 암세포와 효소, 유전자 등의 이상 징후를 조기에 감지하여 알려줄 것이다. 이쯤 되면 암은 감기와 비슷한 수준의 '지나가는 병'에 불과하다. 센서를 심은 '스마트변기'가 암을 저지하는 첫 번째 방어벽 역할을 해준 덕분이다.

암을 유발하는 돌연변이는 수천 가지나 되지만, 그 식별법을 양자컴퓨터에게 학습시키면 간단한 혈액검사로 다양한 암을 조기에 감지할 수 있다. 우리의 유전자지도는 자신도 모르는 사이에 매일, 또는 매주 스캔되고, 이 데이터를 먼 곳에 있는 양자컴퓨터가 철저하게 분석하여 유해한 돌연변이를 찾아줄 것이다. 물론 이런 조치로 암을 치료할 수는 없지만, 암이 퍼지는 것을 미연에 방지하여 감기와 비슷한 수준으로 위험도를 낮출 수는 있다.

사람들은 종종 묻는다. "그 똑똑한 과학자들이 감기 같은 하찮은 병의 치료제를 왜 만들지 못하는가?" 사실은, 만들 수 있다. 하지만 감기를 유발하는 리노바이러스rhinovirus는 300종이 넘고, 이들이 계속 변이를 일으키고 있기 때문에, 움직이는 표적을 맞히는 식으로 300개의 백신을 일일이 개발하는 것은 의미가 없다. 그저 약간의 불편을 감수하면서 감기와 함께 살아가는 것이 상책이다.

바로 이것이 암의 미래일지도 모른다. 미래의 암은 사형선고가 아니라 귀찮은 질환 정도로 여겨질 수도 있다. 암을 유발하는 유전자가 너무 많아서, 모든 유전자에 대한 치료법을 일일이 개발하는 것은 현실적으로 불가능하다. 그러나 몸속에 암세포가 퍼지기 몇 년 전에 양자컴퓨터로 감지할 수 있다면, 이들이 수백 개 정도의 작은 군체일 때 일망타진하여 더 이상 자라는 것을 막을 수 있다.

결론적으로 말해서 미래에도 우리는 언제든지 암에 걸릴 수 있지만, 암으로 사망하는 사람은 찾아보기 힘들 것이다.

암 냄새 맡기

암을 조기에 발견하는 또 한 가지 방법은 센서를 이용하여 암에서 방출되는 희미한 냄새를 감지하는 것이다. 냄새에 민감한 센서를 스마트폰에 부착해놓고 다니다가 여기 감지된 냄새 성분을 양자컴퓨터의 클라우드에 보내서 분석하면 암을 비롯한 여러 가지 질병을 예방할 수 있다. 양자컴퓨터는 전국에 있는 수백만 개의 '로봇 코'에서 보내온 데이터를 분석하여 암의 진행을 막아준다.

냄새 분석은 이미 현장에서 확실하게 검증된 진단법이다. 예를 들어 공항에서는 코로나19 감염자를 판별할 때 개를 사용하고 있다. 전

형적인 PCR 테스트는 결과가 나올 때까지 며칠이 걸리지만, 특별히 훈련된 개는 10초 안에 95퍼센트의 정확도로 감염자를 찾아낸다. 헬싱키를 비롯한 여러 공항에서는 이 방법으로 승객의 감염 여부를 검사하고 있다.

잘 훈련된 개는 폐암, 유방암, 난소암, 방광암, 전립선암을 식별할 수 있다. 특히 환자의 소변 냄새에서 전립선암을 식별하는 능력은 99퍼센트의 정확도를 자랑한다. 한 연구 결과에 의하면 개의 정확도는 유방암 88퍼센트, 폐암 99퍼센트이다.

개의 후각이 이토록 예민한 이유는 후각수용체가 엄청나게 많기 때문이다. 사람의 후각수용체는 500만 개에 불과하지만, 개는 2억 2천만 개나 된다. 그러므로 개의 후각은 사람과 비교가 안 될 정도로 정확하다. 일반적으로 개는 1조분의 1의 농도를 감지할 수 있는데, 이 정도면 올림픽 수영장 20개에 해당하는 물에 액체 한 방울을 떨어뜨려도 감지할 수 있는 수준이다. 또한 개의 두뇌에서 냄새를 분석하는 영역은 인간의 그것보다 훨씬 크다.

그러나 개가 코로나19 바이러스나 암을 식별하도록 훈련하려면 몇 달이 걸리고, 현장 투입이 가능할 정도로 숙련된 개도 별로 많지 않다. 개에게 의존하지 않고 우리가 보유한 기술을 이용하여 수백만 명을 대상으로 이런 분석을 실행할 수는 없을까?

9.11 테러가 발생한 직후에 나는 한 TV 방송국에서 미래기술을 주제로 마련한 특별 오찬에 초대된 적이 있는데, 운 좋게도 미국의 미래기술을 선도하는 DARPA(미국 방위고등연구계획국)의 관계자 옆에 앉게 되었다. 그동안 DARPA에서 추진했던 프로젝트는 거의 전설에 가까운 성공을 거뒀는데, 그중 몇 개만 나열하자면 NASA, 인터넷, 무인

자동차, 스텔스 폭격기 등이다. 나는 궁금증을 참지 못하고 그에게 오랫동안 품어왔던 질문을 던졌다.

> 나: DARPA에서는 환상적인 도구를 수도 없이 발명했는데, 폭발물을 정확하게 감지하는 센서는 왜 아직 나오지 않는 겁니까? 그 일은 아직도 기계보다 개가 훨씬 잘하던데요.

> DARPA 관계자: (잠시 침묵하다가) 최첨단 센서와 개는 근본적으로 다릅니다. 우리도 이 과제를 신중하게 연구해왔는데, 결국 한계에 부딪혔습니다. 개는 후각신경이 극도로 예민해서 분자 1개의 냄새까지 포착할 수 있지만, 우리가 만든 인공센서는 아무리 노력해도 그 수준에 도달할 수 없었습니다.

이 대화를 나누고 몇 년이 지난 후, DARPA에서는 개와 성능이 비슷한 로봇 코에 소정의 상금을 걸고 공모전을 개최했다.

MIT의 물리학자 앤드레이어스 메르신은 이 공모전에 각별한 관심을 가진 사람 중 하나이다. 그는 얼마 전에 개가 방광염 환자를 포착하는 현장을 목격한 후로 질병을 냄새로 감지하는 개의 기적 같은 능력에 완전히 매료되었다. 한 환자가 병원에서 암 검사를 받은 후 정상이라는 결과를 전해 듣고 안도의 한숨을 쉬었는데, 병원에서 활약하던 암 탐지견이 그를 계속 쫓아다니며 "이 사람, 암에 걸렸어요!"라는 신호를 보내왔다. 개의 반응은 한결같았다. 걱정이 된 그는 재검사를 받았고 표준적인 검사로는 발견할 수 없는 아주 초기 단계의 방광암 세포가 발견되었다.

이 놀라운 능력을 기계로 재현할 수는 없을까? 곧바로 메르신은 암을 포함한 여러 질병을 마이크로센서로 감지하여 휴대폰으로 경고메시지를 보내는 '나노-코' 개발에 착수했다. 현재 MIT와 존스홉킨스대학교의 과학자들은 개의 코보다 200배 민감한 마이크로센서 개발에 성공했다.

이 기술은 아직 실험 단계여서 암에 대한 소변 샘플 하나를 분석하는 데 약 1000달러가 들어가지만, 메르신은 나노-코가 휴대폰의 카메라처럼 상용화되는 날을 그리며 연구에 매진하고 있다. 그러나 이 장치가 널리 보급되면 수억 개의 휴대폰과 센서에서 전송된 엄청난 양의 데이터를 처리해야 하는데, 이 작업을 수행할 수 있는 도구는 역시 양자컴퓨터밖에 없다. 양자컴퓨터에 탑재된 인공지능으로 데이터를 분석하여 암의 징후가 발견되면 사용자에게 조기경보를 날려주는 식이다. 이 시기는 대체로 암세포가 종양으로 자라기 몇 년 전일 것이므로, 암으로 인한 사망자 수를 크게 줄일 수 있다.

미래에는 암이 위험한 단계로 자라기 전에 쉽고 조용하게 탐지하는 다양한 방법이 등장할 것이다. 암세포를 찾아서 양자컴퓨터에 전송하는 액체생검과 냄새탐지기도 그중 하나이다. 요즘 사람들이 '블러드레팅bloodletting'(과거에 치료의 일환으로 피를 뽑던 행위 - 옮긴이)이나 '(의료용) 거머리'라는 단어를 거의 사용하지 않는 것처럼, '종양tumor'이라는 단어도 사어死語가 될 가능성이 높다.

그런데 암세포가 이미 신체 각 부위로 퍼진 상태라면 어떻게 해야 할까? 양자컴퓨터는 이미 공격 모드로 전환한 암세포를 물리칠 수 있을까?

면역요법

암이 뒤늦게 발견되었을 때 병원에서 취할 수 있는 조치는 크게 세 가지가 있다. (1)수술을 해서 종양을 잘라내거나, (2)방사선(X선이나 입자빔)을 쪼여서 암세포를 죽이거나, (3)화학요법(항암제)을 써서 암세포를 독살하는 것이다. 그런데 최근에는 유전공학을 이용한 '면역요법immunotherapy'이 등장하여 세간의 관심을 끌고 있다. 이 치료법에는 여러 가지 버전이 있지만, 모두 환자의 면역체계를 이용한다는 공통점을 갖고 있다.

앞서 말한 바와 같이, 면역체계는 암세포를 쉽게 판별하지 못한다. 예를 들어 우리 몸의 T세포와 B세포는 외부에서 유입된 항원을 식별하여 나중에 죽이도록 프로그램되어 있지만, 암세포는 백혈구가 보유한 '퇴치 대상 목록'에 들어 있지 않다. 즉, 암세포는 면역계의 레이더를 피해 저공비행을 하고 있다. 이들을 잡아내려면 암을 감지하고 공격할 수 있도록 면역체계의 힘을 인위적으로 강화해야 한다.

한 가지 방법은 암의 유전자 서열을 분석해서 완전한 리스트를 확보한 후, 환자의 몸에서 추출한 암세포와 비교하여 암의 종류와 진행 상황을 알아내는 것이다. 그런 다음 환자의 몸에서 백혈구를 추출하여 바이러스를 통해 암의 유전정보를 주입하면(원래 백혈구는 암세포를 적으로 간주하지 않았다), 백혈구는 문제의 암세포를 적으로 식별할 수 있게 된다. 이렇게 재프로그램된 백혈구를 환자의 몸에 주입하여 자체 면역체계로 암을 퇴치한다는 원리이다.

이 방법은 암이 몸 전체에 퍼진 말기 환자의 경우에도 치료 불가능한 형태의 암세포를 공격한다는 점에서 커다란 주목을 받았다. 의사로부터 '더 이상 손쓸 방법이 없다'며 최후통첩을 받은 말기 환자들 중 면역요법으로 회복된 사례도 있다. 면역요법은 지금까지 방광암, 뇌암, 유방암, 자궁경부암, 결장암, 직장암, 식도암, 신장암, 간암, 폐암, 림프암, 피부암, 난소암, 췌장암, 전립선암, 뼈암, 위암, 그리고 백혈병 환자에게 적용되었는데, 성공률이 들쭉날쭉해서 결론을 내리기에는 시기상조이다.

면역요법에는 단점도 있다. 암의 종류는 수천 가지나 되는데, 이 방법으로 치료 가능한 암은 별로 많지 않다. 또한 백혈구의 유전적 특성을 인위적으로 바꿔놓았기 때문에 의도했던 변형이 완벽하게 구현된다는 보장이 없고, 치명적인 부작용이 발생할 수도 있다.

그러나 양자컴퓨터의 도움을 받으면 완벽한 치료가 가능해진다. 현재 면역요법이 불완전한 이유는 모든 암세포의 유전자를 규명하지 못했기 때문인데, 양자컴퓨터를 이용하면 방대한 데이터를 체계적으로 분석하여 모든 암세포의 유전자 서열을 파악할 수 있다. 물론 디지털 컴퓨터로는 꿈도 못 꿀 일이다. 한번 상상해보라. 모든 국민으로부터 한 달에 몇 번씩 체액에서 채취한 게놈(유전자 서열. 1인당 약 2만 개)을 조용히, 그러나 효율적으로 판독하여 데이터베이스에 저장해놓고, 지금까지 알려진 수천 가지 암의 유전자와 일일이 비교하여 잠재적인 암 환자를 찾아낸다. 물론 이 정도로 규모가 큰 조기경보시스템을 운영하려면 양자컴퓨터 인프라를 확보하고 국민의 적극적인 협조도 필요하지만, 한번 구축되기만 하면 암 사망자 수가 획기적으로 줄어들 것이다.

역설적인 면역체계

사람의 면역체계에는 오랫동안 풀리지 않은 수수께끼가 있었다. 우리 몸이 외부에서 침입한 항원을 파괴하려면, 우선 그것을 식별할 수 있어야 한다. 바이러스와 박테리아의 종류는 거의 무한대에 가까운데, 면역체계는 이 다양한 가능성 속에서 아군과 적군을 어떻게 구별하는 것일까? 또 이전에 한 번도 접해본 적 없는 병균과 마주쳤을 때, 그 잠재적 위협을 어떻게 알아채는 것일까? 이는 마치 경찰관이 군중 속에서 한 번도 본 적 없는 범인을 잡아내는 것과 같다.

언뜻 생각하면 도저히 불가능할 것 같다. 경찰관이 범인의 얼굴을 모르면 하다못해 '범죄형 얼굴'이라도 상상하면서 군중 속을 뒤질 텐데, 그 범죄형 얼굴의 종류가 무한히 많으면 아무 소용이 없다.

그러나 생명체는 오랜 세월 동안 진화를 거듭하면서 기발한 방법을 고안해냈다. 예를 들어 B-백혈구는 세포벽에서 Y자 모양으로 돌출된 항원수용체antigen receptor(암세포의 특정 단백질에 결합하도록 고안된 특수 수용체 - 옮긴이)를 갖고 있다. 백혈구의 임무는 Y 수용체의 끝부분을 위험한 항원에 고정해서 즉각적으로 죽이거나, 나중에 죽이도록 표식을 남기는 것이다. 백혈구는 이런 방법으로 위험한 항원을 걸러내고 있다.

백혈구가 처음 생성될 때에는 Y 수용체 끝부분(특정 항원에 반응하는 곳)의 유전자 코드가 무작위로 혼합되는데, 바로 이것이 방어 전략의 핵심이다. 외부 항원을 인식하는 기관이 특정한 규칙에 따라 만들어진다면 특정 침입자만 인식하고 나머지는 속수무책일 텐데, 마구잡이로 만들어지기 때문에 거의 모든 항원을 판별할 수 있다. 물론 여기에는 원래 몸속에 있는 항원도 포함된다. 아군이건 적군이건 가리지 않고 자신이 마주칠 수 있는 거의 모든 대상의 유전자 코드를 갖고 있는 것이다. (소수의 아미노산으로 만들 수 있는 유전자 코드는 엄청나게 많다. 사람의 몸에서 작용하는 20종의 아미노산을 예로 들어보자. 10개의 아미노산 사슬을 형성하는 경우, 각 슬롯에 20개의 아미노산이 있으므로 가능한 배열의 수는 $20 \times 20 \times 20 \times \cdots = 20^{10}$개이다. 이 값을 B세포 수용체의 실제 수와 비교하면 약 10^{12}개의 서로 다른 조합이 가능하다. 즉, 수용체는 막강한 블랙리스트를 갖고 있어서, 거의 모든 항원을 식별할 수 있다.)

Y 수용체가 무작위로 형성되다보면 원래 주인의 몸에 있는 아미노산 유전자 코드가 포함된 수용체는 서서히 사라지고, 위험한 항원의 유전자 코드를 가진 Y 수용체만 남게 된다. 이런 방식으로 Y 수용체는 전에 한 번도 만난 적 없는 위험한 항원을 공격할 수 있다.

수많은 군중 속에서 범인을 찾는 경찰관이 무죄가 확실한 사람들의 명단을 갖고 있으면 범인을 찾기가 훨씬 쉬워진다. 명단에 있는 사람들을 걸러내고 나면 범인은 무조건 남은 사람 중에 있다.

우리는 수십억 종의 박테리아와 바이러스가 우글대는 미생물의 바다에서 살고 있으므로, 이런 식의 면역체계는 놀라울 정도로 효과적이다. 그러나 가끔은 역효과를 낳을 때도 있다. 예를 들어 몸에서 발견되는 유전자 코드를 삭제할 때(즉, 아군을 용의자 명단에서 지울 때), 일부가 삭제되지 않고 그대로 남는 경우가 있다. 이렇게 되면 유용한 코드 중 일부가 제거 대상으로 남아서 면역체계의 공격을 받게 된다. 경찰관이 무고한 시민을 모두 걸러내지 않아서 죄 없는 시민이 용의선상에 오른 것이다.

이런 오류가 발생하면 면역체계가 자기 몸을 공격하면서 다양한 질병을 야기한다. 이것이 소위 말하는 '자가면역질환autoimmune disease'으로, 류마티스관절염과 낭창狼瘡(결핵성 피부염의 일종. 루푸스lupus라고도 한다-옮긴이), 제1형 당뇨병, 다발경화증 등이 여기에 속한다.

이와 반대로 면역체계가 좋은 코드를 제거하면서 나쁜 코드까지 함께 제거하는 경우도 있다. 즉, 무고한 사람을 용의자 명단에서 지울 때 일부 용의자까지 함께 지우는 경우이다. 만일 오류로 지워진 유전자 코드가 심각한 질병을 일으키는 항원이라면, 면역체계는 그 질병에 대해 무방비 상태가 된다. 암 중에는 이런 오류로 인해 발생하는 것도 있다.

위험한 항원을 식별하는 것은 전적으로 양자역학적 과정이다. 디지털 컴퓨터로는 면역체계가 정상적으로 작동하기 위해 분자 수준에서 진행되는 일련의 과정을 절대 재현할 수 없다. 그러나 여기에 양자컴퓨터를 투입하면 면역체계가 부리는 마법의 원리를 일목요연하게 밝혀줄 것이다.

크리스퍼

유전자의 일부를 자르거나 끼워넣는 크리스퍼(CRISPR) 기술을 양자컴퓨터와 결합하면 치료 효과를 극대화할 수 있다. 양자컴퓨터로 복잡한 유전질환을 식별하여 분리한 후 크리스퍼로 치료하면 된다.

1980년대에 과학자들 사이에서 손상된 유전자를 복구하는 유전자 치료가 초유의 관심사로 떠올랐다. 인간을 괴롭히는 유전병은 그 종류만 해도 1만 가지가 넘는다. 과학자들은 과학을 이용하여 생명의 코드를 다시 작성해서 자연이 저지른 실수를 바로잡을 수 있다고 믿었으며, 개중에는 유전자 치료를 적극적으로 도입하면 건강뿐 아니라 인류의 지능까지 높일 수 있다고 주장하는 사람도 있었다.

유전공학자들이 처음에 세운 목표는 게놈의 몇 글자가 틀려서 발생하는 비교적 간단한 유전병을 치료하는 것이었다. 아메리카 흑인들이 자주 걸리는 낫적혈구빈혈(겸상적혈구빈혈)과 주로 북유럽에서 발견되는 낭성섬유증, 그리고 유대인들이 자주 걸리는 테이-삭스병이 여기에 속한다. 많은 의사들은 이런 유전병이 유전자 코드를 수정해서 간단하게 치료되기를 바랐다.

(과거에 유럽 왕실에서는 근친결혼이 빈번했기 때문에 유전병을 앓는 사람이 유난히 많았다. 그런데 역사를 좌우한 사람들은 주로 왕족이었으므로, 왕실의 유전병이 세계사를 바꿨을 수도 있다. 예를 들어 영국의 조지 3세는 유전병을 앓다가 끝내 정신줄을 놓아버렸는데, 일부 역사가들은 그의 광기 때문에 미국 독립혁명이 일어났다고 주장한다. 또 러시아 황제 니콜라스 2세의 아들은 혈우병 환자였는데(혈우병은 유전병이다 – 옮긴이), 왕실 사람들이 '왕자의 병을 치료할 수 있는 사람은 마법사 라스푸틴밖에 없다'고 믿는 바람에 라스푸틴의 위세가 왕실을 위태롭게 만들고 약속했던 개혁이 계속 미뤄지다가 결국 1917년에 러시아혁명이 발발했다.)

초기의 유전공학 실험은 면역요법과 비슷한 방법으로 진행되었다. 우선 환자의 몸속에 생성되기를 원하는 유전자를 무해한 바이러스에 주입하고 숙주를 공격할 수 없도록 수정을 가한 후, 바이러스를 환자에게 주입하여 '원하는 유전자'에 감염시키는 방식이다.

그러나 곧바로 부작용이 발생했다. 환자의 몸이 바이러스를 적으로 판단하고 공격을 가해온 것이다. 그래도 유전공학자들은 희망의 끈을 놓지 않고 실험을 계속했지만, 1999년에 한 환자가 유전자 시술을 받은 후 사망하자 투자자들이 자금을 회수하고 일부 병원에서 유전자 치료를 금지하는 등 심각한 후유증이 뒤따랐다. 그리하여 유전자 치료 연구 프로그램은 대폭 축소되었으며, 유전공학자와 의사들은 대부분의 치료법을 수정하거나 중단할 수밖에 없었다.

한바탕 된서리를 맞은 유전자 치료는 최근 들어 자연이 바이러스를 공격하는 방식이 밝혀지면서 획기적인 발전을 이룩하게 된다. 사람들은 흔히 박테리아와 바이러스를 '온갖 질병을 일으키는 나쁜 놈들'로 묶어서 생각하는 경향이 있다. 그러나 바이러스는 사람뿐만 아니라 박테리아도 공격한다. 그렇다면 박테리아는 바이러스의 공격을 어떻게 막아내고 있을까? 놀랍게도 박테리아는 이미 수백만 년 전에 자신의 몸에 침입한 바이러스의 유전자를 '자르는' 기술을 개발했다. 바이러스가 공격을 시도하면 박테리아는 자신이 겨냥한 정확한 지점에서 바이러스의 유전자를 절단하는 화학물질을 대량으로 살포한다. 유전자가 잘린 바이러스는 더 이상 바이러스가 아니므로 박테리아를 공격할 수 없다. 과학자들은 이 강력한 메커니즘을 이용하여 바이러스의 유전자를 원하는 위치에서 잘라내는 데 성공했고, 이 혁명적인 연구를 선도한 에마뉘엘 샤르팡티에와 제니퍼 다우드나는 2020년에 노벨 화학상을 받았다.

사람들은 이 환상적인 기술을 문서작성용 워드프로세서에 비유하곤 한다. 과거에 쓰던 타자기는 글자를 순차적으로 쓸 수밖에 없었기에, 한 번 오타가 나면 수정액을 발라서 고치거나 아예 처음부터 다시

작성해야 했다. 그러나 워드프로세서는 글의 일부를 지우거나 재배열하는 등 편집이 매우 편리해서 문서작성뿐만 아니라 다양한 용도로 사용할 수 있다(컴퓨터 프로그램을 타자기로 짠다고 상상해보라. 악몽도 그런 악몽이 없을 것이다 – 옮긴이). 이와 마찬가지로 언젠가는 크리스퍼 기술이 최근 급속도로 발전한 유전공학에 적용되어 유전병 치료의 새로운 장을 열게 될 것이다.

유전공학자들은 p53이라는 유전자를 특히 주목하고 있다. 이 유전자가 변이를 일으키면 유방암, 대장암, 간암, 폐암, 난소암 등 다양한 암이 발생한다. 알려진 바에 의하면 암의 종류 중 거의 절반이 p53과 관련되어 있다. 그 이유는 아마도 이 유전자가 유난히 길어서 돌연변이가 발생할 여지가 많기 때문일 것이다. 사실 p53은 종양을 억제하는 유전자로서, 암의 성장을 막는 데 핵심적 역할을 하기 때문에 '게놈의 수호자'로 불리기도 한다.

그러나 p53이 변이를 일으키면 암세포에서 가장 흔하게 발견되는 유전자로 돌변한다. 실제로 특정 부위의 돌연변이는 특정 암과 밀접하게 관련되어 있다. 예를 들어 담배를 오랫동안 피워온 사람은 종종 p53의 특정한 세 가지 돌연변이에 의해 암이 발생하는데, 이것은 담배가 폐암의 원인이라는 간접적 증거가 될 수 있다.

미래에는 유전자 치료와 크리스퍼를 이용하여 p53 유전자의 오류를 수정하고, 여기에 면역요법과 양자컴퓨터를 도입하여 다양한 형태의 암을 치료할 수 있게 될 것이다.

면역요법은 (드물긴 하지만) 환자가 사망하는 등 부작용이 나타날 수 있다. 가장 큰 이유는 아마도 암 유전자를 자르고 붙이는 기술이 부정확하기 때문일 것이다. 예를 들어 p53은 매우 긴 유전자이므로 절단

과정에서 오류를 범할 소지가 많다. 양자컴퓨터를 도입하면 이런 치명적인 부작용이 크게 줄어들 것으로 기대된다. 양자컴퓨터가 특정 암세포의 유전자 안에 있는 분자구조를 해독해서 정밀한 지도를 작성하면, 크리스퍼로 원하는 부위를 정확하게 자를 수 있다. 그러므로 유전자 치료와 크리스퍼에 양자컴퓨터를 결합하면 유전자를 최고의 정밀도로 정확하게 절단하고 이어붙여서 부작용을 최소화할 수 있을 것이다.

크리스퍼 유전자 치료

클라라 로드리게즈 페르난데즈는 생명공학 전문 매체 〈라바이오테크 Labiotech〉에 게시된 글에서 "크리스퍼를 사용하면 유전자 돌연변이를 원하는 대로 편집하여 유전과 관련된 모든 병을 치료할 수 있다"고 주장했다.[2] 1차 치료 대상은 단일 돌연변이에서 생긴 유전질환이다. 그녀의 글은 다음과 같이 계속된다. "단일 돌연변이로부터 발생한 유전질환만 해도 1만 개가 넘는다. 크리스퍼는 모든 유전적 오류를 수정하여 궁극적으로 모든 질병을 치료할 수 있는 환상적인 기술이다." 지금과 같은 추세로 연구가 진행된다면, 머지않아 다중 돌연변이로 인한 질병에 대한 연구도 가능할 것이다.

현재 크리스퍼로 치료 가능한 유전자 관련 질병은 다음과 같다.

1. 암

펜실베이니아대학교의 과학자들은 크리스퍼를 이용하여 암세포가 면역체계를 피하도록 만들어주는 3개의 유전자를 제거하고, 면역체계에 종양 인식능력을 높여주는 유전자를 추가하는 데 성공했다. 이 방법은 암이 한창 진행 중인 환자에게도 적용 가능하며, 안정성도 뛰어나다.

또한 스위스의 크리스퍼테라퓨틱스는 혈액암 환자 130명을 대상으로 테스트를 진행 중인데, 이들은 크리스퍼를 이용하여 DNA를 수정하는 면역요법으로 치료를 받고 있다.

2. 낫적혈구빈혈

크리스퍼테라퓨틱스는 낫적혈구빈혈 환자의 몸에서 추출한 골수줄기세포를 크리스퍼로 변형시켜서 태아 헤모글로빈fetal hemoglobin을 만들어낸 후, 이것을 다시 환자의 몸에 주입한다.

3. 에이즈

극히 드물긴 하지만, CCR5 유전자의 돌연변이 덕분에 선천적으로 에이즈에 대한 면역력을 갖고 태어나는 사람이 있다. 정상적인 CCR5 유전자로부터 만들어진 단백질은 에이즈 바이러스가 세포에 침투할 수 있는 입구를 만든다. 그러나 CCR5가 변이를 일으키면 이 입구가 막혀서 에이즈 바이러스가 침입할 수 없다. 이 변이 유전자가 없는 다수의 사람들을 위해, 과학자들은 크리스퍼를 이용하여 변형된 CCR5 유전자를 만들어내고 있다.

4. 낭성섬유증

낭성섬유증은 비교적 흔한 호흡기질환으로 CFTR 유전자의 변이로 인해 발생하며, 환자의 대부분이 40세를 넘기지 못하고 사망한다. 네덜란드의 의학자들은 크리스퍼를 이용하여 변형된 CFTR 유전자를 부작용 없이 복구하는 데 성공했다. 또한 에디타스메디신과 크리스퍼테라퓨틱스, 그리고 빔테라퓨틱스의 연구팀도 크리스퍼를 이용한 낭성섬유증 치료법을 연구 중이다.

5. 헌팅턴병

이 유전질환은 종종 치매, 정신질환, 인지장애 및 다양한 쇠약 증상을 유발한다. 1692년에 세일럼 마녀재판Salem witch trials(미국 매사추세츠주에서 200명 이상의 사람들이 기소되어 25명이 교수형에 처해지거나 고문을 받고 감옥에서 사망한 사건. 집단광기의 위험성을 보여주는 대표적 사례로 남아 있다 - 옮긴이)에서 희생된 여인 중 일부가 헌팅턴병 환자였을 것으로 추정된다. 이 병은 유전자 서열에서 '헌팅턴 유전자'가 여러 번 반복되면서 발발하는데, 현재 필라델피아 아동병원의 과학자들이 크리스퍼를 이용한 치료법을 개발하고 있다.

단일 돌연변이로 인한 질병은 크리스퍼로 치료할 수 있지만, 조현병 같은 질병은 다중 돌연변이와 환경적 요인이 복합적으로 작용한 결과여서 치료법을 개발하기가 쉽지 않다. 이것은 양자컴퓨터가 활약할 수 있는 또 다른 분야이다.

돌연변이는 왜 질병을 일으키는 것일까? 그 이유를 분자 수준에서 이해하려면 양자컴퓨터의 능력을 최대한으로 활용해야 한다. 특정 단백질과 유전질환의 관계가 분자 수준에서 밝혀진다면 단백질의 구조를 수정하는 등, 더욱 효과적인 치료법을 개발할 수 있을 것이다.

페토의 역설

암에 대한 역설도 생각해볼 필요가 있다. 옥스퍼드대학교의 생물학자 리처드 페토는 코끼리를 관찰하다가 이상한 사실을 발견했다. 코끼리는 덩치가 크기 때문에, 언뜻 생각하면 암에 걸릴 확률이 작은 동물보다 높을 것 같다. 질량이 크다는 것은 몸속에서 세포분열이 그만큼 자주 일어난다는 뜻이고, 복잡한 과정이 자주 일어날수록 오류가 발생할 가능성이 높아지기 때문이다. 그러나 놀랍게도 코끼리의 암 발병률은 작은 동물보다 낮은 것으로 확인되었다. 이것이 바로 '페토의 역설'이다.

암 발병률이 체중에 비례하지 않는 것은 동물의 세계에서 흔히 발견되는 현상이다. 과학자들은 그 원인을 파고든 끝에, 사람에게 단 하나뿐인 p53 유전자 복사본이 코끼리에게는 무려 20개나 존재한다는 것을 알게 되었다. 확실하진 않지만, 20개의 복사본이 LIF라는 또 다른 유전자와 협동하여 코끼리의 항암 능력을 높여주는 것으로 추정된다. 즉, 대형동물의 몸에서는 p53과 LIF 같은 유전자가 암을 억제하는 역할을 하고 있다.

그러나 이것으로 설명되지 않는 사례도 있다. 예를 들어 고래는 p53 사본이 사람처럼 단 하나뿐이고 LIF는 한 가지 버전밖에 없는데도 암 발병률이 현저하게 낮다. 아직 발견되진 않았지만, 아마도 고래는 암으로부터 자신을 보호하는 다른 유전자를 갖고 있을지도 모른다. 많은 과학자들은 대형동물에게 암을 막아주는 유전자가 존재하는 것으로 믿고 있다. 그린란드 상어는 최대 500년까지 살 수 있는데, 이것도 아직은 알려지지 않은 일부 유전자의 특별한 기능 덕분일 것이다.

동물의 p53 유전자를 연구 중인 카를로 메일리는 말한다. "동물은 긴 세월 동안 진화해오면서 암을 막는 방법을 스스로 개발해왔다. 우리의 목표는 이 과정을 역으로 추적하여 사람에게 적용 가능한 암 퇴치법을 찾는 것이다. 대형동물들은 페토의 역설에 대하여 각자 나름대로 해결책을 갖고 있다. 자연에는 다양한 암 퇴치법이 이미 존재하고 있으므로, 우리는 그것을 찾기만 하면 된다."[3] 물론 여기서도 양자컴퓨터가 핵심적 역할을 할 수 있다.

암과의 전쟁에서 양자컴퓨터를 이용하는 방법은 여러 가지가 있다. 액체생검에 적용하여 종양이 형성되기 몇 년 전에 암세포를 조기 발견할 수도 있고, 모든 국민의 욕실에 부착된 센서로부터 매일 전송되는 생체 데이터를 분석하여 암세포를 골라내거나 거대한 게놈 데이터베이스를 구축할 수도 있다.

암이 일정 크기 이상으로 자라난 경우에는 양자컴퓨터를 이용하여 수백 종의 암 중에서 해당 암세포만 골라서 공격하도록 면역체계를 수정할 수도 있다. 유전자 치료와 면역요법, 그리고 크리스퍼에 양자컴퓨터를 결합하여 암 유전자를 정확하게 자르거나 붙여넣으면 부작용 없는 면역요법이 가능해진다. 또한 대부분의 암은 p53 같은 몇몇 유전자와 밀접하게 연관되어 있으므로, 양자컴퓨터를 이용한 유전자 치료를 통해 암을 조기에 차단할 수도 있다.

액체생검과 면역요법 기술의 비약적 발전에 한껏 고무된 조지프 바이든 미국 대통령은 2022년에 향후 25년 동안 암 사망률을 50퍼센트 이상 줄이는 '캔서 문샷Cancer Moonshot'계획을 발표했다. 요즘 생명공학의 발전 속도로 미루어볼 때, 그 정도는 얼마든지 달성 가능하다는 것이 과학자들의 중론이다.

지금까지 언급된 기술을 이용하면 시간이 흐를수록 치료 가능한 암도 점차 많아지겠지만, 암이 생성되는 방법이 너무나 다양하기 때문에 미래에도 암 환자는 여전히 발생할 것이다. 이런 상황에서 피해를 줄이려면 암을 감기와 비슷하게 잠깐 스쳐 지나가는 병으로 강등시켜야 한다. 그리고 다음 장에서 다루게 될 새로운 기술이 질병을 막는 방어벽 역할을 할 수도 있다. 인공지능과 양자컴퓨터를 결합하여 단백질을 우리가 원하는 모양대로 만들 수만 있다면, 난치병 치료는 물론이고 인류의 삶 자체가 새로운 단계로 접어들게 된다.

12장.

인공지능과 양자컴퓨터

기계는 혼자 생각할 수 있을까?

이것은 '인공지능'이라는 완전히 새로운 과학 분야를 탄생시킨 1956년도 다트머스 학회에서 최고의 현안으로 떠오른 질문이었다. 당시 과학자들 사이에는 "말하는 기계나 추상적 사고를 하는 기계는 물론이고, 사람에게 주어진 문제를 대신 해결하면서 스스로 발전하는 기계도 만들 수 있다"는 믿음이 널리 퍼져 있었다.[1] 그들은 "최고의 과학자들이 머리를 맞대면 이번 여름이 가기 전에 결과물이 나올 것"이라고 장담했다.

그러나 그 후로 무려 67번의 여름이 지나갔는데도 세계 최고의 과학자들은 생각하는 기계를 설계하느라 여전히 비지땀을 흘리고 있다.

MIT의 교수이자 다트머스 학회의 개최자 중 한 사람이었던 '인공지능의 아버지' 마빈 민스키는 언젠가 나와 대화를 나누던 자리에서 지난날을 회상하며 그때는 정말 사기가 하늘을 찔렀다고 말했다. 몇 년 안에 사람의 지능과 거의 똑같은 지능을 갖춘 기계를 만들 수 있을 것 같았으며 기계가 튜링 테스트를 통과하는 것도 시간문제일 뿐인 것 같았다는 것이다.

아닌 게 아니라, 당시에는 정말 인공지능으로 못할 일이 없을 것 같았다. 컴퓨터가 체커(가로-세로 8칸으로 이루어진 게임판에서 상대방의 말을 모두 제거하는 쪽이 이기는 게임 – 옮긴이)에서 사람을 이겼고, 초등학교 수준의 대수 문제를 푸는 컴퓨터도 등장했으며, 여러 블록의 형태를 식별하여 사람이 원하는 블록을 골라서 집어드는 로봇팔도 설계되었다. 또한 스탠퍼드연구소의 과학자들은 상자처럼 생긴 미니로봇 셰이키Shakey를 만들었는데, 꼭대기에 카메라가 달려 있어서 방을 이리저리 돌아다니며 물체를 인식하고 장애물을 피해 갈 수도 있었다(바닥을 느릿느릿 움직이면서 내는 소리 때문에 이런 이름이 붙었다).

당시 언론은 환상적인 기계를 극찬하면서, 마치 기계인간이 금방이라도 태어날 것처럼 연일 자극적인 기사를 쏟아냈다. 각종 과학잡지에는 청소와 설거지, 빨래 등 집안일을 돕는 로봇이 단골로 등장했고, 평범한 소재가 바닥나자 아기를 돌보거나 가족과 담소를 나누는 로봇까지 언급됐다. 물론 군대도 가만히 있지 않았다. 당시 미군은 실전에 투입 가능한 로봇에 각별한 관심을 보였는데, 그중에서도 가장 유용한 것은 혼자 은밀하게 이동해서 적진의 후방을 정찰하고, 부상당한 아군을 구출하고, 임무를 마친 후 스스로 복귀하는 '스마트트럭'이었다.

역사학자들도 수천 년 동안 꿈만 꿔왔던 일이 드디어 이루어지기 직전이라며 이 대열에 합류했다. 고대 그리스의 신 헤파이스토스는 자신의 일을 돕는 로봇 무리를 만들어서 성 주변에 배치했는데, 그 중 하나가 마법의 상자를 열어서 인간계에 온갖 재앙을 몰고 온 판도라였다. 그리고 박학다식과 다재다능의 화신인 레오나르도 다빈치는 1495년에 오직 케이블과 도르래만을 사용하여 팔을 움직이고, 앉고 서고, 자신이 쓴 투구의 면갑(얼굴을 가리는 부분 – 옮긴이)을 들어올리는 로봇 기사를 만들었다.

그러나 이 모든 광풍에도 불구하고 소위 말하는 '인공지능 혹한기'가 찾아왔다. 언론의 자극적인 보도에 잔뜩 취했던 사람들이 기다리다 지쳐 등을 돌린 것이다. 과학자들은 자신이 만든 인공지능 기계가 단 한 가지 임무에 특화된 장난감에 불과하다는 사실을 조금씩 깨닫기 시작했다. 로봇은 여전히 방 안을 거의 탐색할 수 없는 서투른 장치였다. 이대로라면 인간의 지능을 갖춘 범용기계는 도저히 만들 수 없을 것 같았다.

가장 큰 악재는 최고의 스폰서인 군대가 인공지능에 흥미를 잃었다는 점이다. 그 바람에 연구지원금은 금방 바닥을 드러냈고, 인공지능 개발에 선불리 투자했다가 거액을 날린 사람도 부지기수였다. 그 후 1980년대에 인공지능은 화려하게 부활하여 잠시 이전 못지않은 열풍을 불러일으켰으나 처음과 똑같은 이유로 또다시 혹한기를 맞이했고, 이런 식으로 주기적인 부침을 겪으면서 현재에 이르렀다. 과학자들은 인공지능이 생각보다 훨씬 어려운 과제라는 냉혹한 현실을 받아들일 수밖에 없었다.

언젠가 나는 마빈 민스키를 만난 자리에서, 그동안 인공지능의 혹한기가 여러 번 왔다 갔는데, 인간의 지능과 비슷하거나 그것을 넘어서는 로봇은 언제쯤 나올 예정인지 질문을 던진 적이 있다. 그는 안면에 미소를 지으며 이제 더 이상 수정 구슬을 들여다보며 미래를 예측하는 짓 따위는 하지 않기로 했다고 했다. 다만 한 가지 아쉬운 점은 연구자들이 난관에 부딪혔을 때 너무 쉽게 포기한다는 사실이라며 그 뜨거웠던 열정이 한순간에 사라지는 모습을 볼 때마다 참으로 안타깝다고도 했다.

민스키는 내게, 인공지능 학자들은 원리를 따라 논리를 전개하면 하나로 통일된 우아한 결론에 도달하는 물리학을 엄청 부러워하고 있다며 통일장이론은 우주의 특성을 아름답게 설명하고 있지만 인공지능 분야에는 그런 기본 원리가 없는 것이 문제라고 말했다. 인공지능을 연구하다보면 아무런 상관관계가 없을 것 같은 대상들을 하나로 묶기도 하고, 심지어 상충되는 것들을 강제로 묶어야 할 때도 있어서 이 분야는 온갖 잡동사니의 집합체라는 것이다.

인공지능이 또다시 혹한기를 겪지 않으려면 새로운 아이디어와 새로운 전략을 모색해야 한다. 한 가지 방법은 인공지능에 양자컴퓨터를 도입하여 문제를 해결하는 것이다. 과거에는 인공지능을 디지털 컴퓨터로 구현했기 때문에 계산상의 한계를 벗어나지 못했지만, 인공지능과 양자컴퓨터는 서로의 단점을 보완해준다. 인공지능은 새롭고 복잡한 것을 배울 수 있고 양자컴퓨터는 막강한 계산 능력을 갖추고 있으니, 그야말로 찰떡궁합이다.

양자컴퓨터는 엄청난 계산 능력을 보유했지만 실수로부터 새로운 지식을 배우는 기능은 없다. 그러나 양자컴퓨터에 신경망을 탑재하면 계산을 반복할 때마다 성능이 향상되므로 더욱 빠르고 효율적으로 문제를 풀 수 있다. 이와 비슷하게 인공지능은 실수로부터 배우는 능력이 있지만 복잡한 문제를 풀기에는 계산 능력이 크게 떨어진다. 그러나 양자컴퓨터로 보완된 인공지능은 그동안 발목을 잡아왔던 난제를 쉽게 해결할 수 있다.

인공지능과 양자컴퓨터는 우리의 삶을 완전히 새로운 길로 인도할 것이다. 양자이론 자체가 인공지능의 핵심일지도 모른다. 두 분야의 결합은 과학의 모든 분야에 혁명적 변화를 불러일으키고, 우리의 생활방식을 바꾸고, 세계 경제를 새로운 단계로 끌어올릴 것이다. 결국 인공지능은 인간의 능력과 비슷한 학습기계learning machine를 구현하고, 양자컴퓨터는 환상적인 계산 능력을 십분 발휘하여 지능을 가진 기계를 만들 수 있을 것이다.

"인공지능은 양자컴퓨터의 성능을 높이고, 양자컴퓨터는 인공지능의 성능을 높여준다." 구글의 CEO 순다르 피차이의 말이다.[2]

학습기계

마빈 민스키가 설립한 MIT 인공지능연구소의 로드니 브룩스는 인공지능의 미래에 대해 누구보다 깊이 생각해온 사람이다.

그는 나와 대화를 나누던 자리에서 과거의 과학자들이 인공지능을 다소 편협한 시각으로 바라보았다며 한탄했다. 우리 주변에서 흔히 볼 수 있는 파리를 예로 들어보면, 그 작은 곤충이 보유한 내비게이션 능력은 이 세상 어떤 기계보다 뛰어나다. 온갖 잡동사니와 장애물로 가득 찬 방 안을 자유롭게 날아다니다가, 먹이가 포착되면 그곳에 정확하게 내려앉는다. 파리의 뇌는 바늘 끝보다 작은데도 곡예비행을 밥 먹듯이 하고, 위험이 다가오면 최고의 은신처를 찾아서 숨고, 때가 되면 짝짓기도 한다. 그야말로 생명공학의 경이가 따로 없다.

어떻게 그럴 수 있을까? 자연은 최고의 비행기를 가뿐하게 능가하는 생명체를 어떻게 만들어낼 수 있었을까?

브룩스는 인공지능 전문가들이 1956년부터 잘못된 질문을 던진 것이 문제라고 했다. 당시 과학자들은 '두뇌=튜링머신(디지털 컴퓨터)'이라는 등식을 확고한 진리로 여겼기 때문에, 체스를 두고, 스스로 걷고, 대수학 문제를 푸는 기계를 만들기 위해 모든 규칙을 거대한 하나의 소프트웨어에 꾹꾹 눌러 담았다. 그리고 그것을 디지털 컴퓨터에 탑재하면, 그 기계가 정말로 생각하는 것처럼 보였다. 그런데 '생각'을 '소프트웨어'로 바꿔놓았으니, 임무가 어려워지면 소프트웨어도 그에 걸맞은 수준으로 복잡해져야 했다.

튜링머신에서 입력된 명령을 수행하는 프로세서는 프로그램이 똑똑한 정도에 따라 능력을 발휘한다. 즉, 프로그램이 시원치 않으면 제아무리 뛰어난 프로세서도 무용지물이다. 그러므로 로봇이 스스로 걷게 하려면 뉴턴의 운동법칙에 입각하여 팔과 다리의 모든 움직임을 백만분의 1초 단위로 프로그램해야 하고, 로봇이 방을 가로지르게 만들려면 수백만 줄짜리 프로그램을 짜야 한다.

브룩스에 의하면 과거의 인공지능은 모든 논리와 운동법칙을 프로그래밍하는 것이 최고의 관건이었는데, 진도를 나갈수록 목적지는 더욱 멀어지기만 했다. 처음부터 기계에게 모든 것을 가르친다는 발상이 사실은 엄청난 무리수였던 것이다. 갓 태어난 로봇에게 모든 지식을 마스터하도록 프로그램하는 것을 '하향식 접근법'이라 한다. 그러나 이 방식으로 설계된 로봇은 정말 한심한 수준이었다. 스탠퍼드연구소에서 만든 셰이키와 국방부에서 공모한 스마트트럭을 숲속에 풀어놓으면 1분도 못 가서 넘어지거나 길을 잃기 일쑤일 것이다. 그러나 두뇌가 모래알보다 작은 곤충들은 장애물로 가득 찬 공간을 자유롭게 날아다니면서 먹이를 찾고, 짝짓기를 하고, 위험한 상황을 피할 수 있다. 땅에 등을 대고 누워서 허우적대는 인공지능 로봇과 비교하는 것 자체가 무의미하다.

자연의 지능은 하향식으로 창조되지 않는다.

브룩스는 갓 태어난 새끼 동물은 곧바로 걸을 수 있도록 프로그램되어 있지 않다는 것을 깨달았다. 한 걸음 옮길 때마다 계속 넘어지면서 어렵게 배워나가는 것이다. 자연의 키워드는 바로 '시행착오'였다.

이것은 음악 교사가 재능 있는 학생에게 해주는 조언과 비슷하다. 카네기홀에 서려면 어떻게 해야 하냐고? 방법은 아주 간단하다. 연습하고, 연습하고, 또 연습하는 것이다.

다시 말해서, 자연의 창조물은 시행착오를 통해 세상을 파악해나가는 일종의 학습기계로서, 실수를 저지를수록 성공에 점점 가까워진다.

이것이 바로 '상향식 접근법'으로, 일단 무턱대고 부딪치는 것으로 시작한다. 아이들이 어른을 흉내내면서 세상을 배워나가는 것과 같은 이치다. 예를 들어 갓난아기는 자는 동안 끊임없이 옹알이를 한다. 아이가 자는 동안 소리를 녹음했다가 나중에 들어보면 알 수 있다. 깨어 있을 때 들은 소리를 정확하게 발음할 수 있을 때까지 반복해서 연습을 하고 있는 것이다.

브룩스는 여기에 착안하여 '인섹토이드insectoid', 또는 '버그봇bugbot'으로 불리는 일련의 초소형 로봇들을 만들었다. 이들은 자연의 방식을 따라 마구잡이로 부딪치면서 걷는 법을 익혀나가도록 설계되었는데, 처음에 MIT 연구소 바닥에 풀어놓았을 때는 수시로 벽에 충돌하고 뒤집히는 등 서툰 모습을 보였지만 얼마 지나지 않아 하향식 로봇을 훨씬 능가하는 수준으로 발전했다. 처음부터 완벽한 로봇을 만들려고 애쓸 필요가 없었던 것이다.

브룩스는 말한다. "나는 어렸을 때 사람의 뇌를 전화열결망으로 묘사한 책을 읽은 적이 있다. 그보다 전에는 뇌를 역학 시스템이나 증기엔진에 비유했고, 1960년대에는 디지털 컴퓨터와 동격이었다. 1980년대에는 병렬로 연결된 대규모 디지털 컴퓨터가 되었다. 아마도 요즘에는 뇌를 월드와이드웹에 비유한 어린이 책도 있을 것이다."

두뇌는 신경망을 기반으로 관찰 대상에서 특정 패턴을 찾는 학습기계일지도 모른다. 실제로 컴퓨터과학자들은 신경망을 구축할 때 '헵의 법칙Hebb's rule'을 사용하고 있다. 워낙 광범위하면서도 중요한 법칙이어서 설명도 여러 가지 버전으로 나와 있는데, 그중 한 버전에 의하면 같은 작업을 반복하면서 이전의 실수로부터 새로운 것을 배우다보면, 올바른 길에 점점 더 가까이 접근하게 된다. 즉, 인공지능 시스템에서 동일한 작업을 반복하면 전기신호가 '올바르게 흐르는 길'이 점점 더 강화된다는 것이다.

예를 들어 학습기계가 고양이 식별법을 배울 때, 고양이에 대한 수학적 서술은 단 하나도 제공되지 않는다. 그저 자고, 기어다니고, 사냥하고, 점프하는 등 몇 가지 자세의 고양이 사진만 보여줄 뿐이다. 그러면 컴퓨터는 시행착오를 통해 다양한 환경에서 고양이가 어떤 모습으로 보이는지 스스로 판단할 수 있게 되는데, 이런 방식을 '딥러닝'이라 한다.

딥러닝은 2017년에 놀라운 성공을 거두었다. 구글에서 설계한 인공지능 알파고가 바둑 두는 법을 익힌 후, 당시 세계챔피언을 이긴 것이다. 바둑판에는 돌을 놓을 수 있는 곳이 총 19×19개가 있으므로 게임이 진행되는 경우의 수는 거의 10^{170}이나 된다. 이 정도면 우주에 존재하는 원자의 수보다 많다. 그런데도 알파고는 이 모든 경우를 유형별로 분석하여 챔피언 이세돌을 4:1로 물리침으로써 상향식 인공지능의 우수성을 확실하게 보여주었다. 알파고는 사람뿐만 아니라 거의 빛의 속도로 바둑을 두는 자신의 복제품과 대국을 벌이면서 맹훈련을 했다고 한다.

상식문제

학습기계(신경망)는 인공지능의 커다란 걸림돌이었던 '상식문제'를 해결해줄 것으로 기대된다. 컴퓨터는 태생적으로 '몰상식한' 기계이다. 즉, 이들은 어린아이도 알고 있는 가장 간단한 상식조차 유추할 수 없다. 그리고 로봇이 상식을 갖추지 못하면 인간사회에서 제 기능을 하기 어렵다.

예를 들어 디지털 컴퓨터는 아래와 같이 간단한 사실을 이해하지 못한다.

- 물은 건조하지 않고 축축하다.
- 어머니는 딸보다 나이가 많다.
- 끈으로 물체를 당길 수 있지만, 밀 수는 없다.
- 막대로 물체를 밀 수 있지만, (물체에 걸지 않는 한) 당길 수 없다.

한가한 날 오후에 소파에 앉아서 잠시만 생각해보면 이와 같은 '명백한' 사례를 수십 개쯤 찾을 수 있을 것이다. 이런 문제는 컴퓨터가 인간처럼 세상을 직접 경험하지 않기 때문에 일어난다.

아이들은 이런 상식적인 사실들을 몸으로 겪으면서 배워나간다. 즉, 인간은 행동을 통한 학습이 가능하다. 아이들이 '어머니는 딸보다 나이가 많다'는 사실을 아는 이유는 그와 같은 사례를 주변에서 여러 번 보았기 때문이다. 그러나 로봇은 환경에 대한 사전지식이 전혀 없다.

하향식 접근법을 추구하던 과학자들은 상식까지도 컴퓨터 소프트웨어에 프로그램하려고 시도했다가 도중에 주저앉고 말았다. 네 살짜리 아이 수준의 상식을 입력하는 데도 디지털 컴퓨터로는 도저히 구현할 수 없을 정도로 정보량이 많았기 때문이다. 그러므로 미래에는 상향식과 하향식이 중간에서 만나고, 인공지능과 양자컴퓨터가 결합하여 1세대 인공지능 과학자들의 꿈을 실현해줄 것이다.

앞에서도 말했듯이 트랜지스터의 크기가 원자에 가까워지면 컴퓨터의 소형화가 점차 느려지면서 마이크로칩은 양자컴퓨터와 비슷한 구조로 대체될 것이다.

인공지능이 정체기를 겪고 있는 이유는 컴퓨터의 성능이 그 뒤를 받쳐주지 못하기 때문이다. 인공지능뿐만 아니라 학습기계와 패턴인식, 검색엔진, 로봇공학 등도 비슷한 한계에 직면해 있다. 여기에 방대한 양의 정보를 동시에 처리하는 양자컴퓨터가 도입되면 정체 상태를 벗어나 비약적 발전을 이루게 될 것이다. 디지털 컴퓨터는 한 번에 1비트씩 계산하는 반면, 양자컴퓨터는 거대한 큐비트 배열을 동시에 계산할 수 있으므로 컴퓨터의 계산 능력이 떨어져서 풀 수 없는 문제는 더 이상 존재하지 않을 것이다.

지금까지 우리는 인공지능과 양자컴퓨터의 상호보완적 관계를 살펴보았다. 두 분야가 하나로 합쳐지면 양자컴퓨터는 신경망과 같은 새로운 시스템을 배울 수 있고, 인공지능은 막강한 계산 능력을 확보하게 된다.

단백질 접힘

현재 인공지능 딥러닝 시스템은 생물학과 의학에서 가장 중요한 문제 중 하나를 집중공략하고 있다. 바로 단백질 분자의 비밀을 해독하는 것이다. 생명의 청사진은 DNA에 들어 있지만, 신체의 기능을 관장하는 것은 단백질이다. 우리 몸을 건설현장에 비유하면 DNA는 설계도이고 단백질은 건설노동자에 해당한다. 일꾼이 없으면 설계도는 그냥 종이에 불과하다.

단백질은 생물학의 진정한 일꾼으로 근육을 만들고, 음식을 소화하고, 병균과 싸우고, 신체기능을 조절하는 등 생명 유지에 반드시 필요한 일을 하고 있다. 그래서 생물학자들은 오래전부터 의문을 품어왔다. 단백질 분자는 이 기적 같은 기능을 어떻게 수행하는 것일까?

1950~1960년대에 과학자들은 X선 결정학을 이용하여 20종의 아미노산이 복잡하게 꼬여 있는 여러 가지 단백질의 구조를 알아냈는데, 놀랍게도 단백질이 구사하는 마법의 비결은 절묘하게 배열된 분자의 형태였다. 건축 분야의 경구를 뒤집은 '기능은 형태를 따른다'는 말이 생물학에도 적용되었던 것이다. 단백질의 특성은 전적으로 분자

의 형태(복잡한 매듭과 꼬임 등)에 의해 결정된다.

예를 들어 여러 개의 단백질 돌기가 중심에서 바깥을 향해 뻗어 있는 코로나19 바이러스를 생각해보자(전체적인 모양이 태양의 제일 바깥쪽 띠를 뜻하는 코로나와 비슷하여 이런 이름이 붙었다). 이 돌기는 폐 세포 표면의 특정 자물쇠를 여는 열쇠로서, 한 번 열리기만 하면 돌기 모양의 단백질이 폐 세포 안에 자신의 유전물질을 주입하여 수많은 복사본을 만들어내고, 폐 세포가 죽으면 치명적인 바이러스가 방출되어 근처에 있는 건강한 폐 세포를 감염시킨다. 2020~2022년에 세계 경제가 극심한 침체를 겪은 것은 바로 이 단백질 돌기 때문이었다.

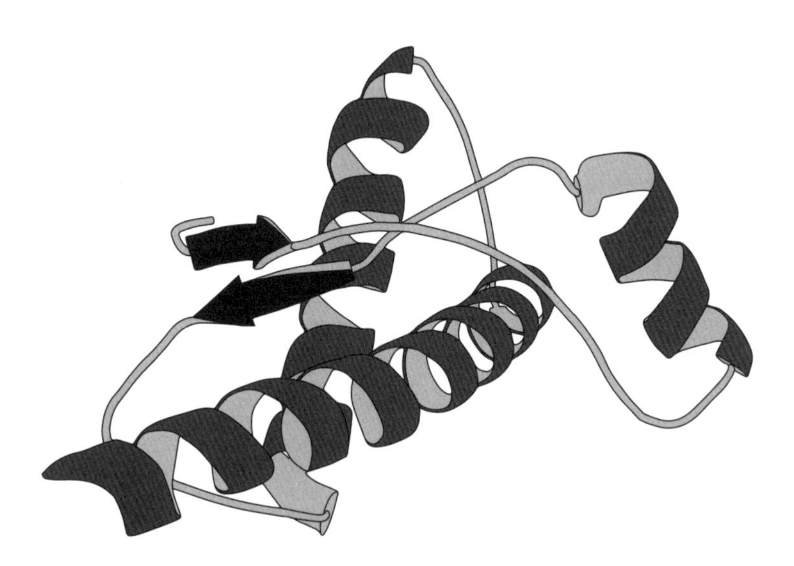

단백질 접힘
단백질은 20개의 아미노산으로 만들어진 기다란 끈 모양을 하고 있다. 이들은 다양하고 복잡한 방식으로 접힐 수 있으며, 접힌 단백질의 기능은 분자의 형태에 의해 결정된다. 여기에 양자컴퓨터를 적용하면 단백질의 구조를 밝힐 수 있을 뿐만 아니라, 유용한 단백질을 인공적으로 합성하여 생물학의 새로운 분야를 개척할 수도 있다. (Mapping Specialists Ltd.)

이처럼 단백질의 기능을 결정하는 것은 분자의 형태이므로, 각 단백질 분자의 생긴 모습을 알면 작동방식을 거의 정확하게 파악할 수 있다.

중요한 단백질의 구조가 밝혀지면 많은 난·불치병의 비밀도 함께 풀릴 것으로 예상된다. 과학자들은 이것을 '단백질 접힘 문제protein folding problem'라 하는데, X선 결정학을 이용하면 언젠가는 해결되겠지만 시간이 너무 오래 걸린다는 것이 문제이다. 이 작업은 분석 대상으로 선택한 단백질을 화학적 방법으로 추출해서 정제한 후 결정화結晶化하는 것으로 시작된다. 결정으로 굳어진 단백질을 X선 회절기에 집어넣고 X선을 쪼이면 필름에 특정한 패턴의 간섭무늬가 형성된다. 여기서 얻은 X선 사진은 언뜻 보기에 점과 선이 뒤죽박죽으로 섞인 추상화처럼 보이지만 물리법칙과 직관에 약간의 행운이 더해지면 단백질의 구조를 해독할 수 있다.

전산생물학의 탄생

전산생물학의 목표는 화학적 구성 요소를 컴퓨터로 분석하여 단백질의 3차원 구조를 밝히는 것이다. 지난 몇 년 동안 과학자들은 단백질 분자의 구조를 파악하기 위해 거의 중노동을 해왔는데, 앞으로 이 모든 과정은 인공지능 프로그램을 실행하는 컴퓨터 버튼을 누르는 것으로 대치될 전망이다.

최근 들어 과학자들은 이 어렵고도 중요한 문제를 해결하기 위해 새로운 전략을 생각해냈다. '구조예측평가Critical Assessment of Structure

Prediction(CASP)'라는 타이틀을 걸고 단백질 접힘 문제를 해결하는 인공지능 프로그램 공모전을 개최한 것이다.

공모전의 목표가 흥미로우면서도 매우 구체적이었기에, 젊은 과학자들이 대거 참여하여 자신의 프로그래밍 실력을 뽐냈다. 인공지능으로 단백질 접힘 문제를 해결하면 일약 스타로 떠오를 수 있고, 이로부터 수천 명의 생명을 구하는 치료법이 탄생할 수도 있으니, 일생일대의 기회였다.

대회의 규칙은 간단명료했다. 주최 측에서 아미노산을 연달아 이어붙인 특정 단백질을 제시하면, 응모자들은 단백질을 접는 방법을 컴퓨터 프로그램으로 찾아내면 된다. 이 문제를 해결하는 한 가지 방법은 리처드 파인먼의 최소작용원리를 이용하는 것이다(최소작용원리를 최초로 개발한 사람은 아일랜드의 물리학자 윌리엄 해밀턴이다. 그로부터 약 100년 후, 파인먼은 양자역학에 이 원리를 적용하여 '경로적분법'을 개발했다-옮긴이). 앞서 말했듯이 파인먼은 고등학생 시절에 공의 작용(운동에너지와 위치에너지의 차이)이 최소가 되는 경로를 계산함으로써 공의 궤적을 알아낼 수 있었다.

단백질 분자의 접힘 문제도 이와 동일한 원리로 해결할 수 있다. 즉, 아미노산의 모든 가능한 배열 중 에너지가 가장 낮은 배열을 찾으면 된다. 이것은 등산 중인 사람이 계곡의 가장 낮은 지점을 찾아가는 과정과 비슷하다. 처음에 등산객은 모든 방향으로 경사진 정도를 확인한 후, 고도가 제일 빠르게 낮아지는 방향을 선택하여 한 걸음 이동한다(어쩐지 등산객이 앞을 못 본다는 가정도 필요할 것 같다-옮긴이). 그리고 그 지점에서 조금 전에 했던 행동을 똑같이 반복하여 또 한 걸음 이동하고… 이런 식으로 내려가다가 '어떤 방향으로 움직여도 지금보다 고도가 높아지는 지점'에 도달하면 그곳이 바로 고도가 최저인 지점이다.

에너지가 가장 낮은 아미노산 배열도 이와 비슷한 방법으로 알아낼 수 있는데, 구체적인 과정은 다음과 같다.

일단 작업에 들어가기 전에 문제를 단순화시켜야 한다. 분자 내부에서는 전자와 원자핵의 파동함수가 복잡한 상호작용을 교환하고 있는데, 이 모든 요인을 고려해서 디지털 컴퓨터로 계산한다면 다음 세기에 결과가 나올지도 모른다. 그러므로 결과에 큰 영향을 미치지 않는 사소한 요인들(전자와 원자핵의 상호작용, 전자끼리의 상호작용 등)은 과감하게 무시하는 게 좋다.

이제 프로그램이 준비되었으면 본격적인 작업에 들어갈 차례다. 첫째, 다양한 아미노산을 이어붙여서 기다란 배열을 만든다. 이것은 단백질의 형태를 흉내낸 '장난감 모형'에 해당한다. 특정 원자들이 결합할 때 형성되는 각도는 주최 측이 제공한 기본정보에 포함되어 있으므로, 이로부터 단백질의 형태에 대한 초기 근사치를 얻을 수 있다.

둘째, 선택한 배열에서 전하분포에 의한 에너지 및 결합이 이동하는 방식을 알고 있으므로(이 정보도 기본으로 제공됨), 이로부터 단백질 분자의 총에너지를 계산한다.

셋째, 선택한 결합을 조금 비틀거나 회전시켜서 동일한 계산을 수행한 후, 이전의 에너지와 비교하여 작은 쪽을 선택한다. 이것은 등산객이 각 지점에서 모든 방향으로 발걸음을 내딛어보는 것과 같다.

넷째, 에너지가 이전보다 커지는 배열을 모두 버리고, 작아지는 배열만 유지한다. 그러면 컴퓨터는 원자가 어떻게 이동해야 분자의 에너지가 작아지는지 시행착오를 통해 학습하게 된다.

마지막으로 아미노산의 배열을 비틀거나 통째로 바꿔서 동일한 과정을 반복한다. 단계마다 에너지가 감소하는 아미노산 배열을 찾아나가다보면, 결국 에너지가 가장 낮은 배열에 도달하게 된다.

원자의 위치를 계속 바꾸면서 목적지로 접근하려면 엄청난 양의 계산을 수행해야 하는데, 지금의 디지털 컴퓨터로는 꿈도 못 꿀 일이다. 그래서 참가자들은 자잘한 요인들을 과감하게 무시한 채 컴퓨터를 가동하여 몇 시간, 또는 며칠 안에 단순화된 버전의 목적지에 도달할 수 있었다.

과연 어떤 결과가 나왔을까? 처음에는 한마디로 참담함, 그 자체였다. 컴퓨터가 예측한 분자는 X선으로 알아낸 실제 모양과 비슷한 구석이 하나도 없었다. 그러나 시간이 지나면서 컴퓨터 학습 프로그램이 정교해짐에 따라 결과도 점차 개선되었다.

지난 2021년에 '구글과 손을 잡고 알파고를 개발했던 딥마인드가 알파폴드라는 인공지능 프로그램을 이용하여 무려 35만 종에 달하는 단백질의 구조를 해독했다'는 뉴스가 터져나왔다. 그뿐 아니라 이들은 학계에 알려지지 않은 25만 종의 단백질까지 새로 발견했다고 한다. 인간유전체 프로젝트에 나열된 단백질 2만 개의 3차원 구조가 밝혀진 것이다. 뉴스에 발표된 목록에는 쥐와 초파리, 그리고 대장균에서 발견된 단백질도 포함되어 있었다. 딥마인드 창업자는 학계에 알려진 모든 단백질을 포함하여 총 1억 개가 넘는 단백질의 데이터베이스를 곧 발표할 예정이라고 했다.

더욱 놀라운 것은 근사적 방법을 썼음에도 불구하고 최종 결과가 X선 결정학으로 얻은 결과와 거의 일치한다는 점이다. 슈뢰딩거 방정식에서 많은 항을 삭제한 채 계산을 수행했는데 실제와 비슷한 결과가 나왔으니, 이들의 근사법은 검증된 것이나 다름없다.

구조예측평가 공모전을 개최했던 존 몰트는 이렇게 말했다. "우리는 근 50년 동안 오직 한 가지 문제(단백질 접힘)에 매달려왔다. 딥마인드가 오랜 세월 동안 여러 번의 좌절을 겪으면서도 이 문제를 끝까지 파고든 끝에 성공적인 결과물을 내놓았다니, 전문가의 한 사람으로서 정말 기쁘게 생각한다. 목적지에 도달한다는 확신이 없는 상태에서 그런 열정을 유지하는 것은 결코 쉬운 일이 아니다."[3]

파급 효과도 엄청나다. 이들이 작성한 단백질 지도는 코로나 바이러스에서 발견된 스물여섯 가지 단백질을 식별하는 데 활용되고 있다. 코로나의 단백질 분자가 딥마인드 단백질 목록과 일치한다면, 바이러스의 취약점을 찾아서 새로운 백신을 만드는 데 커다란 도움이 될 것이며, 블랙리스트에 오른 수천 종의 단백질도 머지않아 그 구조가 밝혀질 것이다. 워싱턴대학교 단백질디자인연구소의 데이비드 베이커는 말한다. "우리는 몇 달 만에 코로나 바이러스를 중화시키는 단백질을 설계할 수 있었다. 이제 우리의 목표는 동일한 작업을 몇 주일 내에 완수하는 것이다."[4]

이 정도는 시작에 불과하다. 앞서 말한 대로 기능은 형태를 따른다. 즉, 단백질의 임무가 구조로부터 결정된다는 뜻이다. 단백질은 다른 분자의 자물쇠를 단백질이라는 열쇠로 따고 들어가서 자신에게 주어진 마법 같은 임무를 수행한다.

단백질 접힘을 알아내는 것은 비교적 쉬운 부분에 속한다. 정작 어려운 부분은 지금부터다. 특정 단백질이 다른 분자에 들러붙어서 에너지를 공급하고, 효소작용을 하고, 다른 단백질과 결합하여 새로운 구조를 만들어내고, 분자를 분해하는 등 마법 같은 기능을 수행하는 비결을 알아내려면 앞에서 생략했던 '작은 효과들'을 빠짐없이 고려해서 방정식을 풀어야 한다. 단백질 접힘은 생명체의 비밀을 밝히는 기나긴 여정의 첫 단계일 뿐이다.

앞으로 단백질 접힘에 대한 연구는 과거에 유전체학이 그랬던 것처럼 몇 단계를 거쳐 진행될 것이다.

1단계: 접힌 단백질의 지도 작성하기

제일 먼저 할 일은 여러 종의 단백질이 접힐 수 있는 수십만 가지 경우를 종합하여 거대한 사전을 만드는 것이다. 지금 과학자들은 첫 번째 단계에서 분투하는 중이다. 사전의 각 항목은 복잡한 단백질을 구성하는 원자들이고, 전체적인 구조는 X선 사진을 분석하여 얻어진다. 이 엄청난 사전에는 모든 단백질의 철자(구성 원자)가 정확하게 수록되어 있지만, 대부분은 아무런 설명도 없이 빈칸으로 남아 있다. 또한 이 사전의 목록은 디지털 컴퓨터의 계산 능력을 감안하여 근사적인 접근법으로 구한 것인데, 그럼에도 불구하고 정확한 철자를 알아낸 것은 대단한 업적이 아닐 수 없다.

2단계: 단백질의 기능 결정하기

다음 단계로 가면 단백질 분자의 기하학적 형태와 기능 사이의 관계를 규명해야 한다. 인공지능과 양자컴퓨터를 결합하면 접힌 단백질에서 특정한 원자 배열이 몸속에서 어떤 기능을 수행하는지, 그리고 단백질이 신체기능을 어떻게 조절하는지 알 수 있을 것이다.

3단계: 새로운 단백질 및 의약품 만들기

마지막 단계는 단백질 사전을 이용하여 새로운 단백질을 만들고, 이로부터 새로운 의약품과 치료법을 개발하는 단계이다. 이 원대한 목표를 이루려면 근사적 접근법을 폐기하고 제대로 된 양자역학을 적용해서 분자의 특성을 알아내야 하는데, 앞서 말한 대로 이 일은 오직 양자컴퓨터만이 할 수 있다.

다양한 임무를 수행하는 단백질이 생명계에 등장한 것은 순전히 우연이었지만, 이 우연한 사건이 일어날 때까지 무려 수십억 년이 걸렸다. 양자컴퓨터의 메모리를 가상의 실험실로 활용하면, 진화를 개선하고 신체기능을 향상시키는 새로운 단백질을 설계할 수 있을 것이다.

'새로운 단백질 사냥'은 새로운 의약품 개발을 비롯하여 광범위한 분야에 응용 가능한데, 개발자들이 제일 먼저 떠올린 것은 환경 정화였다. 현재 진행 중인 가장 간단한 프로젝트는 바다와 폐기물 처리장, 그리고 가정집 뒷마당에 굴러다니는 1억 5천만 톤의 페트병을 화학적으로 분해하는 것이다. 단백질 데이터베이스를 뒤져서 플라스틱 분자를 안전하게 분해하는 효소 단백질을 찾으면 문제가 해결되는데, 최근 영국 포츠머스대학교의 효소혁신센터에서 문제의 단백질을 찾았다고 한다.

또한 많은 난치병이 '잘못 접힌 단백질'과 관련되어 있으므로, 단백질 사냥은 의학에도 응용될 수 있다. 특히 노인들에게 흔히 나타나는 알츠하이머와 파킨슨병, 루게릭병 등은 '프리온'이라는 단백질 전염병체 때문인 것으로 추정된다. 그러므로 난치병 치료의 열쇠는 양자컴퓨터가 쥐고 있는 셈이다.

현대의학의 미개척지인 난치병은 양자컴퓨터가 맹활약을 펼칠 차기 전쟁터가 될 수도 있다.

프리온과 난치병

대부분의 교과서에는 '박테리아와 바이러스가 질병을 퍼뜨린다'고 적혀 있다.

그러나 이것은 사실과 다를 수도 있다. 동물의 세계에서는 사람이 걸리는 질병과 판이한 병이 종종 발견된다. 예를 들어 양이 스크래피 scrapie(면양떨림병)라는 병에 걸리면 기둥에 기댄 채 자신의 등을 열심히 비비는 등 행동이 이상해지고, 때가 돼도 먹이를 먹지 않는다. 스크래피는 양들이 앓는 불치병으로, 한 번 걸리면 죽음을 피하기 어렵다. 광우병(소해면모양뇌병증)도 소가 걸리는 불치병인데, 제대로 걷지 못하고 불안증에 시달리거나 폭력적으로 변하기도 한다.

사람이 걸리는 특이한 질병 중 뉴기니의 특정 부족에게 나타나는 쿠루kuru라는 병이 있다. 이들은 사망한 가족이나 친지의 장례를 치를 때 망자의 뇌를 먹는 풍습이 있었는데, 의식에 참여한 사람 중 일부가 치매나 우울증, 보행장애 등을 겪으면서 세상에 알려지게 되었다.

캘리포니아대학교 샌프란시스코 캠퍼스의 생화학자 스탠리 프루시너는 학계의 통설과 달리 이 모든 것이 새로운 유형의 질병이라고 주장했다. 그는 1982년에 이 질병을 일으키는 단백질을 정제-분리하는 데 성공했고, 1997년에 프리온을 발견한 공로로 노벨 생리의학상을 받았다.

프리온은 잘못된 방식으로 접힌 단백질로서, 일반적인 질병과 달리 다른 단백질과의 접촉을 통해 퍼져나간다. 이들이 정상적인 단백질과 접촉하면 올바르게 접혀 있던 구조를 망가뜨리고 엉뚱한 방향으로 접히도록 만든다. 그래서 프리온 질환의 증세가 나타나기 시작하면 다른 질병보다 빠르게 진행되는 경향이 있다.

아직 논란의 여지가 있긴 하지만, 일부 과학자들은 노인성 질병의 대부분이 프리온에 의해 유발되는 것으로 믿고 있다. 흔히 '세기의 질병'으로 불리는 알츠하이머도 여기 포함된다. 현재 미국에서만 600만 명이 이 병을 앓고 있으며, 환자의 대다수는 65세가 넘은 노인들이다. 또한 알츠하이머는 미국에서 여섯 번째 사망원인으로 전체 노령인구의 3분의 1이 이 병으로 사망하고 있으며, 80세까지 생존한 사람 중 거의 절반이 알츠하이머 위험군(알츠하이머에 걸릴 가능성이 있는 사람)으로 분류될 정도이다.

알츠하이머 환자들은 무언가를 기억하는 데 어려움을 겪는 경우가 많다. 단기기억은 두뇌의 중심부에 있는 해마에 저장되는데, 알츠하이머에 걸리면 이 부분이 제일 먼저 손상되기 때문이다. 그래서 알츠하이머의 초기증세는 방금 겪은 일을 쉽게 잊는 형태로 나타난다. 60년 전에 일어난 일은 사진처럼 또렷하게 기억하면서, 6분 전에 겪은 일을 기억하지 못하는 식이다. 그러나 병이 더 진행되면 뇌 전체가 손상되면서 오래된 기억마저 물거품처럼 사라진다. 이렇게 우리의 가장 사적이고 소중한 소유물인 기억, 그리고 우리가 누구인지에 대한 감각을 공격하기에 알츠하이머는 환자의 가족에게 가장 큰 슬픔을 안겨주는 병이기도 하다.

나의 어머니도 알츠하이머를 앓다가 돌아가셨다. 어머니께서 나를 알아보지 못했을 때 내 마음은 갈가리 찢어지는 듯했다. 어머니는 결국 본인이 누구이며 어떻게 살아왔는지조차 기억하지 못했다.

알츠하이머는 유전과 관련된 병으로 알려져 있다. APOE4 유전자에 변이가 일어나면 이 병에 더욱 취약해진다. 내가 진행했던 BBC-TV의 한 프로그램에서 게스트로 출연한 과학자가 나에게 APOE4 유전자 테스트를 받아볼 의향이 있는지 물었다. 그러자 곧바로 카메라가 내 얼굴을 클로즈업했는데, 대본에 없던 질문이라 잠시 난감해졌다. 내가 알츠하이머에 걸릴 운명임을 미리 알게 된다면 주변 사람들에게 뭐라고 해야 할지, 아무런 생각도 떠오르지 않았기 때문이다. 나는 한동안 망설이다가, 완전 무방비상태에서 당하는 것보단 조금이라도 준비를 해두는 편이 낫겠다는 생각에 테스트에 응하겠다고 했다(다행히도 결과는 음성이었다).

알츠하이머의 원인은 아직 규명되지 않았다. 누군가가 알츠하이머에 걸렸는지 확인하는 방법은 부검뿐이다. 알츠하이머 환자의 뇌에서는 베타 아밀로이드와 타우 아밀로이드라는 두 가지 유형의 끈적끈적한 단백질이 종종 발견되는데 이것이 병의 원인인지, 아니면 병의 부산물인지는 확실치 않다. 문제는 생전에 알츠하이머 증세를 전혀 보이지 않았던 사람의 뇌에서도 다량의 아밀로이드 침전물이 발견된다는 점이다. 그래서 의사들은 알츠하이머와 아밀로이드 플라크 사이에 직접적인 인과관계가 없는 것으로 판단하고 있다.

최근 들어 알츠하이머의 원인과 관련하여 한 가지 단서가 포착되었다. 독일의 과학자들이 기형 단백질 보유자와 알츠하이머 환자들 사이에 직접적인 상관관계를 발견한 것이다. 이 연구팀이 2019년에 발표한 논문에 의하면 혈액 속에 잘못 접힌 단백질이 있으면서 알츠하이며 증세를 보이지 않는 사람은 혈액이 정상인 사람보다 알츠하이머에 걸릴 확률이 23배나 높다. 연구팀의 임상자료에 의하면 혈액에서 기형 단백질이 발견되고 14년이 지난 후에 알츠하이머 판정을 받은 사례도 있다.

그러므로 알츠하이머 증세가 나타나기 몇 년 전에 간단한 혈액검사로 기형 아밀로이드 단백질 유무를 확인하면 훗날 알츠하이머에 걸릴 확률을 어느 정도 짐작할 수 있다.

스탠리 프루시너는 최근 발표한 연구논문에서 다음과 같이 밝혔다. "베타 및 타우 아밀로이드는 모두 프리온이며, 알츠하이머는 이 불량 단백질이 두뇌를 파괴하는 이중-프리온 질병임이 거의 확실하다. 알츠하이머 연구에 획기적인 변화가 필요하다."[5]

논문의 공동 저자인 클라우스 게르베르트는 이 혁신이 알츠하이머의 치료법으로 이어질 수 있다고 말한다. "혈액 안에서 잘못 접힌 베타 아밀로이드를 측정하는 것은 알츠하이머 치료제 개발에 중요한 기여를 하게 될 것이다."[6]

그리고 또 한 사람의 공동 저자 헤르만 브레너는 "지금 모든 사람들은 새로운 치료법이 개발되어 질병의 초기 단계에 예방조치를 취할 수 있기를 기대하고 있다"고 했다.[7]

아밀로이드 단백질의 '좋은 버전'과 '나쁜 버전'

이 과정을 좀 더 정확하게 알려주는 새로운 결과가 최근에 발표되었다. 2021년에 캘리포니아대학교의 과학자들이 좋은 아밀로이드와 나쁜 아밀로이드를 한눈에 구별하는 방법을 알아낸 것이다. 일반적으로 단백질 분자는 아미노산이 길게 연결된 형태로서, 중심부의 원자들은 시계방향이나 반시계방향으로 나선처럼 말려 있다.

정상적인 아밀로이드 단백질은 '왼손잡이'다. 즉, 이 분자의 구성 성분은 한결같이 왼쪽으로 꼬여 있다. 그러나 알츠하이머와 관련된 아밀로이드 단백질은 '오른손잡이'다. 기형 아밀로이드의 한 형태가 알츠하이머를 일으키는 원인이라면, 이것은 정말 획기적인 발견이다. 아마도 후속 연구는 다음과 같이 진행될 것이다.

우선 두 가지 형태의 아밀로이드 단백질에 대한 3차원 투시도를 정확하게 작성해야 한다. 양자컴퓨터를 이용하면 기형 알츠하이머 분자가 건강한 분자와 부딪혔을 때 감염이 전달되는 과정과 뇌에 심각한 손상을 입히는 이유를 원자 수준에서 규명할 수 있을지도 모른다.

그다음에 단백질의 구조를 밝히면, 이들이 신경계의 뉴런을 망가뜨리는 방법이 알려지면서 치료법도 함께 개발될 것이다. 여기에는 몇 가지 가능성이 있는데, 그중 하나는 단백질에서 결함이 생긴 부분을 분리한 후 유전자 치료법으로 올바른 버전의 유전자를 만드는 것이다. 또는 오른손잡이 단백질이 성장하지 못하도록 차단하거나 몸 밖으로 빠르게 배출시키는 약을 개발할 수도 있다.

기형분자는 자연적으로 제거되기까지 48시간 동안 뇌에 머무는 것으로 알려져 있다. 일단 오른손잡이 단백질의 분자구조가 밝혀지면 새로운 분자를 만들어서 해결사로 사용할 수 있다. 예를 들면 새로운 분자가 기형분자를 붙잡아서 더 이상 해를 입히지 못하도록 분해 또는 중화시키거나, 아예 기형분자와 결합해서 몸 밖으로 빠르게 빠져나오게 하는 다른 분자를 만드는 식이다. 양자컴퓨터라면 분자의 약점을 쉽게 찾을 수 있을 것이다.

결론적으로 양자컴퓨터는 분자 수준에서 나쁜 프리온을 무력화시키거나 제거할 수 있다. 기존의 디지털 컴퓨터나 단순한 시행착오로는 도저히 할 수 없었던 일이다.

루게릭병

양자컴퓨터의 또 다른 표적은 신체를 서서히 마비시키는 루게릭병, 즉 근위축측삭경화증amyotrophic Lateral sclerosis(ALS)이다(1920~1930년대에 활약했던 미국의 프로야구선수 루 게릭이 ALS에 걸린 후 '루게릭병'으로 불리기 시작했다-옮긴이). 현재 미국에서 약 1만 6000명이 이 병으로 고생하고 있다. 정신은 멀쩡한데 몸이 말을 듣지 않으니, 환자가 느끼는 답답함은 우리의 상상을 초월한다. 루게릭병은 신경계를 공격하여 두뇌와 근육 사이의 연결망을 끊어놓고, 결국 환자를 사망에 이르게 하는 치명적인 병이다.

루게릭병 환자 중 가장 유명한 사람은 영국의 물리학자 스티븐 호킹일 것이다. 대부분의 환자는 발병 후 2~5년 안에 사망하는데, 호킹은 특이하게도 76세까지 살았다.

여러 해 전에 나는 호킹으로부터 '끈이론을 주제로 강연을 해달라'는 요청을 받고 케임브리지로 날아간 적이 있는데, 그때 호킹의 저녁식사에 초대되어 그의 집을 방문했다가 일상생활을 돕는 신기한 도구들이 곳곳에 설치된 광경을 보고 깜짝 놀랐다. 조그만 테이블에 물리학 학술지를 얹어놓고 버튼을 눌렀더니, 팔처럼 생긴 장치가 나와서 책을 자동으로 펼쳐주었다.

식사를 마치고 대화를 나누면서 나는 물리학을 향한 호킹의 열정과 의지에 깊은 감명을 받았다. 전신이 거의 마비되었음에도 그는 잠시도 연구를 멈추지 않았으며, 대중과의 소통도 결코 소홀히 하지 않았다. 장애에 굴하지 않았던 그의 용기와 결단력은 후대 과학자들에게 오랫동안 귀감으로 남을 것이다.

호킹의 주 관심사는 아인슈타인의 중력이론에 양자역학을 모순 없이 적용하는 것이었다. 그리고 호킹이 평생 애정을 쏟았던 양자역학이 은혜에 보답이라도 하듯이 양자컴퓨터와 협동해서 그 끔찍한 병의 치료법을 개발해주기를 기대했으나, 결국 그는 소원을 이루지 못한 채 세상을 떠났다. 루게릭병에 대한 정보가 상대적으로 부족한 이유는 암이나 알츠하이머보다 발병률이 훨씬 낮기 때문이다. 그러나 과학자들이 환자의 가족력을 분석한 결과, 루게릭병과 관련된 일련의 유전자를 밝힐 수 있었다.

관련 유전자는 약 20종인데, 그중 C9orf72와 SOD1, FUS, 그리고 TARDBP가 발병 사례의 대부분을 차지한다. 이들이 오작동을 일으키면 뇌간과 척수의 운동뉴런이 제 기능을 할 수 없다.

그중에서 가장 관심을 끄는 것이 SOD1 유전자이다. 과학자들은 SOD1에 의해 야기된 단백질 접힘 오류가 루게릭병과 어떤 식으로든 관련되어 있다고 믿고 있다. SOD1 유전자는 인체에 해로운 초과산화이온을 분해해서 산소와 과산화수소로 바꿔주는 효소인 초과산화물 불균등화효소superoxide dismutase(SOD)를 만들어낸다. 그러나 SOD1이 초과산화이온을 제대로 제거하지 못하면 신경세포가 손상될 수 있다. 그러므로 SOD1 때문에 나타난 단백질 접힘 오류가 뉴런을 죽게 만드는 원인일 수도 있다.

루게릭병의 치료법을 개발하려면 결함이 있는 유전자의 구조를 분자 수준에서 알아내야 한다. 양자컴퓨터를 이용하면 정상적인 유전자를 원판으로 삼아서 잘못 접힌 단백질 유형의 3차원 투시도를 만들 수 있고, 이로부터 단백질이 뉴런을 망가뜨리는 과정을 알아내면 적절한 치료법도 찾을 수 있을 것이다.

파킨슨병

파킨슨병도 두뇌의 단백질 돌연변이로 인해 몸이 쇠약해지는 질환으로, 현재 미국에서만 약 100만 명의 환자가 이 병으로 고통받고 있다. 〈백 투 더 퓨처〉 시리즈로 유명한 영화배우 마이클 J. 폭스도 그중 한 사람인데, 파킨슨병 치료법 개발 후원금으로 무려 10억 달러를 모금하여 관계자들을 놀라게 했다. 이 병에 걸리면 팔과 다리가 심하게 떨리고 보행과 수면이 어려워지며, 후각을 상실하는 경우도 있다.

파킨슨병 치료법에는 약간의 진전이 있었다. 손이 떨리는 것은 두뇌에서 손의 움직임을 관장하는 뉴런이 과도하게 활성화되었기 때문이다. 과학자들은 환자의 두뇌를 스캔해서 문제의 영역을 찾아낸 후 해당 부위에 바늘을 삽입하여 두뇌활동을 진정시키고, 전기신호를 받아 활성화된 뉴런을 중화함으로써 증세를 부분적으로 완화하는 데 성공했다.

안타깝게도 완전한 치료법은 아직 개발되지 않았지만, 파킨슨병과 관련된 일부 유전자는 확인된 상태이다. 이러한 유전자와 관련된 단백질의 3차원 모형을 양자컴퓨터로 구현하면 인공적으로 합성할 수 있고, 이로부터 돌연변이 유전자가 파킨슨병을 유발하는 원인도 알 수 있을 것이다. 또는 잘못된 단백질의 올바른 버전을 만들어서 몸에 주입하는 것도 가능하다.

그러므로 양자컴퓨터는 노인들을 괴롭히는 난치병을 치료하는 데 핵심적 역할을 할 것이며, 여기서 한 걸음 더 나아가 의학 역사상 가장 큰 문제인 '노화'를 다스릴 수도 있을 것이다. 아직은 희망사항이긴 하지만, 노화를 막을 수만 있다면 여기서 파생된 수많은 질병도 일거에 해결된다. 양자컴퓨터가 노인성 질환의 치료법을 찾는다면, 미래에는 죽을 필요가 없어지는 것이 아닐까?

13장.
영생

영원히 사는 것은 선사시대부터 인간의 가장 간절한 소원이었다. 천하의 권력을 한 손에 쥐고 흔들던 왕이나 황제들도 얼굴에 지는 주름을 막을 수 없었고, 아무리 많은 금은보화를 갖고 있어도 죽음만은 피해가지 못했다.

인류 역사상 제일 오래된 이야기인 〈길가메시 서사시〉에는 메소포타미아의 전사戰士 길가메시가 세상을 떠돌면서 남긴 영웅담이 흥미진진하게 기록되어 있다. 그는 드넓은 평원과 사막을 내달리며 수많은 모험을 했고, 대홍수를 직접 겪은 현자를 만나기도 했지만, 처음부터 여행의 목적은 영생의 길을 찾는 것이었다. 긴 세월 동안 오만 가지 우여곡절을 겪다가 마침내 그는 영생을 보장한다는 식물을 손에 넣었다. 그런데 어디선가 갑자기 뱀이 나타나 길가메시가 쥐고 있던 그 귀한 보물을 한입에 삼켜버린다. 그렇다. 애초부터 인간은 불멸의 존재가 될 운명이 아니었다.

구약성서의 창세기에서는 아담과 이브가 하나님이 금지했던 사과를 따 먹는 바람에 에덴동산에서 쫓겨난다. 그깟 사과 하나가 뭐 그리 대단하기에 삶의 터전을 송두리째 잃었다는 말인가? 물론 그럴 만한 이유가 있었다. 그 사과는 절대로 알면 안 되는 지식이 담겨 있는 금단의 과일이었다. 하나님은 아담과 이브가 사과를 먹고 자신처럼 영원히 사는 존재가 되는 것을 원치 않았던 것이다.

기원전 200년경에 중국 대륙을 통일한 진시황제도 불멸의 삶을 갈구한 나머지 한 입만 베어먹으면 절대로 죽지 않는다는 불로초를 구하기 위해 대규모 함대를 파견했다. 강제로 차출된 선원들이 출항을 앞두고 있을 때, 진시황은 그들에게 또 하나의 명령을 내렸다. "불로초를 찾기 전에는 절대 돌아오지 마라!" 고국에서 거의 추방되다시피 여행길에 오른 그들은 결국 불로초를 찾지 못했고, 고향으로 돌아갈 수도 없는 처지였기에 근처에 있는 한국과 일본에 정착했다.

그리스 신화에서는 인간 티토노스와 사랑에 빠진 새벽의 여신 에오스가 제우스를 찾아가 자신의 연인에게 영생을 달라고 간청한다. 마음이 약해진 제우스는 그녀의 소원을 들어주었으나, 이 과정에서 심각한 착오가 발생했다. 지금의 모습으로 영원히 살려면 불사不死와 불로不老를 패키지로 묶어서 요구해야 했는데, 마음이 급했던 에오스가 '불로'라는 항목을 깜빡 잊은 것이다. 그리하여 티토노스는 세월이 흐를수록 늙고 쇠약해졌지만 결코 죽을 수는 없었다. 그러므로 신에게 영원히 살게 해달라고 기도할 때에는 '영원한 젊음'도 필수옵션으로 반드시 포함시켜야 한다.

현대를 살아가는 우리에게는 첨단 의학이라는 막강한 도구가 있으니, 영생이라는 개념을 새로운 관점에서 바라볼 때가 되었다. 노화와 관련된 유전자 데이터와 생명의 기초를 양자컴퓨터로 분자 단위까지 분석하면 노화를 극복할 수 있을지도 모른다. 실제로 양자컴퓨터는 '생물학적 불멸성'과 '디지털 불멸성'이라는 두 마리 토끼를 모두 잡을 수 있다. 진시황이 그토록 애타게 찾아 헤맸던 불로초는 땅에서 자라는 식물이 아니라, 양자컴퓨터에서 돌아가는 프로그램일지도 모른다.

열역학 제2법칙

이제 현대물리학을 이용하여, 고대인이 추구했던 영생을 현대적 관점에서 다시 생각해보자. 노화의 물리적 원인은 열역학 법칙으로 설명할 수 있다. 열의 특성을 다루는 열역학에는 기본적으로 세 가지 법칙이 존재하는데, 그중 제1법칙은 에너지의 총량이 변하지 않는다는 에너지보존법칙이다. 일상적인 용어로 쓰면 '무無에서 유有를 창조할 수 없다'는 뜻이다. 제2법칙에 의하면 닫힌 계(외부와 에너지를 교환하지 않는 물리계)는 시간이 흐를수록 더욱 무질서해지거나 쇠퇴하고, 제3법칙에 의하면 어떤 경우에도 절대온도는 0K에 도달할 수 없다.

이들 중 우리의 삶을 지배하는 것은 두 번째 법칙이다. 이 법칙에 의하면 모든 만물은 시간이 흐를수록 녹슬고, 분해되고, 망가지다가 결국은 죽게 된다. 이는 곧 계의 혼돈스러운 정도(무질서도)를 나타내는 척도인 엔트로피가 항상 증가한다는 뜻이기도 하다. 물리법칙이 '모든 만물은 분해되어 사라진다'고 못을 박아놓았으니, 불멸이나 영생은 애초부터 불가능한 목표였다. 물리학 법정은 지구의 모든 생명체에게 이미 사형선고를 내린 것 같다.

그러나 제2법칙에는 빠져나갈 수 있는 구멍이 있다. '만물은 시간이 흐를수록 붕괴된다'는 것은 닫힌계에 한하여 적용되는 법칙이며, 외부와 에너지 교환이 허용된 열린계에서는 시간이 흘러도 무질서도가 증가하지 않거나 아예 감소할 수도 있다.

예를 들어 갓난아기와 같은 새로운 생명체가 태어날 때마다 엔트로피는 감소한다. 생명이란 모든 원자와 분자가 고도로 정교하게 배열된 '질서의 집합체'이기 때문이다. 그렇다면 생명현상은 제2법칙을 위반하는 것처럼 보인다. 정말 그럴까? 아니다. 제2법칙은 닫힌계에만 적용되는데, 지구는 멀리 떨어진 태양에서 장거리 배달된 에너지 덕분에 유지되고 있으므로 닫힌계가 아니다. 따라서 지구의 엔트로피는 무조건 증가하지 않으며, 경우에 따라 국지적으로 감소할 수도 있다.

그러므로 지구의 생명체는 영생을 누려도 열역학 제2법칙에 위배되지 않는다. 에너지가 외부에서 유입되는 한, 이것은 분명한 사실이다. 그리고 우리의 경우 그 외부 에너지원은 다름 아닌 태양이다.

노화란 무엇인가?

노화는 왜 일어나는 걸까?

열역학 제2법칙에 의하면 노화는 주로 분자와 유전자, 그리고 세포 수준에서 오류가 축적되어 나타나는 결과이다. 결국 우리는 제2법칙을 절대로 이길 수 없다. 우리의 세포와 DNA에는 오류가 쌓이기 마련이다. 바로 이 오류 때문에 피부는 탄력을 잃으면서 주름이 지고,

장기의 기능은 서서히 퇴화하고, 뉴런의 오작동 때문에 기억이 사라지고, 가끔은 암이 발생하기도 한다. 간단히 말해서, 우리는 서서히 늙다가 결국 죽음을 맞이할 운명이다.

동물의 세계에서도 똑같은 일이 일어나는데, 그 과정을 주의깊게 관찰하면 노화에 대한 실마리를 찾을 수 있다. 나비의 수명은 며칠에 불과하고 쥐도 2~3년밖에 못 살지만 코끼리의 평균수명은 60~70년이나 된다. 알려진 바에 의하면 그린란드 상어는 최대 500년까지 살 수 있다.

수명이 이렇게 제각각인데, 이들에게는 한 가지 공통점이 있다(이 공통점은 조금 뒤에 언급된다 – 옮긴이). 작은 동물은 큰 동물보다 열을 잃는 속도가 빠르다. 그래서 포식자를 피하고 먹이를 찾으면서 온종일 바쁘게 돌아다니는 쥐의 신진대사율은 느리게 먹고 느리게 움직이는 코끼리보다 훨씬 높다. 그런데 대사율이 높을수록 산화율oxidation rate도 높아져서 장기臟器에 오류가 쌓이게 된다.

자동차도 마찬가지다. 차의 노화는 어디서 일어나는 걸까? 연료를 태우면서 산화가 맹렬하게 진행되는 엔진과 빠르게 돌면서 마모되는 기어가 노화의 주범이다. 그렇다면 세포의 엔진은 어디에 있을까?

세포가 보유한 에너지의 대부분은 미토콘드리아에서 생성된 것이다. 그러므로 노화로 인한 손상 대부분은 미토콘드리아에 축적될 가능성이 높다. 생활방식을 개선하고 손상된 유전자를 유전공학으로 수리하는 등 외부에서 에너지를 추가하면 열역학 제2법칙을 피해 노화를 거꾸로 진행시킬 수 있을 것이다.

여기, 옥탄가 높은 연료를 가득 채운 자동차가 있다. 액셀을 밟으니 매끄럽게 잘 달린다. 낡은 자동차도 슈퍼차저 휘발유supercharged gasoline를 넣으면 훨씬 잘 달릴 수 있다. 이것은 에스트로겐이나 테스토스테론 같은 호르몬이 인체에 미치는 영향과 비슷하다. 이들은 우리 몸속에서 생명의 묘약처럼 작용하여 나이를 초월한 에너지와 활력을 만들어낸다. 일부 의학자들은 여자의 평균수명이 남자보다 긴 이유가 에스트로겐 때문이라고 믿고 있다. 그러나 이 추가된 생명 마일리지에는 '암'이라는 대가가 따른다. 수명이 길어졌으니 세포에 오류가 더 많이 쌓일 수밖에 없는데, 그 결과가 대부분 암으로 나타나는 것이다. 그러므로 어떤 의미에서 보면 암은 영생을 허락하지 않는 열역학 제2법칙의 망령인 셈이다.

DNA의 오류는 항상 발생한다. 인간의 경우, 분자 수준에서 DNA에 손상을 입히는 사건은 1분당 25~115회씩 일어나고 있다. DNA 복제 사고가 하루에 3만 6000~16만 번이나 일어난다는 뜻이다. 다행히도 우리 몸에는 오류를 복구하는 기능이 있어서 별문제가 없지만, 나이가 들면 복구 기능이 저하되어 오류가 쌓이기 시작하고, 이때부터 노화가 본격적으로 진행된다.

수명 예측하기

노화가 DNA의 오류와 관련되어 있다면, 생명체의 수명을 결정하는 원리가 존재하지 않을까?

그 비슷한 것이 있긴 있다. 영국 케임브리지의 웰컴생어연구소에서 발표한 흥미로운 연구 결과를 여기 소개한다. 노화가 유전적 손상과 관련되어 있다면, 손상이 많을수록 수명이 짧아질 것이다. 케임브리지의 과학자들은 16종의 동물을 대상으로 DNA 오류가 일어나는 횟수와 평균수명을 비교해보았다.

그랬더니 놀랍게도 완전히 다른 동물들 사이에서 놀라운 공통점이 드러났다. 예를 들어 조그만 벌거숭이두더지쥐는 매년 93회의 돌연변이를 겪으면서 25~30년을 살고, 덩치 큰 기린은 매년 99회의 변이를 겪으면서 24년을 산다(모든 수치는 평균값이다). 연간 변이횟수에 수명을 곱하면 평생 겪는 돌연변이 횟수가 되는데, 벌거숭이두더지쥐는 약 2325이고 기린은 2376이다. 두더지쥐와 기린은 완전히 다른 포유류인데, 이들의 몸에서 평생 일어난 돌연변이 횟수는 거의 비슷하다. 그렇다면 혹시 평생 동안 견뎌낼 수 있는 돌연변이 횟수가 종에 상관없이 똑같은 것은 아닐까? 아직은 확신할 수 없으니 데이터를 좀 더 들여다보자.

생쥐는 매년 793회의 돌연변이를 겪으면서 3.7년을 산다. 따라서 생쥐는 평생 동안 2934.1회의 돌연변이를 겪는다. 이 정도면 위의 가정은 꽤 설득력이 있다.

인간의 경우는 생활습관과 거주지역에 따라 돌연변이 발생횟수가 사뭇 달라서 하나의 수치로 요약하기 어렵지만, 평균적으로 매년 47회의 돌연변이를 겪는 것으로 알려져 있다. 그리고 포유류가 평생 동안 견뎌낼 수 있는 돌연변이의 총횟수는 평균 3200회이다. 그러므로 위의 가정에 입각한 인간의 평균수명은 약 70년이다(다른 가정을 사용하면 80년이 될 수도 있다).

계산은 간단하지만 결과는 꽤 의미심장하다. 여기서 중요한 것은 구체적인 수치가 아니라, DNA와 세포에 누적된 유전적 오류가 노화와 죽음의 원인 중 하나라는 것이다.

지금까지 얻은 결과는 주로 자연에서 살아가는 야생동물에 적용된다. 그런데 이들의 주변 환경을 바꾸면 무언가 달라지지 않을까? 동물의 수명을 인위적으로 늘릴 수는 없을까?

답은 'yes'일 가능성이 높다.

생체시계 재설정하기

적절한 의학적 조치(유전공학, 생활방식의 변화 등)를 취하면 제2법칙으로 인한 손상을 교정하여 수명을 연장할 수 있다.

방법은 여러 가지가 있는데, 그중 하나가 '생체시계'를 재설정하는 것이다. 일반적으로 염색체의 길이는 세포가 분열할 때마다 조금씩 짧아진다. 예를 들어 피부세포는 60번쯤 재생된 후 노화를 겪다가 결국 죽은 세포가 된다. 방금 언급한 숫자 '60'을 '헤이플릭 한계Hayflick limit'라 하는데, 세포가 죽는 것은 바로 이것 때문이다. 즉, 세포에는 죽을 때를 알려주는 생체시계가 내장되어 있다.

몇 해 전, 내가 레너드 헤이플릭과 인터뷰를 하다가 헤이플릭 한계에 대해 묻자 살짝 걱정스러운 표정을 지으며 사람들이 생물학적 시계를 놓고 가끔 과도한 상상을 펼치는 것 같다고 대답했다. 노화에 대한 이해는 지금 막 첫걸음을 뗀 수준이고, 노화를 과학적으로 연구하는 생물노인학biogerontology 분야에서 식습관을 바꾸면 오래 살 수 있다며 특정 다이어트 식단을 권장하고 있는데, 대부분이 잘못된 정보라는 것이다.

헤이플릭 한계는 세포가 분열할 때마다 염색체의 끝부분에 달린 말단소체 '텔로미어'가 점점 짧아지면서 나타난 결과이다. 신발을 오래 신으면 끈의 끝부분 애글릿aglet이 마모되어 떨어져나가는 것처럼, 세포도 60번쯤 분열하면 텔로미어가 닳아 없어져서 노화가 시작되고 결국 죽은 세포가 된다.

가차 없이 흐르는 생체시계를 인위적으로 멈출 수는 없을까? 텔로미어가 짧아지는 것을 방지하는 텔로머레이스telomerase(끝분절효소)라는 효소가 있는데, 이것을 잘 활용하면 될 것 같기도 하다. 실제로 과학자들은 사람의 피부에 텔로머레이스를 주입하여 60회가 한계였던 분열횟수를 수백 회로 늘릴 수 있었다. 적어도 한 가지 형태의 생명을 '불멸화'하는 데 성공한 것이다.

그러나 항상 그렇듯이 완벽한 공짜는 없다. 텔로머레이스가 피부세포뿐만 아니라 암세포까지 불멸의 존재로 만들기 때문이다. 신체 내부 종양의 90퍼센트에서 텔로머레이스가 발견되었으니, 아군인지 적군인지 헷갈릴 정도다. 그래서 텔로머레이스를 처방할 때에는 멀쩡한 세포가 암세포로 바뀌지 않도록 각별한 주의를 기울여야 한다.

영생의 묘약을 찾는 사람에게 텔로머레이스는 부분적인 해결책이 될 수 있다. 그러나 부작용을 치료할 수 있다는 전제하에 사용되어야 한다. 가장 좋은 해결책은 텔로머레이스로 노화만 방지하고 암세포를 키우지 않는 방법을 알아내는 것인데, 양자컴퓨터라면 가능할 수도 있다. 이 메커니즘이 분자 수준에서 밝혀진다면 세포를 수정하여 수명을 연장할 수 있을 것이다.

칼로리 제한

지난 수천 년 동안 오래 살게 해준다는 명목하에 온갖 해괴한 치료와 돌팔이 처방이 난무해왔지만, 동서고금을 막론하고 항상 효과가 있었던 방법이 하나 있다. 동물의 수명을 연장하는 단 하나의 검증된 방법, 그것은 바로 '칼로리 제한'이다(두 글자로 줄이면 소식小食이다 – 옮긴이). 종에 따라 약간의 차이는 있지만, 칼로리 섭취량을 30퍼센트 줄이면 수명이 30퍼센트 길어진다. 이것은 곤충과 생쥐, 개, 고양이에서 유인원에 이르기까지, 다양한 생명체를 대상으로 실험을 수행하여 얻은 결과이다. 같은 종이라 해도 칼로리 섭취량이 적은 개체는 매번 포식飽食하는 개체보다 오래 살 뿐만 아니라, 병에 대한 저항력이 강하고 암이나 동맥경화 같은 노인성 질병에도 잘 걸리지 않는다.

칼로리 제한은 다양한 동물을 대상으로 확인되었지만, 아직 그 효과가 체계적으로 분석되지 않은 종이 하나 있으니 그것은 바로 호모 사피엔스, 즉 인간이다. (그 이유는 아마도 인간의 수명이 너무 길기 때문이거나, 실험을 돕겠다며 오랫동안 기꺼이 소식으로 버텨줄 지원자를 충분히 많이 찾지 못했기 때문일 것이다.) 칼로리 제한으로 수명이 연장되는 이유는 아직 밝혀지지 않았다. 일각에서는 적게 먹으면 산화 속도가 느려져서 노화가 느리게 진행된다고 주장하는 사람도 있다.

예쁜꼬마선충의 사례를 보면 이 주장이 맞는 것 같기도 하다. 이 벌레의 특정 유전자에 약간의 변형을 가해서 산화 속도를 늦추면 수명이 몇 배로 길어진다. 과학자들은 이 유전자에 Age-1, Age-2라는 이름을 붙여주었는데, 산화 속도가 느려지면 손상된 세포를 복구하는

데 도움이 되는 것 같다. 그러므로 '소식을 하면 몸의 산화 속도가 느려져서 오류가 축적되는 속도도 느려진다'는 주장은 사실일 가능성이 높다.

그렇다면 여기서 질문 하나가 떠오른다. 애초에 일부 동물에서 칼로리 제한이 나타나는 이유는 무엇인가? 동물들은 오래 살기 위해 다이어트를 하고 있는가? (한 이론에 의하면 야생동물에게는 두 가지 선택이 있다. 그중 하나는 짝짓기에 전념해서 후손을 많이 퍼뜨리는 것인데, 이를 위해서는 먹이가 항상 풍부해야 한다. 하지만 자연에는 이런 낙원이 존재하지 않기 때문에, 대부분의 동물은 항상 굶주린 상태에서 필사적으로 먹이를 찾아다니는 두 번째 옵션을 선택한다. 즉, 동물은 식량이 풍부하여 마음 놓고 번식할 수 있는 시기가 올 때까지 에너지를 절약하고 가능한 한 수명을 늘리기 위해 본능적으로 적게 먹는 쪽으로 진화해왔다.)

칼로리 제한을 연구해온 과학자들은 이것이 시르투인sirtuin 유전자에 의해 생성되는 레스베라트롤resveratrol(식물에서 발견되는 항산화물질의 일종-옮긴이)을 통해 작용한다고 믿고 있다. 레스베라트롤은 주로 적포도주에서 발견된다. (이 사실이 알려진 후로 적포도주 수요가 갑자기 많아졌다. 그러나 레스베라트롤과 수명 연장의 관계는 아직 확인되지 않았다.)

2022년에 예일대학교의 연구팀은 칼로리 제한이 수명 연장에 효과적인 이유를 부분적으로나마 밝히는 데 성공했다. 이들이 집중한 곳은 허파 사이에 있는 가슴샘thymus gland(흉선)으로, 바로 이곳에서 백혈구 세포 중 질병을 방어하는 T세포가 만들어진다. 연구팀은 가슴샘의 T세포가 일반 T세포보다 빠르게 노화된다는 사실을 발견했다. 예를 들어 40세가 되면 가슴샘의 70퍼센트가 지방으로 덮여서 기능을 상실한다. 연구팀의 수장인 비샤 딥 딕시트는 이렇게 말했다. "T세포는 나이가 들수록 새로운 병원균과 싸우는 능력이 감퇴하기 때문에, 노화된 몸은 새로운 T세포의 양이 줄어들었음을 느끼기 시작한다. 이것이 바로 노인들이 질병에 취약한 이유 중 하나이다."[1] 이것이 사실이라면 노인들이 노화와 죽음에 점차 가까워지는 이유를 과학적으로 설명할 수 있다.

결과에 고무된 예일대학교 연구팀은 한 그룹의 사람들을 선발하여 일정 기간 칼로리 제한 식단을 제공하는 또 한번의 실험을 실행했는데, 2년 후에 확인해보니 놀랍게도 가슴샘의 지방이 눈에 띄게 감소하고 정상적으로 작동하는 가슴샘 세포는 큰 폭으로 증가했다.

딕시트는 말한다. "이 기관器官이 다시 젊어졌다는 건 정말 놀라운 일이다. 인류 역사를 통틀어 그 누구도, 그 어떤 기관도 젊음을 되찾은 사례가 없지 않은가. 이런 일이 가능하다는 것 자체가 진정 흥미로운 일이 아닐 수 없다."

예일 연구팀은 그들의 연구주제가 매우 중요하다는 것을 점차 깨닫기 시작했다. 다음으로 할 일은 근본적인 원인을 파악하는 것이다. 칼로리 제한은 분자 수준에서 면역체계를 어떻게 강화시키는가?

그들은 PLA2G7이라는 단백질에 초점을 맞추었다. PLA2G7은 노화의 또 다른 현상인 염증과 관련된 단백질이다. 딕시트의 설명은 다음과 같이 계속된다. "우리가 얻은 결과에 의하면 PLA2G7은 칼로리 제한 효과를 낳는 요인 중 하나임이 분명하다. 이것을 시작으로 모든 요인을 알아내면 대사체계와 면역체계의 상호관계를 이해할 수 있으며, 이로부터 면역기능을 강화하고, 염증을 줄이고, 수명을 연장하는 방법도 알 수 있다."

다음 단계는 양자컴퓨터를 이용하여 단백질이 염증을 줄이고 노화를 지연시키는 과정을 분자 단위로 파악하는 것이다. 이 과정을 이해하면 고통스럽게 소식이나 단식을 하지 않아도 PLA2G7을 조작하여 칼로리 제한과 동일한 효과를 볼 수 있다.

딕시트는 단백질과 유전자에 대한 자신의 연구가 노화에 대한 접근법을 근본적으로 바꿀 것이라며 "모든 상황이 매우 희망적"이라고 덧붙였다.

노화 방지의 열쇠: DNA 복구

그렇다면 칼로리 제한은 산화 때문에 손상된 DNA를 어떻게 복구하는 것일까? 소식을 하면 산화 속도가 느려져서 자연적으로 발생한 손상을 복구하는 데 유리하다는 것까지는 이해할 수 있다. 그런데 손상된 DNA는 구체적으로 어떤 과정을 거쳐 복구되는 것일까?

로체스터대학교의 과학자들은 동물의 사례를 통해 DNA 복구 메커니즘을 연구하고 있다. 이들의 목표는 일부 동물의 수명이 긴 이유를 DNA 복구 메커니즘으로 설명하는 것이다. 과연 영생의 묘약을 유전자에서 찾을 수 있을까?

로체스터 연구팀은 18종의 설치류를 분석하다가 흥미로운 사실을 발견했다. 생쥐의 수명은 2~3년밖에 안 되는데, 비버와 벌거숭이두더지쥐는 25~30년까지 살 수 있다. 대체 비결이 뭘까? 연구팀은 수명이 긴 설치류가 단명한 설치류보다 강력한 DNA 복구 메커니즘을 갖고 있다는 가정하에 몇 가지 실험을 진행 중이다.

그중에서도 '장수 유전자'로 알려진 시르투인-6(DNA 복구에 관여하는 유전자)에 관한 실험이 눈길을 끈다. 시르투인-6로부터 생성된 단백질은 총 다섯 가지가 있는데 활성이 각기 다르다. 연구팀은 비버의 시르투인-6 단백질이 쥐의 몸에서 생성된 단백질보다 강력하다는 사실을 알아냈다(단, 벌거숭이두더지쥐의 시르투인-6 단백질은 그렇지 않다). 비버가 쥐보다 오래 사는 이유를 여기서 찾을 수 있다는 것이 연구팀의 생각이다.

그들은 자신의 이론을 증명하기 위해 다양한 시르투인-6 단백질을 다른 동물에게 주입한 후 수명에 미치는 영향을 관찰했는데, 비버의 시르투인-6 단백질을 주입한 초파리는 쥐의 단백질을 주입한 초파리보다 오래 사는 것으로 확인되었다.

사람의 세포에 주입한 경우에도 비슷한 결과가 얻어졌다. 비버의 시르투인-6 단백질을 주입한 세포가 쥐의 단백질을 주입한 세포보다 DNA 손상이 적게 나타난 것이다. 연구팀의 일원인 베라 고르부노바는 "나이가 들수록 DNA의 손상이 심해져서 병에 걸리는 것이라면, 이와 같은 방법으로 암과 퇴행성 질환의 발병 시기를 지연시킬 수 있다"라고 했다.[2]

이 연구가 중요한 이유는 시르투인-6 같은 유전자로 DNA를 복구하는 것이 노화를 막고 신체 나이를 거꾸로 되돌리는 핵심기술이기 때문이다. 여기에 양자컴퓨터를 도입하면 시르투인-6가 DNA를 복구하는 과정을 분자 수준에서 확인할 수 있다.

이 과정이 밝혀지면 복구를 가속화하거나 복구 메커니즘을 자극하는 새로운 분자 경로를 찾을 수도 있다. 그러므로 손상된 DNA가 노화의 원인 중 하나라면, 양자컴퓨터를 이용하여 DNA 복구 과정을 분자 수준에서 이해하는 것이 무엇보다 중요하다.

젊음을 위한 세포 재프로그래밍

문제는 이런 심리에 편승한 돌팔이 처방이 사방에 난무한다는 점이다. 대중매체 광고를 보면 '전문가가 밝히는 장수비법'이나 '기적의 치료제'라는 타이틀을 걸고 최신 비타민과 허브를 들이미는데, 이것도 유행을 타는지 한 달이 멀다 하고 메뉴가 바뀐다. 그러나 노화 방지법을 신중하게 연구하여 세간의 주목을 받고 있는 단체가 하나 있다.

페이스북과 Mail.ru에서 막대한 부를 축적한 러시아의 억만장자 유리 밀너는 노화를 막고 젊음을 되찾는 의학적 방법을 찾기 위해 최고의 학자들로 구성된 블루리본그룹을 창설했다. 그는 또한 실리콘밸리의 뛰어난 물리학자와 생물학자, 수학자에게 수여하는 브레이크스루상Breakthrough Prize 재단에 매년 300만 달러를 기부해온 통 큰 후원자로도 유명하다.

현재 그는 '재프로그래밍reprogramming'이라는 과학으로 세포재생법을 연구 중인 알토스연구소에 각별한 관심을 보이고 있다. 아마존닷컴의 설립자인 제프 베이조스도 알토스연구소의 든든한 후원자 중 한 사람이다. 알토스에서 배포한 문서에 따르면 이 신생회사는 이미 2억 7천만 달러의 연구기금을 확보했다고 한다.

〈MIT 테크놀로지 리뷰〉에 의하면, 노화 방지의 기본 아이디어는 늙은 세포의 DNA를 재프로그램해서 이전의 건강한 상태로 되돌리는 것이다. 이것은 2012년도 노벨 생리의학상 수상자이자 알토스연구소의 과학 자문위원장인 야마나카 신야山中伸弥가 실험으로 확인한 사실이다.

야마나카는 모든 세포의 모태인 줄기세포의 세계적 권위자이다. 배아줄기세포는 인체의 어떤 세포로도 변할 수 있는 놀라운 특성을 갖고 있는데, 야마나카는 줄기세포의 도움 없이 성체 세포를 배아 상태로 되돌려서 완전히 새로운 장기를 만드는 방법을 발견했다.

여기서 핵심 질문은 다음과 같다. 늙은 세포가 젊은 세포로 되돌아가도록 재프로그램할 수 있는가? 알토스연구소가 세계적 주목을 받고 있는 이유는 이 질문의 답이 의심의 여지없이 'yes'이기 때문이다. 특별한 환경이 조성되면 네 종류의 단백질(이것을 야마나카 인자 Yamanaka factor라 한다)을 이용하여 기적 같은 재프로그래밍을 실행할 수 있다.

사실, 노화된 세포가 재프로그램되는 것은 자연에서 흔히 일어나는 일이다. '성인 세포의 일부가 재프로그램되어 배아줄기세포로 변하는 현상'을 두 글자로 줄인 것이 바로 '임신'이 아니던가. 재프로그래밍은 SF가 아니라 엄연한 현실이다. 세포가 젊어지는 과정은 모든 세대에 걸쳐 새로운 생명이 잉태될 때마다 끊임없이 일어난다.

육체적 회춘이 일장춘몽에서 현실로 다가오자 큰손들이 움직이기 시작했다. 현재 라이프바이오사이언스와 턴바이오테크놀로지, 에이지엑스테라퓨틱스, 시프트바이오사이언스 등 수많은 기업이 대박을 꿈꾸며 이 분야에 뛰어든 상태이다. 고디언바이오테크놀로지의 마틴 보르흐 젠슨은 "멀리서 거대한 금덩이 같은 무언가가 눈에 띄면 망설이지 말고 무조건 달려가야 한다"라고 했다.[3] 이 분야의 치열한 경쟁을 함축적으로 표현한 말이다. 그는 연구 속도를 높이기 위해 무려 2천만 달러를 쏟아부었다.

재프로그래밍을 이용해 늙은 쥐의 시력을 회복시키는 연구를 수행하고 있는 하버드대학교 교수 데이비드 싱클레어는 말한다. "신체의 일부, 또는 전부를 젊어지게 만드는 재프로그래밍에 수억 달러의 투자금이 모여들고 있다. 연구원들은 피부와 근육, 또는 두뇌와 같은 주요기관을 면밀히 분석하면서 어떤 부위를 젊게 만들 수 있는지 찾고 있다."[4]

스위스 로잔대학교의 알레한드로 오캄포의 의견도 매우 긍정적이다. "80세 노인의 세포를 채취하여 시험관에서 적절한 조치를 취하면 40세까지 젊게 만들 수 있다. 이런 기적을 행할 수 있는 기술은 재프로그래밍뿐이다."[5]

위스콘신대학교 매디슨 캠퍼스의 연구팀은 중간엽 줄기세포(MSC, 수정란이 분열하면서 생긴 중배엽으로부터 분화된 세포)라는 줄기세포가 포함된 윤활액synovial fluid(신체 내부의 관절강을 채우고 있는 알칼리성 액체로, 뼈 사이의 마찰을 감소시킴)을 채취하여 회춘의 원리를 연구하고 있다. MSC를 재프로그램해서 젊게 만드는 것은 예전부터 가능했지만, 회춘이 일어나는 구체적 과정은 알려지지 않은 상태였다.

위스콘신 연구팀은 누락된 단계의 상당 부분을 채워넣었다. 이들은 MSC 세포를 유도만능줄기세포(iPSC)로 변환했다가 다시 MSC 세포로 되돌려놓았는데, 놀랍게도 MSC 세포가 처음보다 젊어진 것으로 확인되었다. 더욱 중요한 것은 이 왕복 여행에서 MSC 세포가 거쳐간 화학적 경로를 알아냈다는 것이다. 이 과정에는 GATA6와 SHH, 그리고 FOXP 등 여러 개의 단백질이 관련되어 있다.

이로써 과거에는 불가능하다고 여겨졌던 회춘이 가시권 안으로 들어왔고, 과학자들은 늙은 세포가 젊어지는 비결을 조금씩 이해하기 시작했다.

하지만 역시 세상에 공짜는 없다. 앞서 말한 대로 노화를 인위적으로 늦추거나 역전시키면 암과 같은 부작용이 수반된다. 에스트로겐은 여성이 폐경기를 맞이하기 직전까지 임신 능력을 유지시켜주지만, 암이 발생할 확률도 그만큼 높아진다. 그리고 텔로머레이스는 세포의 노화를 멈춰주지만 역시 암이라는 부작용을 피할 수 없다.

세포 재프로그래밍도 마찬가지다. 젊어지는 것도 좋지만 암이라는 부작용이 발생하지 않도록 신중을 기해야 하는데, 이 부분에서 양자컴퓨터가 큰 도움이 될 수 있다. 양자컴퓨터는 회춘의 원리를 분자 수준에서 규명하여 배아줄기세포에 숨겨진 비밀을 밝힐 수 있으며, 암과 같은 부작용을 제어할 수도 있을 것이다.

인체 부품 판매점

투자자들이 세포의 회춘에 관심을 갖도록 만든 또 하나의 유명한 실험이 있다. 야마나카는 피부세포를 배아 상태로 되돌리기 위해 50일 동안 네 가지 야마나카 인자(세포 재프로그래밍에 관여하는 단백질)에 노출시켰다. 그러나 영국 케임브리지에 있는 베이브러햄연구소의 과학자들은 피부세포를 단 13일 동안만 노출시킨 후 정상적으로 자라도록 방치해두었다.

원래 이 피부세포는 53세의 여성에게서 채취한 것인데, 실험이 끝난 후 확인해보니 23세 여성의 피부처럼 젊어져 있었다. "결과를 확인하던 날, 우리는 일부 세포가 30년 이상 젊어진 것을 보고 경악을 금치 못했다. 그 짜릿한 기분은 평생 잊지 못할 것이다." 연구팀의 일원인 딜지트 길의 말이다.[6]

이것은 정말 놀라운 결과였다. 향후 실험에서 동일한 결과가 얻어진다면, 의학 역사상 최초로 늙은 세포를 젊게 되돌린 기적 같은 사례로 남을 것이다.

그러나 연구에 참여한 과학자들은 부작용이 일어날 가능성을 조심스럽게 언급했다. 앞서 언급했던 다른 실험에서 그랬듯이 회춘을 위해 유전자에 엄청난 변화를 주었기 때문에, 암은 여전히 치명적인 위험요소로 남아 있다. 그러므로 당장 눈앞에 보이는 결과에 흥분하지 말고, 부작용을 줄이기 위해 최선을 다해야 할 것이다.

암에 걸릴 염려 없이 젊은 장기를 만드는 방법은 없을까? 있다. 인체의 각 부분을 맨땅에서 처음부터 만들어나가는 '조직공학tissue engineering'이 바로 그것이다.

조직공학

다 자란 성체 세포가 배아줄기세포로 되돌아가면 젊음을 되찾을 수 있지만, 이것은 세포 수준에서 이루어지는 일이다. 즉, 세포를 젊게 만들었다고 해서 몸 전체가 타임머신을 타고 과거로 되돌아간 듯 젊어지는 것은 아니다. 특정한 세포주細胞株, cell line(배양을 통해 증식된 복사본 세포 – 옮긴이)가 불멸의 존재가 되어 특정 기관을 재생시킬 수는 있지만, 몸 전체를 재생할 수는 없다.

그 이유 중 하나는 줄기세포가 스스로 자라도록 방치했을 때, 가끔은 형태가 없는 조직 덩어리를 무작위로 만들어내기 때문이다. 대부분의 경우 줄기세포가 올바르게 배양되어 특정 기관으로 자라나려면 이웃한 세포로부터 신호를 받아야 한다.

이 문제의 해결사로 떠오른 것이 바로 조직공학이다. 간단히 말하자면 줄기세포를 미리 만들어둔 틀에 넣어서 세포가 엉뚱한 길로 새지 않고 질서정연하게 자라도록 만드는 기술이다.

노스캐롤라이나 웨이크포레스트대학교의 앤서니 아탈라는 이 분야의 선구자 중 한 사람이다. 언젠가 나는 BBC-TV의 부탁을 받고 그와 인터뷰를 진행한 적이 있는데, 연구실에 들어갔다가 간, 신장, 심장 등 사람의 장기가 들어 있는 커다란 유리병을 보고 마치 SF 영화 속에 들어온 듯한 착각이 들었다.

아탈라에게 연구가 진행되는 방식을 물었더니, 제일 먼저 할 일은 만들고 싶은 기관의 외형을 따서 섬세한 플라스틱 섬유로 틀을 만드는 것이라고 했다. 여기에 환자의 기관에서 채취한 세포를 넣고 성장을 촉진하는 성장인자 혼합물을 주입하면 틀 안에서 세포가 자라기 시작한다. 이 상태에서 일정 시간이 지나면 틀은 자연분해되어 사라지고 거의 완벽한 형태의 장기 복사본만 남는데, 이것을 환자의 몸에 이식하면 곧바로 기능을 수행하기 시작한다. 처음에 씨앗 역할을 한 세포는 환자의 몸에서 취한 것이므로 거부반응이 일어나지 않고, 세포의 유전자를 조작하지 않으므로 암에 걸릴 위험도 없다.

아탈라가 성공적으로 만든 장기는 피부와 뼈, 연골, 혈관, 방광, 심장판막, 기관氣管 등 단 몇 종류의 세포로 이루어진 것들이다. 간은 여러 종류의 세포로 이루어져 있기 때문에 만들기 어렵고, 신장은 수백 개의 작은 관과 필터로 이루어진 복잡한 장기여서 아직 완성하지 못했다.

아탈라의 장기배양 기술에 줄기세포를 결합하면 언젠가는 완전한 기관을 만들 수 있을 것이다. 예를 들어 심혈관질환은 현재 미국인 사망원인 1위인데, 이런 식으로 심장 전체를 만들어서 이식하는 것도 가능할 수 있다. 한마디로 의학계에 '인체 부품 판매점'이 등장하는 것이다.

또 다른 연구팀은 사람의 장기를 만들기 위해 3차원 프린팅 기술을 실험 중이다. 컴퓨터 프린터가 작은 잉크 방울을 분사하여 그림을 인쇄하듯이, 이들이 개발한 3차원 장기 프린터는 사람의 심장 세포를 하나씩 분사해서 심장조직을 만들어나간다. 세포를 재생해서 젊은 세포주를 만드는 데 성공하면, 조직공학을 이용하여 줄기세포로부터 모든 장기를 만들어낼 수 있다.

티토노스는 영원한 젊음을 부여받지 못하여 늙은 몸으로 영원히 살아야 했지만, 지금 우리는 순전히 과학을 이용하여 그의 한을 풀어가고 있다.

양자컴퓨터의 역할

양자컴퓨터는 회춘과 관련된 모든 연구에 직접적인 영향을 미칠 것이다. 이제 머지않아 대부분 사람들의 게놈 서열은 거대한 글로벌 유전자은행에 보내져서 분석될 것이다. 디지털 컴퓨터로는 꿈도 못 꿀 일이지만, 양자컴퓨터라면 얼마든지 가능하다. 그리고 과학자들은 노화 과정에서 손상된 유전자를 분리하여 적절한 조치를 취할 것이다.

노인과 청년의 유전자를 비교-분석하는 작업은 지금도 실행 중이다. 이로부터 노화가 집중적으로 일어나는 유전자를 100개 정도 골라냈는데, 이들 중 대부분이 산화 과정에 관여하는 것으로 밝혀졌다. 미래에는 양자컴퓨터가 훨씬 많은 유전자 데이터를 분석하여 어떤 세포에 오류가 가장 빈번하게 일어나는지, 그리고 어떤 유전자가 노화를 제어하는지 알아낼 것이다.

양자컴퓨터는 노화가 집중적으로 일어나는 유전자를 골라낼 뿐만 아니라, 그 반대 기능도 할 수 있다. 즉, 나이가 많으면서도 유별나게 건강한 사람의 유전자를 골라내는 것이다. 인구통계학 자료에 의하면 초고령 인구 중 청년 못지않게 건강한 신체를 유지하는 사람이 종종 있다. 양자컴퓨터가 유전자은행에 보관된 방대한 데이터를 분석하여 면역력이 특출나게 강한 유전자를 골라낸다면, 노인들이 질병에 시달리지 않고 건강한 노년을 보내는 데 커다란 도움이 될 것이다.

물론 개중에는 노화가 비정상적으로 빠르게 진행되어 어린 나이에 노환으로 사망하는 사례도 있다. 베르너증후군이나 조로증은 어린아이들이 부모가 보는 앞에서 늙어가는 악몽 같은 질병으로, 20~30살을 넘긴 사례가 거의 없다. 전문가의 분석에 의하면 선천적으로 지나치게 짧은 텔로미어가 이 병을 일으키는 원인 중 하나라고 한다. (이와 정반대로 아슈케나지 유대인들은 텔로머레이스가 극도로 활성적이어서 장수하는 사람이 유난히 많다.)

또한 100세를 넘긴 사람은 폴리 ADP-리보스 폴리머레이스(PARP, 중합효소)라는 DNA 복구 단백질을 20~70세의 사이의 사람들보다 훨씬 많이 보유한 것으로 밝혀졌다. 이는 곧 장수하는 사람의 DNA 복구 능력이 단명한 사람보다 강력하다는 것을 의미한다. 100살을 넘긴 노인들의 세포가 젊은 사람의 세포와 비슷한 것을 보면, 이들의 노화가 느리게 진행되었음이 분명하다. 80대에 도달한 사람이 90대를 넘길 가능성이 보통 사람들이 90살을 넘길 가능성보다 더 높은데, 그 이유도 '지연된 노화'로 설명할 수 있다. 즉, 면역체계가 약한 사람은 대부분 80세를 넘기지 못하고 죽기 때문에 확률에 차이가 나는 것이다. 80살까지 살아남은 사람은 더욱 강력한 DNA 복구 메커니즘을 갖고 있어서 90살을 넘길 가능성이 상대적으로 높다.

그러므로 양자컴퓨터는 유전자를 아래와 같은 유형으로 분리할 수 있다.

- 나이에 비해 유별나게 건강한 노인
- 질병에 대한 면역력이 강해서 기대수명이 긴 사람
- 유전자에 오류가 쌓여서 노화가 빠르게 진행되는 사람
- 베르너증후군이나 조로증으로 인해 노화가 정상인보다 유난히 빠르게 진행되는 사람

노화와 관련된 유전자가 밝혀져서 이들을 분리하는 데 성공하면 크리스퍼 기술을 이용하여 문제를 해결할 수 있다. 과학자들의 목표는 양자컴퓨터로 노화의 메커니즘을 분자 수준에서 규명하여 손상된 유전자를 수정하는 것이다.

미래에는 노화를 늦추거나 역전시키는 다양한 약물과 치료법이 개발되어 인간의 수명이 훨씬 길어질 것으로 예상된다. 단 한 가지 치료

법으로 노화를 막긴 어렵겠지만, 몇 가지 조치를 병행하면 치료 효과가 상승하여 시간을 되돌릴 수 있을 것이다.

여기서 중요한 것은 양자컴퓨터가 노화의 비밀을 분자 수준에서 밝힐 수 있다는 점이다.

디지털 영생

양자컴퓨터를 이용하면 생물학적 영생뿐만 아니라 디지털 영생을 누리는 것도 가능하다.

우리 선조들은 한평생을 살다가 대부분 흔적을 남기지 않고 사라졌다. 물론 교회나 성전의 문헌에 일부 조상의 탄생일과 사망일이 기록되어 있고 누군가는 사망한 날짜를 묘비에 새겨넣기도 했지만, 세상에 남긴 흔적이라곤 그것이 전부다.

누구나 제 나름대로 의미 있고 파란만장한 삶을 살았을진대, 한 번 세상을 떠나면 그 소중한 기억과 경험이 문헌 속 두 줄짜리 기록과 짤막한 비문으로 축약된다. 지금 당장 DNA 은행에서 자신의 혈통을 추적해봐도, 조상의 흔적이 100년 안에 사라지는 경우가 태반이다. 가문 전체의 역사가 한두 세대 만에 한 줌 먼지로 사라지는 것이다.

그러나 현대를 사는 우리는 사방에 엄청난 양의 디지털 흔적을 남기고 있다. 누군가의 신용카드 사용 내역만 추적해도 그의 생활패턴과 성격, 좋아하는 것과 싫어하는 것 등이 한눈에 파악된다. 그가 어떤 물건을 구매했고 휴가를 언제 어느 곳으로 갔는지, 평소에 어떤 운동경기를 좋아했으며 어떤 선물을 샀는지 등등… 이 모든 것이 지구상 어딘가의 컴퓨터에 고스란히 저장되어 있다. 내가 부지불식간에 남긴 디지털 발자국이 어디선가 '또 하나의 나'를 만들고 있는 것이다. 미래에는 이 방대한 데이터를 이용하여 한 개인을 재창조할 수도 있다.

이미 세상을 떠난 위인이나 유명인을 인공지능으로 복원하면 어떨까? 이 작업은 지금 부분적으로 진행되고 있다. 오늘 도서관에 가서 윈스턴 처칠의 전기를 읽었다면, 미래의 도서관에서는 처칠과 대화를 나눌 수 있다. 그가 생전에 쓴 편지와 회고록은 물론이고 그의 전기와 인터뷰 내용까지 디지털 데이터로 남아 있으니, 약간의 인공지능을 적용하여 살아 있는 사람처럼 만드는 것은 지금의 기술로도 가능하다. 머지않아 우리는 세상을 떠난 국가 지도자의 홀로그램 입체영상과 담소를 나누며 여유로운 오후를 보낼 수 있을 것이다.

나에게 이런 기회가 주어진다면 당장 아인슈타인을 소환해서 그가 추구했던 목표와 업적, 그리고 그의 자연철학관에 대해 꼬치꼬치 캐묻고 싶다. 자신의 이론이 훗날 빅뱅과 블랙홀, 중력파, 통일장이론 등 과학의 거대한 테마로 자리잡았다는 사실을 알면, 과연 그는 어떤 감회를 느낄까? 그리고 여전히 위세를 떨치고 있는 양자역학에 대해서는 어떤 평가를 내릴까? 이 모든 반응은 그가 남긴 수많은 편지와 연구 노트를 활용하여 매우 실감나게 구현할 수 있다.

이 기술이 상용화되면 평범한 사람도 디지털 세계에 생생한 흔적을 남길 수 있다. 그 유명한 TV 드라마 〈스타트렉〉에서 커크 선장 역할을 맡았던 윌리엄 샤트너는 2021년에 디지털 불멸을 달성했다. 그가 살아온 인생과 삶의 목표, 그리고 세상을 바라보는 철학 등에 대한 수백 가지 질문에 일일이 답하는 모습을 고해상도 카메라로 촬영한 후,

컴퓨터로 영상을 분석하여 주제와 장소 등에 따라 시간순으로 정리해놓은 것이다. 앞으로 세월이 한참 흐른 후 〈스타트렉〉의 팬이 디지털화된 샤트너에게 질문을 던지면, 그는 마치 거실에서 질문자와 사적인 대화를 나누듯 일관성 있고 합리적인 답을 들려줄 것이다.

미래에는 자신의 흔적을 남기기 위해 샤트너처럼 일부러 카메라 앞에 앉을 필요가 없다. 요즘 사람들은 별생각 없이 자신의 일상생활을 휴대폰 사진과 영상으로 기록하고 있기 때문이다. 특히 전 세계의 10대 청소년들은 온갖 장난과 농담을 소셜네트워크에 올리면서 방대한 양의 디지털 흔적을 쌓아가고 있다(그중 일부는 인터넷에 영원히 남을 것이다).

사람들은 대부분 자신의 삶이 일련의 사건과 우연, 그리고 무작위로 겪어온 경험의 집합체라고 생각한다. 하지만 앞으로 인공지능이 발달하면 이 보물 같은 추억을 편집해서 질서정연하게 저장할 수 있다. 그리고 양자컴퓨터는 막강한 검색엔진을 가동하여 누락된 자료를 찾고 스토리를 이어붙여서, 한 사람의 인생을 통째로 보관해줄 것이다.

당신이 평생 동안 쌓아온 소중한 기억과 업적이 사후에 한 줌 먼지로 사라지지 않고 후손에게 거의 원형 그대로 전달된다면, 당신의 디지털 자아는 불멸의 존재가 되는 셈이다. 이것이 바로 양자컴퓨터가 인간에게 선사하는 영생이다.

지금까지 언급된 내용을 정리해보자. 과학자들은 수명을 연장하는 방법을 조금씩 알아내기 시작했지만, 그 방법이 분자 수준에서 작동하는 원리는 여전히 미스터리로 남아 있다. 예를 들어 특정 단백질은 어떤 원리로 손상된 DNA를 빠르게 복구하는 것일까? 이 의문은 앞으로 양자컴퓨터가 풀어줄 것이다. 분자의 상호작용을 양자적 수준에서 서술할 수 있는 도구는 양자컴퓨터뿐이기 때문이다. DNA 복구의 정확한 메커니즘이 밝혀지면, 이 정보를 이용하여 노화를 늦추거나 정지시킬 수도 있다.

또한 양자컴퓨터는 우리에게 디지털 정보의 형태로 영원히 살 수 있는 길을 제공한다. 양자컴퓨터와 인공지능을 결합하면 '나'라는 인간이 정확하게 반영된 디지털 복사본을 만들 수 있다. 이것은 지금 한창 개발 중인 기술이다.

물론 양자컴퓨터가 할 수 있는 일은 우리 몸의 내부뿐만 아니라 바깥세상에도 많이 있다. 지구온난화를 막아서 인류의 생존을 보장하고, 태양에너지를 활용해서 에너지 문제를 극복하고, 우주의 비밀을 푸는 것도 앞으로 양자컴퓨터가 해야 할 일이다. 그리고 이 세 가지 항목은 이 책의 나머지 부분에서 다룰 주제이기도 하다.

QUANTUM
SUPREMACY

MICHIO KAKU

4부

세상과 우주의 모델링

14장.

지구온난화

여러 해 전에 아이슬란드의 한 대학교에서 강연하기 위해 비행기를 타고 수도 레이캬비크로 날아간 적이 있다. 비행기가 공항에 가까워졌을 때 무심결에 창밖을 내다봤는데, 육지에는 푸른색이라곤 전혀 없는 황량한 화산지대가 끝없이 펼쳐져 있었다. 그야말로 타임머신을 타고 과거로 시간여행을 온 느낌이었다. 특히 공항 인근 지역은 황량한 정도가 도를 지나쳐서, 수백만 년 전의 지구를 되돌아볼 수 있는 완벽한 장소인 것 같았다.

강연이 끝난 후 나는 캠퍼스를 둘러보다가, 이곳의 과학자들이 수천 년의 역사가 배어 있는 얼음덩어리를 어떤 식으로 분석하는지 궁금해졌다.

연구동은 건물 자체가 커다란 냉장고처럼 생겼는데, 안으로 들어가 보니 실내온도도 냉장고처럼 추웠다. 나는 연구실 테이블에 놓인 여러 개의 기다란 금속막대에 눈길이 꽂혔다. 가까이 가서 보니 그 막대는 약 4센티미터의 지름에 길이가 몇 미터에 달했는데, 그 속에는 땅속 깊은 곳에서 채취한 얼음 샘플이 들어 있었다.

그중 뚜껑이 열린 막대가 있길래 속을 들여다보니 하얀 얼음기둥이 모습을 드러냈다. 지난 수천 년에 걸쳐 북극지방에 쌓여온 얼음층을 한눈에 보고 있다고 생각하니, 머리카락이 곤두설 지경이었다. 그것은 선사시대의 역사가 고스란히 담긴 타임캡슐이었다.

얼음기둥에는 깊이에 따라 한 시대를 상징하는 가느다란 갈색 띠가 수평 방향으로 나 있는데, 나를 안내하던 연구원은 그것이 고대에 화산이 폭발했을 때 대기 중에 방출된 검댕과 재가 쌓여서 생긴 흔적이라고 했다. 개개의 화산이 폭발한 시기는 다른 지질학 연구팀에 의해 연대순으로 정리되어 있으므로, 띠 사이의 간격을 측정한 후 화산폭발 연대와 비교하면 띠가 생성된 연대를 알 수 있다.

그러나 얼음기둥에서 가장 중요한 것은 그 안에 생성된 미세한 기포들이다. 그 시대에 존재했던 대기가 기포 안에 고스란히 담겨 있기 때문이다. 즉, 기포 안에 갇힌 공기의 성분을 분석하면 해당 시대에 대기 중에 존재했던 이산화탄소(CO_2)의 양을 알 수 있다.

(특정 얼음층이 형성된 시기의 대기 온도도 알 수 있는데, 중간과정이 좀 복잡하다. 다들 알다시피 물의 화학식은 H_2O로서, 수소와 산소로 이루어져 있다. 그러나 물 중에는 가장 흔한 산소(^{16}O)보다 중성자가 2개 더 많은 산소-18(^{18}O)과, 가장 흔한 수소(^{1}H)보다 중성자가 하나 더 많은 수소-2(^{2}H)로 이루어진 '무거운 버전'의 물도 있다. 그런데 무거운 물(중수重水)은 온도가 따뜻할 때 더 빠르게 증발하기 때문에, 무거운 물과 정상적인 물의 비율을 측정하면 얼음이 처음 형성되

었을 때 대기의 온도를 계산할 수 있다. 무거운 물의 함량이 많을수록 눈이 내릴 때 온도가 낮았다는 뜻이다.)

마침내 나는 연구원들이 어렵게 작성한 그래프를 보게 되었는데, 대기의 온도와 대기 중 이산화탄소 함량은 지난 수백 년 동안 쌍둥이 롤러코스터처럼 동시에 오르락내리락하고 있었다. 지구의 온도와 대기 중 이산화탄소 함량 사이에 무언가 긴밀한 관계가 있음이 분명하다. (그 사이에 얼음을 채굴하는 기술이 발달해서 지금은 훨씬 깊은 곳까지 파낼 수 있다. 지난 2017년에 과학자들은 남극대륙에서 270만 년 전에 형성된 얼음을 추출하여 지구의 역사에서 누락된 부분을 채워넣을 수 있었다.)

나는 내 나름대로 그래프를 분석하다가 몇 가지 특징을 발견했는데, 가장 눈에 띄는 것은 지구의 온도가 큰 폭으로 변해왔다는 점이다. 사람들은 대부분 지구가 매우 안정적이라고 생각하는 경향이 있다. 자신이 사는 동안 큰 변화를 겪지 않았기 때문이다. 그러나 사실 지구는 온도와 기후가 널을 뛰듯 변하는 역동적인 행성이다.

두 번째 특징은 마지막 빙하기가 약 1만 년 전에 끝났다는 점이다. 그 무렵 북아메리카 대륙의 대부분은 두께가 800미터에 달하는 얼음층으로 덮여 있었는데, 대기가 점차 더워지면서 고대문명이 탄생했다. 빙하기는 1만 년을 주기로 반복된다는 것이 과학자들의 중론이다. 그렇다면 인류는 두 빙하기 사이의 간빙기에 문명의 싹을 틔워서 현재에 도달했으니, 참으로 운이 좋았던 셈이다. 1만 년 전에 빙하기가 끝나지 않았다면, 우리는 아직도 짐승 가죽을 걸치고 빙판을 돌아다니면서 필사적으로 식량을 찾고 있을 것이다.

그런데 그래프가 현재에 가까워질수록 아주 심각한 문제가 드러난다. 1만 년 전에 마지막 빙하기가 끝난 후 기온이 완만하게 상승하다가 지난 100년 동안 산업혁명을 겪으면서 화석연료를 너무 많이 태운 탓에 온도가 갑자기 가파르게 상승한 것이다.

과학자들이 지구 주변의 온도를 분석해보니, 인류 역사상 가장 더웠던 해는 2016년과 2020년이었다. 게다가 1983~2012년은 지난 1400년을 통틀어 '가장 뜨거운 30년'이었다. 그러므로 최근에 심각한 문제로 떠오른 지구온난화는 간빙기에 나타나는 주기적 현상이 아니라, 무언가 매우 부자연스러운 변화임이 분명하다. 그 원인은 여러 가지가 있겠지만, 가장 유력한 용의자는 '인류문명의 급속한 발전'일 것이다.

암울한 미래를 맞이하지 않으려면 날씨의 패턴을 정확하게 예측하고 현실적인 행동방침을 세워야 하는데, 기존의 디지털 컴퓨터로는 이루기 어려운 과제이다. 그러므로 미래에는 양자컴퓨터로 전환하여 지구온난화에 대해 정확한 평가를 내리고, 다가올 미래에 대한 '가상기후보고서virtual weather reports'를 작성할 필요가 있다. 보고서에 등장하는 변수의 값을 이리저리 바꿔가면서 시뮬레이션을 하면 어떤 변수가 기후에 영향을 미치는지 미리 알 수 있을 것이다.

이 가상기후보고서가 인류문명의 미래를 좌우할지도 모른다.

옥스퍼드대학교의 알리 엘 카파라니는 〈포브스〉에 다음과 같은 글을 실었다. "환경 분야에서도 양자컴퓨터의 잠재력은 엄청나다. 전문가들은 양자컴퓨터가 UN의 '지속 가능한 개발목표'를 달성하는 데 큰 도움이 될 것으로 예측하고 있다."[1]

이산화탄소와 지구온난화

지구온난화를 막으려면 온실효과가 일어나는 원인과, 인간의 활동이 온실효과에 기여하는 정도를 정확하게 알아야 한다.

태양에서 날아온 빛은 지구의 대기층을 가뿐하게 통과하지만, 지표면에서 반사되면 에너지를 잃고 자외선 열복사가 된다. 그런데 적외선은 CO_2를 쉽게 통과하지 못하기 때문에 대기에 갇힌 열에너지가 지구를 가열시킨다. 2018년에 전 세계에서 소비한 에너지의 80퍼센트는 화석연료를 태워서 생산되었는데, 독자들도 알다시피 이 과정에서 방출된 다량의 부산물, 즉 CO_2가 대기 중에 흡수되어 담요처럼 지구를 덮는다. 그러므로 지난 세기에 온도가 급격하게 올라간 이유는 산업혁명이 낳은 다량의 CO_2가 대기 속에 축적되었기 때문일 것이다.

지난 100년 사이에 지구가 빠른 속도로 데워졌다는 증거는 지하에서 채취한 얼음기둥이 아닌 지표 바깥에서 확인되었다. 지구온난화는 그런 관점에서 볼 때 시각적으로 매우 극적이다.

NASA에서 띄운 기상위성 중에는 태양에서 지구로 유입된 에너지의 양과 지구에서 우주 공간으로 방출된 에너지의 양을 측정하는 것도 있다. 지구가 열적 평형상태에 있다면 에너지의 입력과 출력이 거의 같아야 하는데, 위성에서 보내온 자료에 의하면 출력보다 입력이 많다. 즉, 지구는 에너지 흡수량이 방출량보다 많아서 서서히 데워지는 중이다. 그런데 에너지의 입력에서 출력을 뺀 '순 유입량'은 인간 활동에서 생성된 에너지의 양과 거의 비슷하다. 그러므로 최근에 나타난 온도상승의 주범은 자연이 아닌 인간일 가능성이 매우 높다.

위성에서 보내온 사진에는 온난화의 결과가 극명하게 드러나 있다.

과거에 찍은 위성사진과 비교하면 지구의 지질학적 변화가 한눈에 들어오는데, 제일 눈에 띄는 것은 지표면을 덮고 있던 주요 빙하들이 지난 수십 년 사이에 거의 사라졌다는 점이다.

1950년대부터 정기적으로 북극을 방문해온 잠수함 탐사대의 보고서에 따르면 지난 50년 사이에 얼음의 두께가 50퍼센트 감소했으며, 지금도 매년 1퍼센트씩 감소하는 중이라고 한다. (미래의 아이들은 북국에는 얼음이 없는데, 산타클로스는 어떻게 그곳에 산다는 것인지 궁금해할지도 모른다.) NASA의 과학자들은 이번 세기 중반쯤 되면 북극의 여름철에 얼음을 볼 수 없을 것으로 예측했다.

지구온난화는 허리케인(북대서양 서부에서 발생하는 열대성 저기압 – 옮긴이)에도 악영향을 미친다. 허리케인은 아프리카 서해안에서 온화한 열대 바람으로 시작되어 대서양을 건너 이동하다가 카리브해에 도달하면 볼링공처럼 변한다. 이곳에서 적당한 각도로 방향을 틀어 멕시코만의 따뜻한 물과 만나면 위력이 점점 강해져서 괴물 같은 폭풍으로 자라곤 한다. 미국 동부해안에 상륙하는 허리케인의 강도와 빈도 및 활동 기간은 1980년대부터 꾸준히 증가해왔는데, 과학자들은 그 원인을 '수온의 상승'으로 추정하고 있다. 그렇다면 허리케인은 시간이 흐를수록 자주 출몰하고, 파괴력도 더욱 강해질 것이다.

미래 예측

컴퓨터가 예측한 미래의 기후는 그다지 낙관적이지 않다. 1880년 이후로 전 세계의 해수면은 20센티미터나 높아졌다(바닷물 온도가 높아지면서 부피가 팽창했기 때문이다). 2100년이 되면 30~240센티미터까지 높아져서, 미래 세계지도의 해안선은 눈에 띄게 달라질 것이다.

NASA와 미국 해양대기청(NOAA)에서 발표한 보고서에는 다음과 같이 적혀 있다. "기후변화에서 초래된 해수면 상승은 지금 당장 미국을 위협하고 있으며, 이 위험한 상황은 향후 수십, 수백 년 동안 계속될 것이다."[2]

해수면이 1센티미터 높아질 때마다 바닷가 육지는 수평으로 100센티미터씩 사라진다. 이 정도면 지도를 다시 그려야 할 판이다. 게다가 대기에는 이미 엄청난 양의 열이 순환하고 있기 때문에, 22세기에도 해수면은 계속 상승할 것이다. 이는 곧 바다의 파도가 댐과 장벽을 넘어 해안지역에 막대한 피해를 준다는 뜻이다.

NASA의 국장 빌 넬슨은 최근 공개된 NASA/NOAA의 보고서를 언급하면서 다음과 같이 덧붙였다. "이 보고서는 과거의 연구 결과와 일치하며, 우리가 오래전부터 알고 있었던 내용을 재확인해준다. 지금도 해수면은 놀라운 속도로 상승하면서 전 세계 해안지역을 위협하고 있다. 현재 진행 중인 기후위기를 진정시키려면 긴급한 조치가 필요하다."[3]

전 세계의 해안 도시들은 빠르게 상승하는 수위에 어떤 식으로든 대책을 세워야 한다. 이미 베네치아는 1년 중 상당 기간 물에 잠겨 있고, 뉴올리언스 일부 지역의 고도도 어느새 해수면보다 낮아졌다. 모든 해안 도시들은 앞으로 수십 년 안에 수문과 방파제, 제방, 대피구역, 태풍경보시스템 등 해수면 상승에 대비한 각종 시설을 구축해둬야 한다.

온실가스 – 메탄

메탄이 일으키는 온실효과는 이산화탄소의 30배가 넘는다. 문제는 캐나다와 러시아 일대의 툰드라(동토대)를 포함한 북극지방이 녹으면, 다량의 메탄가스가 방출될 수도 있다는 것이다.

언젠가 시베리아의 크라스노야르스크에서 강연을 한 적이 있는데, 그곳 주민들은 온난화를 별로 걱정하지 않는 눈치였다. 일 년 내내 얼어붙은 집에서 살아왔는데, 날씨가 따뜻해지면 집이 녹으면서 살기 좋은 환경이 조성되기 때문이다. 그들에게 전해 들은 또 한 가지 흥미로운 사실은 수만 년 전에 죽어서 얼음 속에 갇힌 거대한 매머드가 기온이 높아짐에 따라 점차 위로 솟아오르고 있다는 것이다.

시베리아의 지역주민들은 점차 더워지는 날씨에 무심할 수도 있지만, 그 외의 지역에 거주하는 대부분의 인류는 메탄가스의 위험에 그대로 노출된 상태이다. 지구가 더워질수록 더 많은 툰드라지대가 녹으면서 다량의 메탄가스가 방출되고, 메탄이 대기를 에워싸면서 온도 상승이라는 악순환이 계속된다. 즉, 툰드라가 많이 녹을수록 지구가 더욱 뜨거워지는 것이다. 메탄은 강력한 온실가스인데 컴퓨터로 계산된 많은 예측이 메탄을 고려하지 않았기 때문에, 지구의 온실효과는 전문가들의 예상보다 훨씬 심하게 나타날 수도 있다.

군사적 의미

지구온난화의 사례는 어디서나 쉽게 찾을 수 있다. 예를 들어 계절 변화에 민감한 농부들은 여름이 예전보다 일주일쯤 길어졌다는 사실을 누구보다 잘 알고 있기 때문에, 파종 시기와 재배작물을 바꿔가면서 변화에 적응하고 있다.

모기를 비롯한 곤충들도 북쪽으로 이동하고 있다. 이런 추세가 계속되면 웨스트나일 바이러스(1930년대에 아프리카의 우간다 근처에서 발생한 바이러스로, 1990년대 말에 뉴욕에 상륙하여 심각한 인명피해를 낳았다–옮긴이) 같은 열대성 질병이 또다시 퍼질 수도 있다.

대기 속에서 순환하는 에너지의 양은 (인간의 활동 때문에) 꾸준히 증가하고 있으므로, 온도가 올라갈 뿐만 아니라 날씨도 더욱 격렬하게 변하여 시간이 흐를수록 산불, 가뭄, 홍수 등 자연재해가 빈번하게 일어날 것이다. 100년에 한 번꼴로 불어닥치는 무시무시한 바람을 '백년폭풍'이라고 하는데, 미래에는 이것이 '십년폭풍'이나 '연례폭풍'으로 바뀔지도 모른다. 2022년에 미국과 유럽은 기상관측 역사상 최고 기온을 겪으면서 대규모 산불이 발생하고, 멀쩡했던 호수가 사라지고, 탈수증으로 사람이 사망하는 등 극심한 피해를 입었다.

지구의 기후에 막대한 영향을 미치는 극지방 기온이 다른 지역보다 빠르게 상승한다는 것은 매우 불길한 징조이다. 지난 20년 동안 그린란드가 녹으면서 미국 전체를 45센티미터 깊이로 덮을 정도로 엄청난 양의 물이 생성되었다.

또한 남극에는 녹은 눈이 흐르면서 얼음 아래 강줄기가 형성되었다. 이제 남극과 북극은 예전에 생각했던 것처럼 안정적인 곳이 아니다.

최근 공개된 NASA/NOAA 보고서는 '종말의 빙하doomsday glacier'라는 별칭으로 잘 알려진 남극 스웨이츠Thwaites 빙하의 붕괴 가능성에 초점이 맞춰져 있다. 오리건주립대학교의 빙하학자 에린 페티트는 말한다. "스웨이츠 빙하의 동쪽 빙붕은 수백 개의 빙산으로 쪼개질 가능성이 높다. 온난화가 계속되면 한순간에 갑자기 붕괴될 것이다."[4]

온난화는 지정학적 국가정책과 국방에도 지대한 영향을 미친다. 미국 국방부는 지구온난화가 통제 불능 상태로 치달았을 때 예상되는 최악의 시나리오를 발표했는데, 그 내용이 꽤나 충격적이다. 가장 취약한 지역 중 하나는 방글라데시와 인도의 접경지역으로, 온난화로 인해 해수면이 상승하고 홍수가 일어나면 이 일대(주로 방글라데시)에서 수백만 명의 이재민이 발생할 것으로 예상된다. 그런데 이 사람들이 갈 곳이라곤 인도밖에 없고, 국경수비대는 그들을 무작정 받아들일 수도 없기에 극한의 대치상황이 벌어질 것이다. 소수의 병력으로 수백만 명을 통제할 수는 없으므로, 결국 인도 정부는 자국의 국경을 보호하기 위해 핵무기를 사용할 수도 있다.

물론 이것은 최악의 경우지만, 온난화와 인구이동이 극한의 상황으로 치달으면 얼마든지 가능한 시나리오다.

극소용돌이

과학자 중에는 최근 미국을 휩쓴 엄청난 눈보라를 지적하면서 지구온난화가 지나치게 과장되었다고 주장하는 사람도 있다. 그러나 겨울 날씨가 이토록 불안정해진 이유를 알기 전에는 어떤 장담도 할 수 없다. 한 가지 확실한 사실은 거대한 겨울폭풍이 몰아칠 때마다 차가운 날씨를 동반하는 극소용돌이Polar Vortex가 알래스카와 캐나다를 향해 굽이쳐 내려간다는 것이다.

극소용돌이는 북극을 중심으로 극저온의 공기가 가느다란 원통 모양을 따라 빠르게 회전하는 소용돌이 기류로서, 주변에 강한 제트기류가 형성되면 그 자리에 머물러 있지만 제트기류가 약해지면 남쪽으로 이동하면서 심각한 피해를 낳는다. 기상학자들이 최근에 입수된 위성사진을 분석한 결과, 극소용돌이의 상태가 과거보다 더욱 불안정해져서 제트기류를 남쪽 멀리 밀어내어 이상 한파가 나타나는 것으로 밝혀졌다.

일부 기상학자들은 극소용돌이가 불안정해진 이유를 지구온난화에서 찾고 있다. 일반적으로 극소용돌이는 상태가 비교적 안정한 편이어서, 멀리 이동하는 경우가 거의 없다. 주된 이유는 극소용돌이와 저위도지방의 온도 차이가 크기 때문이다. 두 지역의 온도 차가 클수록 극소용돌이는 세력이 더욱 강해지면서 안정한 상태를 유지한다. 그러나 극지방의 온도가 온대지역보다 빠르게 상승하면 두 지역 사이의 온도 차가 줄어들면서 극소용돌이의 위력이 약해지고, 상태는 더욱 불안정해진다. 그 결과 극소용돌이가 제트기류를 남쪽 멀리 밀어내어 텍사스와 멕시코까지 비정상적으로 추워지는 것이다.

역설적으로 들리겠지만, 저위도지방의 겨울철 기온이 최근 들어 갑자기 낮아진 것은 지구온난화 때문일 가능성이 높다.

어떻게 대처해야 하는가?

그렇다면 어떻게 해야 온난화를 막을 수 있을까?

제일 먼저 떠오르는 방법은 재생에너지 생산량을 높여서 화석연료

의존도를 낮추는 것이다. 슈퍼배터리가 완성되어 양산체제에 들어가면 전기자동차가 널리 보급되어 태양광 시대를 앞당길 수 있다. 화석연료 의존도가 높은 국가들은 아직도 소극적인 자세를 취하고 있지만, 지구온난화가 생존을 위협하는 지경에 이르면 결국 관심을 가질 수밖에 없다. 아마도 21세기 중반에는 핵융합발전이 새로운 에너지원으로 떠오를 것이다.

그러나 모든 시도가 실패로 끝나면 최후의 카드를 꺼내는 수밖에 없다. 지구의 기후를 인위적으로 바꾸는 '지구공학geoengineering'이 바로 그것이다.

1. 탄소격리

지구공학의 가장 소극적인 버전은 석유를 정제하는 과정에서 발생한 이산화탄소를 따로 격리하여 땅속에 묻는 탄소격리인데, 이 방법은 작은 규모로 이미 실행되고 있다. 또 다른 방법은 분리된 이산화탄소를 현무암(지표면 근처의 용암이 빠르게 굳으면서 형성된 암석 - 옮긴이)과 섞어서 처리하는 것이다. 어떤 방법을 동원하건, 중요한 것은 경제성이다. 탄소를 격리하려면 당연히 돈이 들어가는데, 제아무리 좋은 일이라 해도 손해를 감수하면서 이 분야에 뛰어들 기업은 없다. 그래서 많은 기업들은 확실한 결론이 나올 때까지 눈치를 보는 중이며, 전문가들도 부담을 느끼는지 판단을 보류하고 있다.

2. 날씨 바꾸기

1980년에 미국 워싱턴주에서 세인트헬렌스 화산이 폭발했을 때, 과학자들은 대기에 유입된 화산재의 양과 온도에 미치는 영향을 분석한 결과 '햇빛이 대기에서 더 많이 반사되어 하늘이 어두워졌고, 그로 인해 온도가 조금 내려갔다'는 결론에 도달했다.

이들의 분석이 옳다면, 지구의 온도를 낮추는 데 필요한 미립자 물질의 양을 계산하여 대기 중에 살포할 수도 있을 것이다.

그러나 여기에는 한 가지 문제가 있다. 미립자를 살포하기 전에 실험을 해서 효과를 확인해야 하는데, 온도 하강 효과를 현실적 규모에서 확인하려면 매우 넓은 지역에 걸쳐 살포해야 한다. 그리고 화산이 폭발해서 대기 온도가 일시적으로 몇 도쯤 낮아졌다 해도, 지구 전체의 온도를 낮추기에는 턱없이 부족하다는 것도 문제이다.

3. 조류를 이용한 온난화 억제

또 한 가지 방법은 이산화탄소를 흡수하는 '씨'를 바다에 살포하는 것이다. 예를 들어 조류藻類는 철분이 공급되면 증식하는데, 식물처럼 이산화탄소를 흡수한다. 따라서 바다에 철분을 뿌리면 조류를 이용하여 이산화탄소를 억제할 수 있다. 한 가지 문제는 조류가 '통제하기 어려운 생명체'라는 점이다. 이들은 한자리에 머물지 않고 예상치 못한 방식으로 퍼져나간다. 고장난 자동차는 리콜이라도 할 수 있지만, 조류가 엉뚱한 방향으로 퍼져나가기 시작하면 수습할 방법이 없다.

4. 비구름 만들기

일각에서는 이미 검증된 구식 기술인 요오드화(아이오딘화)은 결정AgI crystal을 사용하자고 주장하는 사람도 있다. 고대인들은 비가 부족할 때 신에게 기도하고 제물을 바쳤지만, 현대인(특히 군대)은 화학물질을 대기 중에 살포하여 소위 말하는 '인공강우'를 만들어낸다. 요오드화은의 결정은 수증기의 응결을 촉진하는 성질이 있어서, 대기 중에 뿌리면 그 일대에 비구름이 형성되어 뇌우를 일으킬 수 있다. 알려진 바에 의하면 미국 중앙정보국은 베트남전이 한창일 때 우기雨期에 맞춰 요오드화은을 살포하여 강물이 범람하게 만들어서 적군을 격퇴시키는 작전을 진지하게 고려했다고 한다.

구름에 미세한 입자를 뿌려서 더 많은 에너지가 구름에 반사되도록 만드는 방법도 있다(이것을 '구름표백cloud brightening'이라 한다).

그러나 이런 방법으로 온도를 낮추기에는 지구가 너무 크다는 것이 문제이다. 게다가 과거의 경험에 의하면 구름에 비의 씨앗을 뿌린다고 해서 반드시 비가 온다는 보장도 없다.

5. 나무 심기

식물의 이산화탄소 흡수량이 지금보다 많아지도록 유전자를 수정하는 방법도 있다. 아마도 이것은 가장 합리적이면서 안전한 방법일 것이다. 그러나 이 방법으로 지구 전체의 온도를 낮출 수 있을지는 살짝 의심스럽다. 게다가 대부분의 산림지역은 각기 다른 나라들이 자국의 이익을 위해 관리하고 있으므로, 이 야심 찬 계획을 전 세계 산림에 일괄적으로 적용하려면 정치적 합의가 이루어져야 한다.

6. 가상기후 계산하기

국가들 사이의 복잡한 이해관계를 조율하기란 사실상 불가능에 가깝다. 그러나 (결코 쉬운 일은 아니지만) 모든 데이터를 하나로 모아서 양자컴퓨터로 시뮬레이션을 하면 지구온난화를 막으면서 모든 국가가 기꺼이 참여할 수 있는 가장 이상적인 해결책을 찾을 수 있을 것이다.

양자컴퓨터와 날씨 시뮬레이션

지구의 날씨를 컴퓨터로 시뮬레이션하려면, 지표면을 작은 사각형 구획(격자)으로 나눠야 한다. 1990년대에 시작된 날씨 시뮬레이션은 한 변의 길이가 약 500킬로미터인 정사각형 격자에서 출발했으나, 그 후로 컴퓨터의 성능이 향상되면서 격자의 크기가 점점 작아졌다(2007년도 IPCC, 즉 '기후변화에 관한 정부 간 협의체'의 4차 평가보고서에서 격자의 크기는 약 110킬로미터였다).[5]

다음 단계에서 이 격자는 2차원 정사각형 판을 층층이 쌓은 3차원으로 확장된다. 각 층에는 고도에 따른 대기의 특성이 담겨 있으며, 10개 층으로 나누는 것이 일반적인 관례이다.

이런 식으로 지표면과 대기를 여러 개의 육면체 구획으로 분할한 후, 컴퓨터를 이용하여 각 구획의 특성이 담긴 변수(온도, 습도, 일조량, 대기압 등)를 분석한다. 대기에 열역학 방정식을 적용하면 온도와 습도가 구획에 따라 변하는 양상을 계산할 수 있다.

이것이 바로 과학자들이 미래의 날씨를 (대략적으로) 예측하는 방식으로, 결과의 정확도는 '사후추정hindcasting'이라는 과정을 통해 확인할 수 있다. 간단히 말해서 날씨예측에 사용한 프로그램을 시간을 거슬러 적용하는 것이다. 현재의 날씨를 출발점으로 삼아 '정확한 날씨가 이미 알려진' 과거의 특정한 날짜를 향해 프로그램을 실행했을 때 과거의 날씨가 정확하게 복원되면 그 프로그램은 합격이다.

완벽한 방법은 아니지만, 과학자들은 지난 50년 동안 사후추정으로 검증된 프로그램을 이용하여 날씨를 꽤 정확하게 예측해왔다. 그러나 데이터의 양이 너무 많아서 툭하면 디지털 컴퓨터의 연산 능력을 초과하기 일쑤였고, 그럴 때마다 정보의 일부가 누락된 근사식을 사용해야 했다. 일기예보야말로 양자컴퓨터로의 전환이 가장 절실하게 요구되는 분야 중 하나이다.

불확실성

컴퓨터 프로그램이 제아무리 뛰어나다 해도, 이론적 모형에 포함하기 어려운 의외의 요인이 항상 존재한다. 일기예보의 경우, 정확도를 떨어뜨리는 가장 큰 요인은 아마도 구름일 것이다. 구름은 햇빛을 우주 공간으로 반사하여 온실효과를 줄이는 역할을 한다. 위성사진을 보면 알 수 있듯이 평균적으로 지구 대기의 70퍼센트는 항상 구름으로 덮여 있기 때문에, 구름에 의한 효과를 고려하지 않으면 정확한 결과를 얻을 수 없다.

그런데 문제는 구름의 크기와 위치가 수시로 변하여 장기예측이 매우 불확실하다는 점이다. 구름은 온도와 습도, 기압, 바람 등 다양한 요인에 즉각적으로 영향을 받는다. 그래서 기상학자들은 과거의 데이터에 기초하여 구름이 변하는 패턴을 대략적으로 예측해왔다.

일기예보의 정확성을 떨어뜨리는 또 한 가지 요인은 앞에서 잠시 언급했던 제트기류이다. 기상위성이 찍은 사진을 보면 차가운 공기 덩어리가 북극 근처에서 떠도는 것을 확인할 수 있는데, 가끔은 남쪽 깊숙이 이동하여 멕시코에 한파를 몰고 오기도 한다. 이 제트기류는 경로를 예측하기가 매우 어렵기 때문에, 기상학자들은 과거에 있었던 제트기류의 영향에 평균을 취하여 일기예보를 보정해왔다.

그러나 어떤 방법을 동원해도 디지털 컴퓨터로는 불확실성을 완전히 제거할 수 없다. 이 일을 할 수 있는 도구는 양자컴퓨터뿐이다. 첫째, 양자컴퓨터는 지구 대기를 더욱 작은 구획으로 분할했을 때 어떤 일이 일어나는지 구체적인 계산을 통해 확인할 수 있다. 실제로 날씨는 거의 1킬로미터마다 달라지는데 현재 일기예보는 수십 킬로미터 단위로 진행되고 있어서 오차가 날 수밖에 없다. 그러나 양자컴퓨터는 대기를 훨씬 작은 구획으로 나눠도 계산을 수행할 수 있으므로 오차가 크게 줄어들 것이다.

둘째, 양자컴퓨터를 도입하면 더욱 많은 변수를 도입하여 정확도를 높일 수 있다. 기존의 컴퓨터는 제트기류나 구름과 같은 가변적 요소를 '고정된 요인'으로 간주하고 있지만, 양자컴퓨터는 여기에 변수를 추가하여 더욱 사실에 가까운 계산을 수행할 수 있다. 또한 변숫값을 임의로 바꿔서 모든 가능한 결과를 시뮬레이션하는 것도 가능하다.

TV 일기예보에서 알려주는 허리케인의 예상 경로를 보면 디지털 컴퓨터의 한계를 알 수 있다. 기상 캐스터는 각기 다른 모형으로 계산된 경로를 비교해서 보여주는데, 어디에 상륙할 것인지, 내륙으로 얼마나 깊이 들어갈지 등의 차이가 수백 킬로미터인 경우가 허다하다. 이런 불확실성으로 인해 인명피해가 발생하고 복구비용으로 수백만 달러를 쓰는 것이 이제는 일상사처럼 느껴질 정도다.

일기예보에 양자컴퓨터를 도입하여 정확도를 높이면 재난이 닥쳤을 때 인명과 재산피해를 크게 줄일 수 있을 것이다.

그러나 지구온난화의 가장 큰 요인은 단연 화석연료이므로, 하루라도 빨리 대체에너지원을 찾는 것이 무엇보다 중요하다. 온실가스를 만들지 않으면서 가격도 저렴한 에너지원은 무엇일까? 유력한 후보로는 태양의 원리를 이용한 핵융합발전을 꼽을 수 있다. 그리고 여기서도 양자컴퓨터가 핵심적 역할을 한다.

15장.

병 속의 태양

인류는 오랜 옛날부터 태양을 생명과 희망, 그리고 번영의 상징으로 숭배해왔다. 고대 그리스인들에게 태양이란 태양의 신 헬리오스가 타고 다니는 1인용 불꽃 전차로서, 세상을 환하게 밝히고 인간에게 따뜻함과 위안을 선사하는 절대적 존재였다.

그러나 20세기에 인류는 태양 내부에서 은밀하게 진행되어온 에너지 생산 공정의 비밀을 기어이 알아냈고, 지금은 그와 동일한 공정을 지구에서 구현하기 위해 노력하고 있다. 이것이 바로 그 말 많고 탈도 많은 핵융합으로, 흔히 '병 속에 태양 담기'라는 말로 비유되곤 한다. 이론적인 면만 보면 핵융합은 골치 아픈 에너지 문제를 일거에 해결해줄 가장 이상적인 후보이다. 거의 무한대에 가까운 에너지를 영원히 생산할 수 있으니, 화석연료나 원자력 에너지(핵분열 에너지)와 달리 유해한 부산물(이산화탄소, 방사성 폐기물 등)을 만들어내지 않아 환경오염이나 지구온난화를 걱정할 필요도 없다. 그야말로 완벽한 대체 에너지원이다.

이제 드디어 에너지 문제가 해결되는 것일까?

아쉽게도 대답은 'no'다. 전문가들이 핵융합 기술을 만만하게 본 것이 문제였다. 물리학자들은 '앞으로 20년 후에 핵융합이 상용화될 것'이라고 주장했는데, 문제는 이 주장이 20년을 주기로 여러 번 반복되었다는 점이다. 그러나 최근 들어 주요 산업 국가들은 핵융합 기술이 드디어 가시권 안으로 들어왔다면서 무제한의 에너지를 거의 무료로 제공하는 날이 곧 올 것이라고 장담했다.

핵융합반응으로부터 에너지를 생산하는 장치인 핵융합로nuclear reactor는 지금도 여전히 비싸고 복잡해서, 상업적으로 활용하려면 수십 년은 족히 기다려야 한다. 그러나 과학자들이 큰소리를 치는 이유는 핵융합발전의 발목을 잡아온 고질적인 문제가 양자컴퓨터의 도움으로 해결될 가능성이 있기 때문이다. 대형 시설은 물론이고 일반 가정에도 핵융합 에너지가 공급되는 꿈같은 미래가 양자컴퓨터의 활약 여부에 따라 실현될 수도 있다는 이야기다.

핵융합 에너지가 최선의 대안이라면, 지구온난화가 돌이킬 수 없는 지경에 이르기 전에 상용화되어야 한다. 과연 해낼 수 있을까?

태양은 왜 빛나는가?

태양에너지의 원천은 무엇일까? 우리 선조들은 태양을 숭배하면서도 그 무한한 에너지가 대체 어디서 생긴 것인지 항상 궁금해했다. 어떤 사람들은 태양이 하늘에 떠 있는 거대한 용광로라고 생각했지만, 과학 지식이 축적되면서 그렇지 않음을 알게 되었다. 태양과 비슷한 양의 연료를 태워서 지금과 같은 에너지를 방출한다면 수백~수천 년 안에 연료가 바닥나야 한다. 게다가 우주 공간은 거의 진공상태이므로 불이 그토록 오랫동안 타오르는 것은 화학적으로 불가능하다.

그런데도 태양은 여전히 빛을 발하고 있다. 어떻게 그럴 수 있을까?

태양의 비밀을 밝힌 일등공신은 아인슈타인의 그 유명한 방정식, $E=mc^2$이다. 물리학자들은 이 방정식 덕분에 태양의 주성분인 수소가 핵융합반응을 일으켜 헬륨으로 변하고, 이 과정에서 막대한 에너지가 방출된다는 사실을 알게 되었다. 상식적으로 생각하면 반응이 일어나기 전 수소의 질량과 반응이 끝난 후 부산물로 생성된 헬륨의 질량은 서로 같아야 할 것 같은데, 실제로는 약간의 차이가 난다. 즉, 재료(수소)를 모두 합한 질량보다 결과물(헬륨)의 질량이 조금 작다. 핵융합 과정에서 질량의 일부가 손실된 것이다. 이 손실된 질량(흔히 질량결손mass defect이라 한다 - 옮긴이)을 $E=mc^2$의 m에 대입하면 핵융합반응에서 방출되는 에너지(E)가 얻어지는데, 이것이 바로 태양에너지의 원천이다.

냉전 초기인 1950년대에 수소폭탄이 개발되면서, 일반 대중들도 수소 원자에 숨어 있는 엄청난 에너지의 위력을 알게 되었다. 어떤 의미에서 보면 수소폭탄은 태양의 작은 한 조각을 지구로 옮겨왔을 때 어떤 일이 일어나는지를 극명하게 보여준 역사적 발명품이었다.

핵융합의 장점

원자핵에서 에너지를 얻는 방법은 두 가지가 있다. 여러 개의 수소 원자핵을 강제로 결합시켜서 헬륨을 만드는 핵융합과, 우라늄이나 플루토늄의 원자핵을 쪼개서 에너지를 얻는 핵분열이 그것이다. 두 경우 모두 반응 전보다 반응 후의 질량이 작다는 공통점이 있는데, 바로 이 질량이 $E=mc^2$을 통해 에너지로 발현된다.

현재 전 세계의 모든 원자력발전소는 핵분열을 이용하여 에너지를 생산하고 있지만, 핵융합은 핵분열이 도저히 따라올 수 없는 몇 가지 장점을 갖고 있다.

첫째, 핵융합은 핵분열과 달리 치명적인 폐기물을 낳지 않는다. 핵분열 반응기(원자로)에서는 우라늄이 분해되면서 에너지를 생산하지만, 스트론튬-90(^{90}Sr), 요오드(아이오딘)-131(^{131}I), 세슘-137(^{137}Cs)과 같은 수백 종의 방사성 폐기물도 함께 배출되고 있다. 이들 중 일부는 향후 수백만 년 동안 방사선을 방출하기 때문에, 외진 곳에 파묻고 오랜 세월 동안 큰돈을 들여가며 관리해야 한다. 하나의 핵분열발전소(원자력발전소)에서 1년 동안 배출되는 핵폐기물은 평균 30톤에 달하여, 대부분의 폐기물 처리장은 거대한 왕릉을 방불케 한다. 현재 전 세계적으로 정기적인 관리가 필요한 핵폐기물의 총량은 무려 37만 톤이나 된다.

이와 대조적으로 핵융합발전의 부산물인 헬륨은 기본적으로 인체에 해롭지 않을 뿐만 아니라, 따로 팔아서 부수익을 챙길 수도 있다. 반응로에 사용된 철의 일부는 수십 년 후에 방사선을 방출할 수도 있지만, 강도가 약하기 때문에 땅에 묻는 것으로 충분하다.

둘째, 핵융합발전소는 핵분열발전소와 달리 노심爐心(원자로에서 핵 연료가 담겨 있는 부분-옮긴이)이 녹아내리는 대형사고를 겪을 일이 전혀 없다. 핵분열발전소에서는 원자로의 전원이 꺼진 후에도 폐기물로부터 다량의 열이 발생하기 때문에, 불의의 사고로 냉각수가 유실되면 원자로의 온도가 2800℃까지 치솟으면서 엄청난 폭발을 일으킬 수 있다. 1986년에 구소련의 체르노빌 원자력발전소에서 증기와 수소가스가 폭발하는 바람에 원자로의 지붕이 날아가면서 최악의 원자력 사고가 발생했다. 이때 노심에 함유된 방사성 물질의 25퍼센트가 유럽 전역으로 방출되었다.

그러나 핵융합로에서 사고가 발생하면 융합 과정이 중단될 뿐, 더 이상 열이 발생하지 않아 폭발이나 방사능 유출 같은 사고는 일어나지 않는다.

셋째, 핵융합에 필요한 연료는 사방천지에 무한정 깔려 있다. 핵분열의 원료인 우라늄은 공급량이 한정되어 있을 뿐만 아니라, 매장된 곳을 알아냈다 해도 연료로 사용하려면 채광, 제분, 농축 등 복잡한 과정을 거쳐야 한다. 반면에 핵융합의 연료인 수소는 그 흔한 바닷물에서도 추출할 수 있다.

넷째, 핵융합은 원자의 에너지를 방출하는 매우 효과적인 방법이다. 예를 들어 중수소(수소의 동위원소. 양성자 1개와 중성자 1개, 그리고 전자 1개로 이루어져 있음-옮긴이) 1그램은 90000kW의 전력을 생산할 수 있는데, 이는 석탄 11톤으로 만든 전력과 같은 양이다.

마지막으로 핵융합 및 핵분열발전소는 이산화탄소를 방출하지 않으므로 지구온난화와 무관하다.

핵융합로 만들기

핵융합 장치를 만들려면 두 가지 기본재료가 필요하다. 첫째, 수백만℃로 뜨겁게 가열된 수소가 있어야 한다. 이런 초고온에서(실제 태양보다 뜨겁다) 수소를 비롯한 원자 대부분은 고체, 액체, 기체에 이어 '네 번째 상태'라 불리는 플라스마 상태로 존재한다. 플라스마는 온도가 너무 높아서 전자의 일부가 떨어져나간 기체인데, 우리 주변에서는 거의 찾아볼 수 없지만 별과 성간기체, 그리고 번개에서 가장 흔하게 발견되는 물질 형태이다.

둘째, 플라스마가 가열되는 동안 이것을 담아놓을 그릇이 필요하다. 별에서는 중력이 플라스마를 잡아당기기 때문에 별도의 그릇이 필요 없지만, 지구의 중력은 턱없이 약하므로 전기장과 자기장이 그 역할을 대신하도록 세팅해야 한다.

핵융합로 중 가장 널리 알려진 것은 러시아에서 개발한 토카막tokamak인데, 제작법을 초간단 버전으로 줄이면 다음과 같다. (1)속이 빈 기다란 원통 주변을 전선으로 돌돌 감은 후(이것을 코일이라 한다), 원통을 구부려서 두 끝을 매끄럽게 연결하여 도넛 모양을 만든다. (2)도넛 내부에 수소 기체를 주입한 후, 엄청난 온도로 가열되어 플라스마 상태가 될 때까지 실린더를 통해 전류를 흘려보낸다. (3)도넛 안에서 흐르는 플라스마가 안쪽 벽에 닿으면 당장 녹아내릴 것이므로, (1)에서 감은 코일에 엄청난 전류를 흘려보내서 도넛 안에 강력한 자기장을 만든다. 바로 이 자기장이 플라스마를 담는 '그릇'으로, 도넛의 내벽에 플라스마가 닿는 것을 막아준다.

온도가 임계값에 도달하여 핵융합이 시작되면 수소 원자의 핵(양성

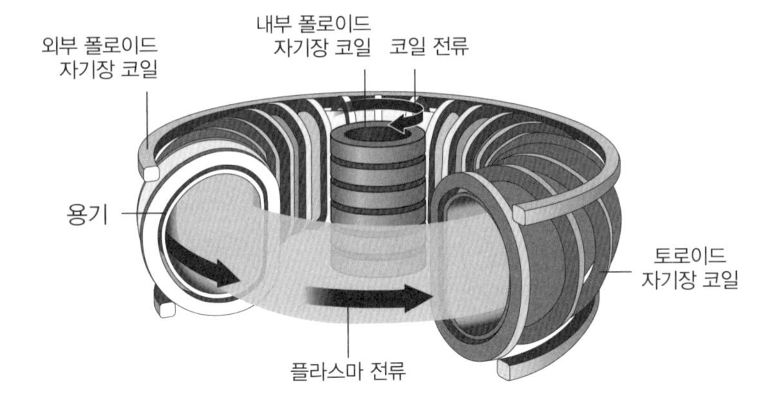

토카막
핵융합로에서는 도넛 모양의 용기 주변을 친친 감은 코일이 강력한 자기장을 생성하고, 바로 이 자기장이 초고온 플라스마를 도넛 내부에 가두는 그릇 역할을 한다(즉, 플라스마가 도넛의 내벽에 닿는 것을 방지한다). 토카막의 핵심은 핵융합반응이 일어날 정도로 수소 기체를 뜨겁게 가열하는 것이다. 여기에 양자컴퓨터를 적용하면 자기장을 더욱 정교하게 만들어서 성능과 효율을 높이고 비용을 크게 절약할 수 있다(도넛의 휘어진 원통의 원주 방향을 따라 형성된 자기장을 '토로이드 자기장'이라 하고, 도넛의 단면에 해당하는 작은 원의 원주를 따라 형성된 자기장을 '폴로이드 자기장'이라 한다-옮긴이). (Mapping Specialists Ltd.)

자)이 결합하여 헬륨 원자의 핵을 형성하고, 이 과정에서 막대한 양의 에너지가 방출된다. 융합하는 방식에도 몇 가지 버전이 있는데, 그중 하나에서는 수소의 두 가지 동위원소인 중수소와 삼중수소가 융합하여 에너지와 헬륨, 그리고 중성자를 방출하고, 핵융합 에너지를 잔뜩 머금은 중성자가 외부로 탈출하여 토카막을 에워싼 물질에 충돌한다.

외부물질은 주로 베릴륨, 구리, 강철로 이루어져 있으며, 중성자가 날아와서 충돌하면 그 안에 설치된 파이프 속의 물이 끓기 시작한다. 여기서 생성된 증기로 터빈을 돌리면 거대한 자석이 함께 회전하면서 패러데이의 전자기 유도법칙에 의해 전류가 생성되고, 이 전류가 송전선을 타고 일반 가정집에 배달되어 냉장고와 TV, 컴퓨터 등 가전제품을 작동시킨다.

왜 아직도 만들지 못하는가?

좋은 점이 이렇게나 많은데, 왜 아직도 핵융합발전을 구현하지 못하는 것일까? 최초의 핵융합로가 건설된 지 무려 70년이 지났는데, 왜 이렇게 오래 걸리는 것일까? 문제는 물리학이 아니라 공학에 있다.

수소의 핵이 융합해서 헬륨 핵으로 변하고 에너지를 방출하려면 수소 기체를 태양보다 뜨거운 수백만℃까지 가열해야 하는데, 바로 이것이 문제이다. 온도가 높으면 기체의 상태가 극도로 불안정해져서 핵융합반응이 수시로 중단되기 때문이다. 물리학자들은 수소가 별 내부의 온도로 가열될 때까지 안전하게 보관할 수 있는 용기를 만들기 위해 지난 수십 년 동안 무진 애를 써왔다.

우주에서 일어나는 핵융합반응은 아무런 어려움 없이 매끄럽게 진행된다. 모든 별은 탄생 초기에 중력에 의해 균일하게 압축된 구형球形의 수소 기체에서 시작되었다. 중력은 절대로 멈추지 않는 천연의 힘이므로 수소 기체를 계속 중심 쪽으로 잡아당겨서 내부를 더욱 강하게 압축시키고, 중심부의 온도가 마구 높아지다가 수백만℃에 도달하면 수소가 융합되기 시작한다. 수소 기체 덩어리에 불과했던 천체가 핵융합반응을 일으키면서 드디어 '점화'되는 것이다.

별에서 이 과정이 자연스럽게 진행되는 이유는 중력이 '단극성monopolar 힘'이기 때문이다. 즉, 2개가 아닌 하나의 극에서 출발하기 때문에 구형 기체는 자체 중력에 의해 자연스럽게 붕괴(압축)된다. 은

하수 안에만 수천억 개의 별이 존재한다는 것은 그만큼 형성되기 쉽다는 뜻이기도 하다.

그러나 인공 핵융합로에서 중력 대신 사용되는 전기력과 자기력은 단극이 아닌 '양극성bipolar 힘'이다. 예를 들어 자석은 항상 북극(N)과 남극(S)을 동시에 갖고 있다. 막대자석의 가운데를 자르면 남극과 북극으로 분리되지 않고, 남-북극을 모두 갖는 2개의 자석으로 분리된다. 자석을 아무리 잘게 잘라도 마찬가지다.

바로 이것이 문제다. 도넛 모양으로 형성된 수소 기체가 핵융합을 일으킬 때까지 도넛 안에 자기장을 걸어서 모든 곳을 균일한 힘으로 압축시켜야 하는데, 이게 보통 어려운 일이 아니다. 풍선으로 동물을 만들 때 사용하는 가늘고 기다란 풍선을 예로 들어보자. 일단 이 풍선을 불어 구부린 후 바람이 새나가지 않도록 양 끝을 기술적으로 이어서 도넛 모양으로 만들었다고 하자. 이제 풍선의 모든 곳에 똑같은 힘으로 압력을 가해야 한다고 생각해보라. 이게 어디 말처럼 쉬운 일이겠는가? 풍선의 한 지점을 누르기만 하면 어김없이 다른 지점이 불룩하게 튀어나온다. 튀어나오는 곳이 하나도 없도록 모든 지점을 균일하게 압축시켜야 한다면, 그냥 포기하는 게 상책이다.

ITER

미-소 냉전이 끝난 후 핵융합로 건설에 엄청난 비용이 든다는 사실이 알려지면서, 세계 각국은 핵에너지의 평화적 활용을 위해 관련 지식과 자원을 하나로 모으기 시작했다. 그리하여 1979년에 일부 강대국들이 국제 핵융합로 건설에 합의했고, 미국의 로널드 레이건 대통령과 소련의 미하일 고르바초프 공산당 서기장이 최종 합의서에 서명함으로써 본격적인 장도에 오르게 되었다.

국제열핵융합실험로(ITER)는 이러한 국제적 협력의 대표적 산물로서, 유럽연합과 미국을 비롯하여 러시아, 일본, 한국 등 35개국이 재정적으로 지원하고 있다.

물리학자들은 핵융합로의 효율을 평가할 때 흔히 Q라는 양을 사용한다. Q는 융합로에서 생성된 에너지(출력)를 투입된 에너지(입력)로 나눈 값이다. 따라서 Q=1이면 입력과 출력이 동일한 '본전치기 융합로'이고, 1보다 작으면 얻는 것보다 잃는 것이 많은 '돈 잡아먹는 융합로'가 된다. 현재 핵융합로의 세계기록은 Q=0.7 정도이다. ITER는 2025년까지 Q=1에 도달한다는 소박한 목표를 세워놓았지만, 사실 이 융합로는 Q=10까지 도달할 수 있도록 설계되었다.

ITER는 무게가 5000톤이 넘는 괴물 같은 기계로서, 국제우주정거장(ISS) 및 대형강입자충돌기(LHC)와 함께 역사상 가장 정교한 과학 장비로 꼽힌다. 이전 핵융합로보다 2배 크고, 무게는 16배나 무겁다. 도넛의 지름은 19.5미터이고 높이는 11.3미터이며, 플라스마를 가두는 자기장은 자구 자기장보다 28만 배나 강하다.

ITER는 세계에서 가장 큰 핵융합 프로젝트로서 4억 5천만 와트의 에너지를 생산하도록 설계되었다. 그러나 처음부터 실험용으로 제작되었기 때문에 완성된 후에도 전력망에 연결되지는 않는다. 연구원들은 2025년에 첫 시험가동을 거친 후 2035년에 최대전력에 도달한다는 목표를 세워놓고 있다. 모든 것이 계획대로 된다면 2050년에는 'DEMO'로 명명된 차세대 핵융합로가 웅장한 모습을 드러낼 것이다.

DEMO의 Q 값은 무려 25에 달하며, 최대 2기가와트(GW)의 에너지를 생산할 수 있다.

최종 목표는 21세기 중반까지 핵융합발전의 상업화를 이룩하는 것이다. 그러나 분석가들은 핵융합발전이 실현된다 해도 지구온난화가 곧바로 멈추지는 않을 것이라고 경고하고 있다. "핵융합은 2050년에 탄소배출량을 0으로 만들어줄 마법의 기계가 아니라, 21세기 후반에 사회를 이끌어갈 에너지원이라고 생각해야 한다." BBC 뉴스의 과학 전문 기자인 존 아모스의 말이다.[1]

ITER의 핵심은 초전도를 이용하여 만들어진 거대한 자기장이다. 특정 물체를 극저온으로 냉각했을 때 전기저항이 0으로 사라지는 현상을 초전도라 하는데, 이런 환경에서는 지금껏 도달한 적 없는 초강력 자기장을 만들어낼 수 있다. 온도를 0K(-273℃)에 가깝게 낮추면 전기저항이 감소하면서 폐열廢熱이 줄어들기 때문에 자기장의 효율이 높아진다.

초전도 현상은 1911년에 수은을 4.2K까지 냉각하면서 처음으로 발견되었다. 당시 과학자들은 온도를 0K로 낮추면 무작위로 움직이던 원자들이 거의 정지 상태에 놓이기 때문에, 전자가 아무런 저항을 받지 않고 자유롭게 이동할 수 있다고 생각했다. 그렇다면 초전도 현상은 0K에서만 일어나야 하는데 실제로는 이보다 높은 온도에서도 발견되었기에, 초전도의 원인은 한동안 미스터리로 남아 있었다.

이 수수께끼는 1957년에 존 바딘과 리언 쿠퍼, 그리고 존 슈리퍼가 초전도에 관한 양자이론을 수립하면서 드디어 해결되었다. 어떤 특별한 환경이 조성되면 전자는 '쿠퍼쌍Cooper pairs'이라는 쌍을 이뤄서 아무런 저항 없이 초전도체 표면을 이동할 수 있다. 세 사람은 초전도 현상이 일어날 수 있는 최고 온도를 40K로 예측했다.

ITER가 가동되기 전에, 과학자들은 이와 비슷하면서 규모가 작은 ITER 초기 버전을 통해 토카막의 설계가 기본적으로 옳다는 것을 확실하게 입증했다. 2022년에 영국 옥스퍼드의 외곽과 중국에 건설된 2개의 작은 버전이 새로운 기록을 달성하면서 ITER의 디자인은 엄청난 진보를 이루게 된다.

JET(Joint European Torus)라는 별칭으로 알려진 옥스퍼드 핵융합로는 5초 동안 Q=0.33을 달성하여 24년 전에 자신이 세웠던 기록을 경신했는데, 이것은 주전자 60개 분량의 물을 끓일 수 있는 전력(약 11메가와트)에 해당한다.

융합로 연구소의 소장 조 밀네스는 이렇게 말했다. "우리는 JET 실험을 통해 핵융합발전에 한 걸음 더 가까이 다가갔다. 우리는 기계 안에 조그만 별을 만들어서 5초 동안 유지하는 데 성공했고, 그로부터 에너지를 만들어낼 수 있음을 입증했다. 핵융합로는 우리를 완전히 새로운 세계로 인도할 것이다."[2]

핵융합발전의 세계적 권위자인 아서 터렐은 JET를 언급하면서 "역대 최고 출력을 달성했으므로, 이 분야의 중요한 이정표가 될 것"이라고 했다.[3]

그러나 몇 달 후 중국의 과학자들이 '플라스마를 1억 5800만℃까지 가열하여 17분 동안 핵융합을 일으키는 데 성공했다'고 발표했다. 이들이 사용한 EAST(Experimental Advanced Superconducting Tokamak) 융합로는 영국의 JET처럼 원조 토카막 설계에 기초한 것으로, ITER가 올바른 길로 나아가고 있음을 다시 한번 확인시켜주었다.

불붙은 경쟁

핵융합로는 투자에 따르는 위험부담이 너무 크고 자기장을 조작하기가 너무나도 어렵기 때문에, 플라스마를 안정적으로 관리하는 다양한 아이디어가 제안된 상태이다. 핵융합로를 자체적으로 제작하여 이 분야에 뛰어든 신생기업만 25개나 된다.

일반적으로 모든 토카막 융합로는 코일의 저항이 거의 사라지도록 0K에 가깝게 냉각시켜서 만든 초전도체를 사용한다. 그러나 수많은 시행착오를 거친 끝에 1986년에 새로운 초전도체가 등장하면서 이 분야가 발칵 뒤집혔다. 77K(-196℃)라는 '온화한' 온도에서 초전도 현상을 보이는 물질이 발견된 것이다. 흔히 '고온 초전도체'로 불리는 이 물질은 이트륨 바륨 구리 산화물(YBCO)과 같은 요업제품(세라믹)을 냉각하는 과정에서 얻어진다. 고온 초전도체가 존재한다는 것은 초전도 현상을 설명하는 새로운 양자이론이 발견되었다는 뜻이며, 평범한 요업제품에 액체질소(온도=-196℃)를 주입하면 초전도체가 될 수 있다는 뜻이기도 하다. 그런데 액체질소의 가격은 우유와 비슷할 정도로 저렴하므로, 초전도 자석의 제작비용을 크게 줄일 수 있다는 점에서 고온 초전도체는 가히 혁명적인 발명품이었다(고체 이산화탄소인 드라이아이스의 가격은 1파운드, 약 0.45킬로그램당 1달러이고, 액체질소의 가격은 1파운드당 4달러이다. 반면에 대부분의 초전도체 냉각제로 사용하는 액체헬륨은 1파운드당 100달러나 된다).

일반인들이 보기에는 그다지 크게 개선된 것 같지 않겠지만, 물리학자에게는 엄청난 금광을 발견한 거나 다름없다. 핵융합로에서 가장 복잡한 부품은 자석이기 때문에, 고온 초전도체의 등장은 이 분야의 판도를 완전히 바꿔놓았다. 발견된 시기가 조금 늦어서 ITER에 적용되진 못했지만, 고온 세라믹 초전도체를 차세대 핵융합로에 적용하면 효율이 크게 높아질 것으로 기대된다(핵융합로의 효율을 좌우하는 입력과 출력은 에너지의 단위가 아니라 돈의 단위이다 – 옮긴이).

새로운 방법을 채택한 핵융합로 프로젝트 중 'SPARC 융합로'라는 것이 있다. 2018년에 시작된 이 프로젝트는 빌 게이츠와 리처드 브랜슨 같은 억만장자의 관심(그리고 투자금)을 빠르게 끌어들여서 단시간에 2억 5천만 달러가 넘는 기금을 확보했다(지금까지 ITER에 투입된 210억 달러에 비하면 아직은 푼돈에 불과하다).

SPARC는 2021년에는 고온 초전도 자석으로 지구 자기장의 4만 배에 달하는 자기장을 구현함으로써 또 하나의 이정표를 세웠다.

MIT의 공학자 데니스 화이트는 말한다. "이 자석은 핵융합과 에너지과학의 미래에 큰 영향을 미칠 것이고, 결국 전 세계의 에너지 판도를 바꾸게 될 것이다."[4] 미국 핵융합 분야 대표기업 FIA의 CEO인 앤드루 홀랜드의 반응은 더욱 자극적이다. "정말 대박입니다. 그건 광고가 아니라 사실이니까요!"[5] SPARC는 ITER과 거의 같은 시기인 2025년에 Q=1인 손익분기점에 도달할 예정이지만, 후발 주자였으니 개발속도가 훨씬 빠른 데다 비용도 훨씬 적게 들어간 셈이다.

사실 SPARC만으로 상업용 전기에너지를 생산하기에는 역부족이다. 그러나 그 후속작인 ARC 핵융합로라면 가능할 수도 있다. 이 계획이 성공한다면 핵융합 연구의 무게중심이 이동하여, 차세대 핵융합로는 고온 초전도체와 양자컴퓨터를 탑재한 형태로 진화할 것이다. 특히 양자컴퓨터는 플라스마를 담는 그릇인 자기장을 안정한 상태로 유지하는 데 사용될 가능성이 높다.

그러나 최근에 '상온 초전도체'가 발견되었다는 뉴스가 퍼지면서 초전도체 과학이 매우 혼란스러워졌다. 상온 초전도체는 저온물리학이 오랜 세월 찾아 헤매온 최고의 성배聖杯로서, 이런 물질이 존재하기만 한다면 세상은 그날부로 당장 뒤집어진다. 그러나 뉴스에서 말한 상온 초전도체는 대기압의 260만 배에 달하는 천문학적 압력을 가해야 초전도 현상을 일으키는 것으로 밝혀졌다. 실험실에서는 특별한 장비를 써서 이런 압력을 만들어낼 수 있지만, 가정집에서 거실 등을 켤 때마다 이런 엄청난 장비를 가동해야 한다면 차라리 촛불을 켜고 사는 게 낫다. 그래서 물리학자들은 좀 더 낮은 압력에서 상온 초전도체를 작동시키기 위해 다양한 방법을 모색하는 중이다.

레이저 융합

미국 에너지부는 강력한 자석 대신 거대한 레이저빔을 이용하여 수소를 가열하는 새로운 핵융합을 시도했다. 언젠가 나는 BBC-TV 과학 프로그램의 일환으로 캘리포니아 리버모어국립연구소에 35억 달러를 들여 건설한 초대형 핵융합 연구시설 NIF(National Ignition Facility)를 방문한 적이 있다.

그곳은 원래 핵탄두를 설계하는 군사시설이어서, 내부를 둘러보려면 보안검색대를 여러 번 통과해야 했다. 나는 완전무장한 경비원들의 따가운 눈총을 애써 외면하며 NIF 통제실로 안내되었는데, 홍보용 책자에 실린 사진을 미리 보고 갔는데도 엄청난 규모에 완전히 압도되었다. 축구장 3개를 합쳐놓은 면적에 높이는 10층 건물과 맞먹을 정도였으니 그럴 만도 했다.

이 장치를 먼 거리에서 바라보면 지구상에서 가장 강력한 레이저 건 192개가 동시에 고출력 레이저를 발사하는 장관이 한눈에 들어온다. 10억분의 1초 동안 발사된 192개의 레이저빔은 정교하게 설치된 192개의 작은 거울에 반사되어 완두콩만 한 표적을 향해 날아가는데, 그곳에는 다량의 수소를 함유한 중수소화리튬(LiD)이 대기하고 있다.

여기에 레이저빔이 도달하면 표면이 기화되고 내부가 붕괴되면서 온도가 수천만℃까지 상승한다. 온도와 압력이 이 정도 수준에 도달하면 드디어 핵융합반응이 일어나기 시작하고, 그 여파로 중성자가 방출된다.

이 장치의 최종 목표는 레이저 융합을 통해 상업적 가치가 있는 에너지를 생산하는 것이다. 표적이 기화되면서 중성자가 방출되면 장치를 에워싼 물질과 충돌하여 온도를 높이고, 이 에너지로 물을 끓여서 생성된 증기로 터빈을 돌리고… 나머지 과정은 토카막과 동일하다.

2021년에 NIF는 새로운 기록을 세웠다. 온도 1억K에서 100조분의 1초 동안 10조 와트의 전력을 생산하여 종전 기록을 갈아치운 것이다. 이때 사용된 연료 알갱이(완두콩만 한 표적)는 대기압의 3500억 배에 달하는 압력으로 압축되었다.

그 후 2022년에 NIF는 역사상 처음으로 Q 〉 1을 달성하여 전 세계 뉴스의 헤드라인을 장식했다. 즉, 소비한 에너지보다 많은 에너지를 생산하는 데 성공한 것이다. 이것은 핵융합이 달성 가능한 목표임을 입증한 역사적 사건이었으나, 물리학자들은 '이제 간신히 첫 단계에 도달한 것뿐'이라며 말을 아꼈다. 레이저 융합이 차세대 에너지원으로 자리잡으려면 도시 전체에 전력 공급이 가능하도록 핵융합로를 확장하고, 안정된 수익을 올려서 전 세계로 뻗어나가야 한다. NIF가 과연 이 엄청난 과업을 이룰 수 있을까? 아직은 아무도 알 수 없다. 그날이 오기 전까지는 토카막이 가장 신뢰할 만한 핵융합 수단으로 남을 것이다.

핵융합의 문제점

핵융합은 인류의 에너지 소비 방식을 근본적으로 바꿀 수 있는 위력을 갖고 있지만, 몇 가지 걸림돌이 항상 발목을 잡아왔다.

과거에도 핵융합을 구현하기 위해 수많은 과학자가 사투를 벌여왔으나, 번번이 실패로 끝났다. 1950년대 이후로 100종이 넘는 핵융합로가 만들어졌지만 이들 중 Q 〉 1을 달성한 것은 하나도 없었고, 대부분이 빛을 보지 못한 채 폐기되었다. 가장 심각한 문제 중 하나는 핵융합로의 기본구조가 토카막처럼 도넛 모양이라는 점이다. 이 조치로 한 가지 문제(고온 플라스마를 가두는 문제)는 해결되었지만 또 다른 문제(불안정성)가 대두되었다.

핵융합반응이 안정적으로 이루어지려면 온도와 압력, 지속시간 등 몇 가지 조건이 만족되어야 한다. 이것을 로슨 기준Lawson criterion이라 하는데, 도넛형 자기장의 기하학적 특성 때문에 이 조건을 만족하기가 엄청나게 어려워졌다.

토카막 융합로의 자기장에 조금이라도 불규칙한 부분이 생기면, 그 즉시 플라스마는 안정성을 상실한다.

게다가 플라스마와 자기장의 상호작용이 문제를 더욱 악화시킨다. 외부에서 만든 자기장이 플라스마를 담을 수 있을 만큼 안정적이라 해도 플라스마에는 자체적으로 생성된 자기장이 존재하기 때문에, 이들이 더해져서 안정성을 해치는 것이다.

플라스마와 자기장의 방정식이 밀접하게 엮여서 파급효과를 낳는 것이 문제이다. 도넛 내부에 걸어놓은 자기장에 약간의 불규칙이 발생하면 이 영향이 플라스마에 전달되어 또 다른 불규칙성을 낳는다. 그런데 플라스마도 자체적으로 자기장을 만들기 때문에 처음에 미미했던 불규칙성이 더욱 커질 수도 있다. 두 자기장이 이 효과를 '나쁜 쪽으로' 주고받다가 불규칙성이 도를 넘으면 플라스마가 도넛의 내벽에 닿아 구멍을 내는 대형사고가 발생한다. 바로 이런 요인 때문에 핵융합반응을 긴 시간 동안 유지하기가 어려운 것이다.

양자융합

바로 이 시점에서 양자컴퓨터가 등장한다. 자기장과 플라스마의 거동을 서술하는 방정식은 이미 알려져 있다. 문제는 두 방정식이 서로 결합되어 있어서 상호작용이 매우 복잡하기 때문에, 아주 작은 진동도 언제 갑자기 커질지 알 수 없다는 것이다. 기존의 디지털 컴퓨터로 이 상황을 통제하기란 거의 불가능하다. 그러나 양자컴퓨터라면 방정식을 실시간으로 풀어서 자기장이 일정한 값을 유지하도록 제어할 수 있을 것이다.

이미 작동 중인 핵융합로에서 설계상의 오류가 발견되었을 때, 처음부터 새로 만드는 것은 결코 쉬운 일이 아니다. 그러나 모든 방정식을 양자컴퓨터에 심어놓으면 '가상의 핵융합로'를 가동하여 설계의 안정성과 효율을 점검할 수 있다. 프로그램의 변수를 변경하는 것은 수십억 달러짜리 융합로 자석을 새로 만드는 것보다 훨씬 싸게 먹힌다.

핵융합로의 총 건설비용은 무려 100~200억 달러에 달한다. 따라서 양자컴퓨터로 가상의 핵융합로를 가동하여 문제가 발견될 때마다 변수를 바꿔서 보완하면 막대한 돈을 절약할 수 있다. 또한 여러 개의 설계도를 시뮬레이션으로 비교하면 큰 비용을 들이지 않고 성능을 개선할 수도 있다.

핵융합로에 인공지능까지 도입하면 양자컴퓨터의 능력은 더욱 배가된다. 인공지능으로 자석의 강도를 바람직한 쪽으로 바꾼 후, 달라진 융합로의 Q 값을 양자컴퓨터로 계산하면 주어진 설계도 안에서 최대효율을 발휘하는 조합을 찾을 수 있다. 실제로 스위스 로잔에 있는 연방기술연구소에서는 인공지능 프로그램 딥마인드를 이용하여 핵융합로의 성능을 개선해왔다.

이곳의 연구원 페데리코 펠리치는 말한다. "앞으로 인공지능은 토카막뿐만 아니라 융합과학 전반에 걸쳐 핵심적 역할을 하게 될 것이다. 인공지능을 활용하면 핵융합로를 효과적으로 제어하면서 최적의 성능을 발휘하도록 운용할 수 있다."[6]

그러므로 인공지능과 양자컴퓨터는 융합로의 효율을 높여서 청정에너지를 공급하고 지구온난화를 막는 데 반드시 필요한 도구이다. 앞서 언급한 다른 분야가 그랬듯이, 핵융합발전도 이들의 활약이 크게 기대되는 분야이다.

양자컴퓨터는 고온 세라믹 초전도체의 작동 원리를 밝히는 데 투입될 수도 있다. 앞서 말한 대로, 이 마법 같은 현상은 40년이 지난 지금까지도 여전히 미스터리로 남아 있다. 그동안 여러 개의 이론적 모형이 제시되었지만, 이론은 어디까지나 이론일 뿐이다.

양자컴퓨터가 도입되면 이 답답한 상황을 타개할 수 있을지도 모른다. 양자컴퓨터는 그 자체가 양자역학적 도구이므로, 세라믹 초전도체 내부의 2차원 평면 층에 존재하는 전자의 배열상태를 계산하여 어떤 이론이 옳은지 판단할 수 있을 것이다.

초전도 현상을 보이는 물질을 체계적으로 찾는 방법은 없다. 지금까지 알려진 초전도체는 과학자들이 이것저것 섞어가면서 시행착오를 겪다가 우연히 발견된 것이다. 그러므로 새로운 재료를 테스트하려면 처음부터 다시 시작해야 한다. 그러나 양자컴퓨터를 이용하면 이 모든 과정이 가상실험실에서 진행되므로 시간과 비용이 크게 절약된다. 지금은 후보물질 하나를 테스트하려면 수년 동안 수백만 달러를 써야 하지만, 양자컴퓨터에게 이 일을 맡기면 오후 한나절 만에 테스트를 끝낼 수 있다.

그러므로 유해한 폐기물을 낳지 않으면서 저렴하고 안정적인 미래형 에너지의 열쇠는 양자컴퓨터가 쥐고 있다고 해도 과언이 아니다.

양자컴퓨터로 핵융합 방정식을 풀 수 있다면, 별의 내부에 적용되는 융합 방정식도 풀 수 있을 것이다. 그렇다면 늙은 별이 초신성 폭발을 일으키고, 우주에서 가장 신비한 천체인 블랙홀이 형성되는 과정도 양자컴퓨터로 알아낼 수 있지 않을까?

16장.

우주 시뮬레이션

1609년, 이탈리아의 물리학자 갈릴레오 갈릴레이는 자신이 직접 제작한 천체망원경으로 이제껏 그 누구도 본 적 없는 경이로운 광경을 목격했다. 그것은 역사상 처음으로 우주의 영광과 위대함이 인간에 의해 드러나는 순간이었다.

망원경에 들어온 우주의 장엄한 모습에 완전히 매료된 그는 밤마다 하늘을 관측하면서 자신이 본 것을 관측일지에 자세히 기록해놓았다. 달에는 깊이 팬 분화구가 있었고, 태양의 표면에는 작은 점들(흑점)이 흩어져 있었으며, 토성에는 사람의 얼굴처럼 귀가 달려 있고(사실 그것은 귀가 아니라 토성을 에워싼 고리였다), 목성에는 4개의 달이 있고, 금성은 달처럼 차고 기울기를 반복하고 있었다. 갈릴레오는 이로부터 태양이 지구 주변을 도는 것이 아니라, 지구가 태양 주변을 돌고 있다는 확신을 갖게 되었다.

그 후 갈릴레오는 베니스의 지식인들을 모아서 천체관측 모임까지 결성했다. 그러나 이들이 망원경으로 관측한 하늘은 교회에서 주장하는 하늘의 섭리와 일치하지 않았기 때문에, 사실을 주장하려면 커다란 대가를 치러야 했다. 당시 교회의 성직자들은 신도들에게 하늘과 땅이 완전히 다른 세상이라고 강조해왔다. 하늘은 완전하고 영원한 천구天球로서 성스러운 하나님의 영광이 서린 곳이고, 땅은 죄와 유혹으로 가득 찬 육신이 잠시 머무는 곳에 불과하다는 것이다. 그러나 갈릴레오는 우주가 풍부하고 다양하면서 역동적으로 변한다는 것을 누구보다 잘 알고 있었다.

일부 역사가들은 망원경을 '역사상 가장 선동적인 발명품'으로 꼽는다. 인간과 주변 환경의 관계를 가장 극적으로 바꿔놓은 도구가 바로 망원경이기 때문이다.

갈릴레오는 망원경으로 수집한 관측 자료에 기초하여 태양과 달, 행성과 관련된 당대의 모든 지식을 송두리째 뒤집어놓았다. 그리하여 그는 결국 종교재판에 회부되었고, 재판관들은 33년 전에 조르다노 브루노라는 수도사가 '우주에 다른 태양계가 있고, 그곳에도 생명체가 존재한다'고 주장했다가 로마 거리에서 화형에 처해졌음을 상기시켰다.

갈릴레오는 강압적인 분위기에 위축되어 자신의 잘못을 시인했지만, 그의 망원경에서 촉발된 과학혁명은 우주를 바라보는 관점을 영원히 바꿔놓았다. 그 덕분에 현대의 천문학자들은 화형당할 걱정 없이 자신의 주장을 마음껏 펼칠 수 있게 되었으며, 허블망원경이나 제임스웹 우주망원경 같은 첨단 관측 장비를 이용하여 더욱 정확한 데이터를 얻을 수 있게 되었다. (브루노가 처형되었던 로마의 캄포데피

오리 광장에는 그의 동상이 서 있다. 지금도 태양계 바깥에서 외계행성이 거의 매일 발견되고 있으니, 브루노의 복수가 매일 실현되고 있는 셈이다.)

오늘날 지구궤도를 도는 인공위성은 하늘의 모습을 매우 선명하게 보여주고 있다. 특히 지구로부터 160만 킬로미터 떨어진 자리에 안착하여 우주를 관측 중인 제임스웹 우주망원경은 전례 없이 선명한 사진을 지구로 보내옴으로써 천문학의 새로운 지평을 열었다.

지난 100년 동안 과학은 말로 표현하기 어려울 정도로 엄청난 성공을 거두었고, 과학자들은 방대한 데이터의 바다에서 그들 나름대로 길을 찾고 있다. 이 엄청난 데이터를 체계적으로 정리하고 분석하려면 양자컴퓨터의 도움이 절실하게 필요하다. 요즘 천문학자는 난방도 안 되는 천문대 관측실에 혼자 올라 덜덜 떨면서 망원경과 씨름하지 않는다. 거대한 천체망원경은 스스로 밤하늘을 스캔하는 로봇을 닮았고, 천문학자는 따뜻한 연구실에서 그 로봇을 조종하는 프로그램을 짠다.

어린아이들은 종종 이런 질문을 던진다. "하늘에 떠 있는 별은 모두 몇 개인가요?" 질문은 아주 간단한데 정확한 답을 주기가 쉽지 않다. 우리은하Milky Way galaxy(은하수)에는 1천억 개의 별이 있고 허블망원경으로 관측할 수 있는 은하의 수가 약 1천억 개이므로, 관측 가능한 우주에 존재하는 별의 수는 약 1천억×1천억=10^{22}개로 추정된다.

이 많은 별들의 위치와 크기, 온도, 구성 성분 등을 분류하여 행성 백과사전을 만든다면 슈퍼컴퓨터의 용량을 가뿐하게 초과할 것이다. 그러므로 우주에서 얻은 데이터를 저장하고 분석하려면 양자컴퓨터가 반드시 필요하다.

또한 양자컴퓨터는 방대하고 혼란스러운 천문관측 데이터에서 핵심만 추출하여 중요한 결론에 도달할 수 있다. 건초더미에서 바늘을 찾는 것이 양자컴퓨터의 주특기이기 때문이다.

이뿐만이 아니다. 양자컴퓨터로 별의 내부에서 진행되는 핵융합반응의 방정식을 풀어서 태양 플레어solar flare(태양 표면에서 일어나는 폭발 현상. 이때 방출된 하전입자가 지구에 도달하면 전리층을 교란하거나 자기폭풍을 일으켜서 전기 및 통신망을 마비시킬 수도 있다-옮긴이)가 일어나는 시기를 계산하면 다가올 대형사고에 미리 대비할 수 있으며, 지구로 날아오는 소행성과 폭발하는 별, 팽창하는 우주, 그리고 블랙홀의 내부를 서술하는 방정식을 풀 수도 있다.

킬러 소행성

지구를 향해 다가오는 천체에는 각별한 주의를 기울여야 한다. 우주에서 날아온 천체는 지구와 스치기만 해도 대형참사는 기본이고, 운이 없어서 직접 충돌하면 참사 정도가 아니라 아예 종말을 맞이할 수도 있다. 지금으로부터 약 6600만 년 전, 지름 10킬로미터짜리 소행성이 궤도를 이탈하여 태양계를 떠돌다가 멕시코의 유카탄 반도에 충돌했다. 충돌 지점에는 지름 320킬로미터짜리 운석공이 생겼고, 높이 1킬로미터가 넘는 해일이 일어나 멀쩡했던 육지가 바닷물에 잠겼다. 또한 충돌 순간에 허공으로 날아간 바위 조각들이 다시 지상으로 떨어지면서 곳곳에 화재를 일으켰고, 두꺼운 먼지구름이 대기를 덮으면서 온도가 급락하기 시작했다. 이 초대형 사건으로 지구 생명체의

75퍼센트가 사라졌는데, 덩치가 제일 컸던 공룡은 극심한 식량난을 이기지 못하여 완전히 멸종한 것으로 추정된다.

당시 지구의 최상위 지배자였던 공룡은 우주프로그램을 개발하지 못했기 때문에 이 문제에 대해 논의할 수 없었지만, 우리는 사정이 다르다. 미래의 어느 날 또 다른 소행성이 지구를 향해 돌진해온다면, 우리는 우주프로그램을 가동하여 재난을 막을 수 있다.

지금까지 정부와 군대가 '요주의 천체'로 지정한 소행성은 거의 2만 7000개나 된다. 이들은 예상 궤도가 지구의 공전궤도와 교차하는 '지구접근천체near-Earth object(NEO)'로서, 축구장만 한 것부터 수 킬로미터에 이르는 것까지 크기도 다양하다. 그러나 더욱 위험한 것은 이런 괴물이 아니라, 망원경에 포착되지 않을 정도로 작은 소행성이다. 이들은 예고도 없이 지구에 떨어져서 심각한 피해를 입힐 수 있다. 그 외에 명왕성보다 먼 곳에서 날아오는 장주기 혜성도 심각한 위험요소이다. 이렇게 많은 킬러들이 지구를 위협하고 있는데, 관측 가능한 것은 극히 일부에 불과하다.

언젠가 나는 TV 다큐멘터리 〈코스모스〉로 유명한 칼 세이건과 인터뷰를 한 적이 있다. 그 자리에서 인류의 미래에 대해 물었더니, 그의 대답은 이랬다. 지구는 우주 사격장의 한가운데에 놓여 있다. 거대한 소행성과 충돌하는 건 시간문제일 뿐이다. 그렇기 때문에 우리는 이중행성인류(두 개의 행성을 소유한 인류)가 되어야 한다. 그것이 우리의 운명이다. 새로운 세계를 발견하는 것도 중요하지만, 유사시에 안전한 피난처를 확보하려면 우주 탐험을 계속해야 한다.

지구를 위협하는 소행성 중 하나인 지름 300미터짜리 아포피스Apophis는 2029년 4월경에 지구 대기권을 스쳐 지나갈 예정인데, 지구에 가장 가까이 접근했을 때 둘 사이의 거리는 지구와 달 사이 거리의 10퍼센트가 채 되지 않는다. 이 정도면 가장 높이 떠 있는 인공위성의 고도보다 낮아서 맨눈 관측도 가능하다.

아포피스가 대기를 통과할 때 어떤 영향을 받을지 알 수 없기 때문에, 2036년에 다시 나타났을 때 어떤 궤적을 그릴지 미리 예측하기란 거의 불가능하다. 2036년에는 지구를 비켜갈 가능성이 높지만, 이것도 어디까지나 추측일 뿐이다.

양자컴퓨터를 동원하면 킬러 소행성의 궤적을 훨씬 정확하게 계산할 수 있다. 미래의 어느 날, 미지의 소행성이 지구로 다가오면 일부 과학자들은 뒤늦게 궤도를 계산하느라 정신이 없을 것이고, 나머지 80억 인구는 문자 그대로 공황상태에 빠질 것이다. 이럴 때 양자컴퓨터가 있으면 상황은 크게 달라질 수 있다.

최악의 경우를 상상해보자. 지구로부터 충분히 멀리 떨어진 곳에서 궤도를 돌던 혜성 하나가 '지구 충돌'이라는 우주적 운명을 띠고 태양계 안으로 진입했다(일반적으로 혜성의 타원궤도는 이심률이 크기 때문에 근일점과 원일점의 차이도 엄청나게 크다–옮긴이). 혜성은 크기가 작은 데다 자체 발광체가 아니기 때문에, 꼬리가 없으면 망원경으로도 보이지 않는다. 혜성이 태양 근처로 접근하면 태양열 때문에 중심부의 얼음이 증발하면서 꼬리가 형성되는 것이다. 그러므로 혜성이 태양계 안으로 진입해도 태양에 아주 가까이 접근한 후에야 비로소 그 모습을 드러낸다. 이 시점부터 혜성이 지구에 충돌할 때까지 과연 얼마나 걸릴까? 길어봐야 몇 주일이 고작일 것이다.

혹시 브루스 윌리스 같은 영웅이 우주왕복선을 타고 날아가서 혜성을 처리해주지 않을까?(영화 〈아마겟돈〉을 염두에 두고 하는 말이다–옮긴이) 턱도 없는 소리다. NASA의 우주왕복선 프로그램은 이미 오래 전에 폐기되었으며, 대체 우주선으로는 그 정도로 멀리 날아갈 수 없다. 설령 갈 수 있다 해도 충돌 전에 소행성의 방향을 바꾸거나 파괴할 방법이 없다(영화처럼 어설프게 폭발시켰다간 혜성이 수백, 수천 개로 쪼개지면서 지구 전역에 융단폭격을 가하게 된다 – 옮긴이).

2021년에 NASA는 소행성 요격용 탐사선 DART(Double Asteroid Redirection Test)를 우주공간으로 날려 보내서 소행성과 충돌시키는 데 성공했다. 역사상 처음으로 인간이 만든 물체가 천체의 운동궤적을 바꾼 것이다. 과학자들은 이 충돌 실험을 통해 다음과 같은 질문의 답을 찾고 있다. 소행성은 쉽게 부서지는 약한 암석 덩어리인가? 아니면 웬만한 충돌로는 끄떡없는 견고한 물질인가? DART 프로젝트가 성공리에 마무리되면 이와 비슷한 후속 탐사선을 발사해서 더 먼 곳에 있는 소행성을 대상으로 요격 실험을 실행할 예정이라고 한다.

지구에 심각한 피해를 입힐 수 있는 잠재적 킬러 소행성은 수백만 개에 달하고, 그중 대부분은 아직 감지조차 되지 않은 상태이다. 그러므로 이들의 궤적을 정확하게 계산하여 위험을 미리 간파하고 대책을 마련하려면 양자컴퓨터의 도움을 받아야 한다.

또한 충돌 사건 자체를 모형화해서 지구에 미치는 영향을 예측하는 것도 양자컴퓨터가 할 일이다. 소행성은 거의 시속 25만 킬로미터의 속도로 떨어지는데, 이런 초고속 충돌의 파괴력을 계산하는 방법은 거의 알려지지 않았다. 양자컴퓨터가 등장하면 관측되지 않고 파괴할 수도 없는 소행성이 지구에 충돌했을 때 초래되는 결과를 미리 예측할 수 있을 것이다. 충돌 자체를 피할 수 없다 해도 피해 규모를 미리 알고 있으면 최선의 대비책으로 피해를 최소화할 수 있다.

외계행성

양자컴퓨터는 태양계 바깥에 존재하는 행성의 목록을 작성하는 데에도 핵심적 역할을 하게 될 것이다. 그동안 케플러 우주망원경과 위성에 탑재된 망원경, 그리고 지상망원경으로 관측된 외계행성은 무려 5000개에 달한다(물론 이들은 모두 은하수 안에서 발견되었다. 외계은하에 있는 행성은 너무 멀어서 관측할 수 없다). 평균적으로 따지면 밤하늘에 떠 있는 모든 별마다 행성을 하나씩 거느리고 있는 셈이다. 외계행성 중 지구와 비슷한 것(지구형 행성)은 전체의 20퍼센트쯤 되므로, 우리은하에만 수십억 개의 지구형 행성이 존재하는 것으로 추정된다.

초등학교 시절, 내가 생전 처음으로 읽은 과학서적은 태양계에 관한 책이었다. 그 책을 읽고 얼마나 가슴이 뛰었는지, 오랜 세월이 지난 지금도 기억이 생생하다. 표지를 펼치자마자 화성, 토성, 명왕성 등 경이로운 세상이 눈앞에 펼쳐지는가 싶더니, 어느새 나는 태양계를 넘어 은하수를 날아다니고 있었다. 환상적인 여행을 마친 후, 그 책은 대충 다음과 같은 말로 마무리되었던 것 같다. '은하수 안에는 다른 태양계가 존재할 것이며, 우리 태양계는 그들 중 아주 평범한 축에 속할 것이다. 다른 태양계도 별과 가까운 곳에는 바위형 행성이 있고, 멀리 떨어진 곳에는 목성 같은 가스형 행성이 태양을 중심으로 커다란 원을 그리며 공전하고 있을 것이다.'

당시에는 당연히 고개를 끄덕이며 넘어갔지만, 지금 우리는 이 예측이 완전히 빗나갔음을 잘 알고 있다. 외계 태양계는 규모와 형태가 하도 제각각이어서, 분류하는 것 자체가 무의미하다. 굳이 분류한다면 오히려 우리 태양계가 유별난 축에 속한다. 외계 태양계 중에는 행성의 공전궤도가 크게 일그러진 타원형인 것도 있고, 목성보다 훨씬 큰 가스형 행성이 별과 아주 가까운 곳에서 공전하는 경우도 있으며, 심지어 태양이 여러 개인 경우도 있다.

앞으로 은하수에 속한 태양계의 완벽한 목록을 담은 백과사전이 출간된다면, 독자들은 그 풍부한 다양성에 할 말을 잃을 것이다. 당신이 제아무리 희한한 행성을 상상한다 해도, 우주 어딘가에는 그와 똑같거나 비슷한 행성이 틀림없이 존재할 것이다.

행성이 진화할 수 있는 모든 가능한 경로를 추적할 때에도 양자컴퓨터의 도움을 받아야 한다. 앞으로 더 많은 탐사선을 발사하여 우주를 뒤지다보면 백과사전의 목록이 감당할 수 없을 정도로 많아질 것이고, 각 행성의 대기와 화학적 특성, 온도, 지질학적 특성, 바람의 패턴 등 산더미 같은 데이터를 일일이 분석하려면 엄청난 연산 능력이 필요하기 때문이다.

외계인은 정말 있을까?

우주론 분야에서 양자컴퓨터가 할 수 있는 또 하나의 일은 외계의 지적생명체를 찾는 것이다. 그런데 여기에는 한 가지 문제가 있다. 우리의 지능과 완전히 다른 형태의 지능을 무슨 수로 판별한다는 말인가? 외계생명체가 지금 당장 눈앞에 나타난다면, 우리는 그들을 알아볼 수 있을까? 외계생명체의 지적 능력이 우리와 근본적으로 다르다면, 그들만이 갖고 있는 패턴을 디지털 컴퓨터가 놓칠 수도 있다. 이런 중요한 정보를 놓치지 않으려면 양자컴퓨터의 도움을 받아야 한다.

1950년대에 미국의 천문학자 프랭크 드레이크는 '은하계에 존재하는 문명의 수'를 계산하는 방정식을 제안했다. 은하에 있는 1천억 개의 별에서 시작하여 일련의 합리적 가정을 순차적으로 추가하면서 그 수를 줄여나가는 식이다. 즉, 은하에 존재하는 별의 수에 '행성이 존재할 확률'을 곱하고, 거기에 다시 행성에 '대기와 바다가 존재할 확률'을 곱하고, '미생물이 존재할 확률'을 곱하고… 이런 식으로 줄여나가다보면 은하에 존재하는 문명(지적생명체의 집단)의 수가 얻어진다. 그런데 까다로운 조건을 아무리 추가해도 최종적으로 얻어진 문명의 수는 거의 수천 개나 된다.

그러나 외계 지적생명체 탐사(SETI) 프로젝트에서는 외계에서 날아온 의미 있는 신호를 단 한 번도 감지하지 못했다. 이들의 보고서에 의하면 지금까지 발견된 외계종족의 수는 에누리 없이 0이다. 샌프란시스코 외곽의 해트크리크에 설치된 고성능 전파망원경에는 완전한 침묵이나 의미 없는 잡음만 잡힐 뿐이다. 바로 이 시점에서 페르미의 역설이 떠오른다. '우주에 지적생명체가 존재할 확률이 그렇게 높다면, 그들은 대체 어디에 숨어 있다는 말인가?'

양자컴퓨터라면 이 질문에 답을 줄 수도 있다. 방대한 양의 데이터에서 실마리를 찾는 일은 양자컴퓨터에게 맡기고 패턴 인식의 최강자인 인공지능으로 패턴을 분석하여 두 결과를 합치면, 보이지 않던 실체가 모습을 드러낼지도 모른다. 물론 우리의 상상을 초월할 정도로 이상하고 기괴하겠지만, 그런 것은 얼마든지 눈감아줄 수 있다.

나는 여러 해 전에 외계인을 주제로 한 TV 과학 프로그램을 진행하면서, 돌고래의 지능을 분석해본 적이 있다. 우리에게 주어진 실험실은 돌고래 여러 마리를 풀어놓은 수영장이었는데, 실험의 목표는 돌고래가 주고받는 신호를 분석하여 그들의 지능을 측정하는 것이었다(물속에는 돌고래가 내는 소리를 녹음하는 센서를 설치해놓았다).

돌고래들이 제멋대로 놀도록 한동안 내버려뒀다가 센서를 수거해서 소리를 재생해보니, 꽥꽥거리는 소리와 물속에서 생긴 잡음이 마구 섞여서 도무지 갈피를 잡을 수가 없었다. 이런 엉망진창 데이터에서 무슨 수로 지능의 징후를 찾는단 말인가? 컴퓨터를 이용하여 소리의 특별한 패턴을 골라내면 된다. 우리가 사용하는 문자를 예로 들어보자. 영어에서 가장 자주 사용되는 알파벳은 단연 'e'다. 누군가가 쓴 글을 분석하면 각 알파벳의 빈도수를 헤아려서 순위를 매길 수 있다. 'e'가 가장 많은 것은 글을 쓴 사람에 상관없이 누구에게나 나타나는 공통적 특징이지만, 그 후로 이어지는 순위(2위, 3위, 4위…)는 사람마다 다르다. 두 사람이 쓴 글을 위와 같이 분석하여 자주 등장하는 알파벳의 순위를 비교하면 확연한 차이가 난다. 실제로 이 방법은 위조된 편지나 일기를 감정하는 데 사용되고 있다. 예를 들어 윌리엄 셰익스피어의 희곡 여러 개 속에 다른 사람이 쓴 희곡을 끼워넣고 컴퓨터 프로그램을 돌리면 이질적인 작품을 쉽게 골라낼 수 있다.

돌고래가 내는 소리도 이와 비슷하다. 처음에는 아무 의미 없는 잡음처럼 들렸지만, 특정 소리의 빈도수를 측정하는 프로그램을 돌려보니 돌고래가 내는 소리에서 규칙적인 운율과 거기 담긴 의미가 조금씩 드러나기 시작했다. 다른 동물도 비슷한 방식으로 실험을 거쳤는데, 원시적인 동물로 갈수록 지능이 낮아지다가 곤충 실험에서는 지능의 징후가 거의 0으로 사라졌다. 양자컴퓨터로 방대한 데이터를 분석하다보면 이와 비슷한 패턴을 찾을 수도 있고, 인공지능은 전혀 예상하지 못했던 의외의 패턴까지 찾아줄 것이다. 그러므로 양자컴퓨터와 인공지능을 결합하면 우주에서 날아온 혼란스러운 신호 속에서 지적생명체의 증거가 발견될지도 모른다.

별의 진화

양자컴퓨터는 별이 처음 탄생한 후 죽은 별이 될 때까지 겪는 파란만장한 진화과정을 이해하는 데에도 큰 도움이 될 수 있다.

나는 캘리포니아대학교 버클리 캠퍼스의 이론물리학 박사과정 시절에 천문학 박사과정 학생과 기숙사를 같이 썼는데, 그는 매일 나에게 작별인사를 할 때마다 자신은 오븐에 별을 구우러 간다고 했다. 처음에는 그저 재미 삼아 던지는 농담이라고 생각했다. 대부분의 별은 태양보다 커서 오븐에 넣는다는 것 자체가 어불성설이기 때문이다. 그런데도 매일 같은 말을 하기에 어느 날 작정하고 별을 굽는다는 게 대체 무슨 뜻인지 물었다. 나의 룸메이트는 잠시 생각하다가 별의 일생을 컴퓨터로 재현한다는 뜻이라고 대답했다. 별의 진화를 서술하는 방정식은 아직 완전하지 않지만, 그 정도면 태어나서 죽을 때까지 겪는 과정을 시뮬레이션할 정도는 된다는 것이다.

그는 매일 아침 연구소에 출근하면 수소 가스로 이루어진 먼지구름 데이터(구름의 크기, 기체 함량, 온도 등)를 컴퓨터에 입력하는 것으로 하루 일과를 시작했다. 입력이 끝난 후 실행 버튼을 누르면 컴퓨터는 기체의 진화 과정을 계산하여 매 순간 그래픽을 업데이트하다가, 점심시간쯤 되면 자체 중력으로 붕괴된 기체의 온도가 상승하면서 드디어 핵융합이 시작된다. 그리고 다시 몇 시간이 지나면 별은 그사이에 수십억 년 동안 우주의 오븐처럼 타오르면서 수소를 재료 삼아 헬륨(He), 리튬(Li), 붕소(B)와 같은 무거운 원소를 만들어낸다.

과학자들은 이런 시뮬레이션을 통해 많은 사실을 알게 되었다. 예를 들어 우리의 태양은 앞으로 50억 년 후에 수소 연료가 고갈되고, 그때부터 헬륨을 연료 삼아 핵융합 '제2라운드'에 들어갈 것이다. 그러나 태양은 2차전을 안정적으로 치를 만큼 충분히 크지 않기 때문에, 풍선처럼 엄청나게 부풀기 시작하여 지구는 물론 화성까지 잡아먹으면서 거대한 적색거성이 될 운명이다. 이때가 되면 하늘 전체가 활활 타오르겠지만, 그 장관을 감상할 생명체는 이미 사라지고 없다. 지구의 바다는 펄펄 끓어오르고 산이 녹아내리고, 모든 것이 태양 속으로 빨려들어가 태양의 일부가 된다. 어차피 모든 만물은 별의 먼지에서 태어났으니, 다시 별로 돌아가는 것이 순리일지도 모르겠다.

로버트 프로스트도 이 점을 생각했는지, 〈불과 얼음〉이라는 시를 남겼다.

어떤 이는 세상이 불로 멸망한다 하고
어떤 이는 얼음에 덮여 끝난다고 한다.
세상의 욕망을 이미 맛본 나로서는
불 쪽에 한 표를 던지고 싶다.
그러나 멸망을 두 번 겪어야 한다면
증오 역시 충분히 경험한 나로서는
얼음으로 멸망하는 것도 나쁘지 않다.
그렇다, 얼음으로도 충분하다.

결국 태양은 헬륨까지 모두 소모한 후 백색왜성으로 쪼그라들 것이다. 질량은 이전과 비슷한데 크기는 거의 지구만 하다. 이제 핵융합을 일으킬 능력을 완전히 상실했으니, 남은 일은 차가운 우주에서 흑색왜성이 되어 식어가는 것뿐이다. 즉, 우리의 태양은 불이 아닌 얼음 속에서 조용히 생을 마감할 것이다.

그러나 태양보다 훨씬 큰 별이 적색거성 단계에 이르면 무거운 원자핵으로 핵융합을 계속 이어나가다가 철(Fe)에 도달했을 때 비로소 멈추게 된다. 철의 원자핵에는 양성자가 너무 많아서 반발력이 크게 작용하기 때문에 더 이상 핵융합반응을 일으킬 수 없다. 이때가 되면 별은 자체 중력에 의해 안으로 붕괴되고, 내부 온도가 수조℃까지 치솟다가 우주 최강의 초대형 폭발을 일으키면서 장렬하게 전사하는데, 이것이 바로 '초신성 폭발'이다.

그러므로 덩치가 큰 별은 얼음이 아닌 불로 마무리되는 셈이다.

천문학자들은 가스구름에서 초신성에 이르는 별의 일생을 각 단계별로 설명하기 위해 무진 애를 써왔지만, 아직도 설명하지 못한 부분이 군데군데 남아 있다. 여기에 양자컴퓨터를 도입하면 그중 많은 부분을 채워넣을 수 있을 것이다.

별의 일생이 완벽하게 규명되면 지구에 언제 닥칠지 모르는 대재앙 중 하나를 사전에 예측할 수 있다. 인류의 문명을 순식간에 수백 년 전으로 퇴보시키는 '태양 플레어'가 바로 그것이다. 이 끔찍한 재앙을 예측하려면 별의 깊숙한 곳에서 진행되는 은밀한 사건을 시시콜콜 알아야 하는데, 기존의 디지털 컴퓨터로는 어림도 없는 일이다.

캐링턴 사건

태양은 지구에서 가장 가까운 별인데도, 내부에서 일어나는 사건의 대부분은 아직도 미지로 남아 있다. 그래서 초고온의 플라스마가 갑자기 태양 외부로 방출되어 지구로 날아오면 대책 없이 당하는 수밖에 없다. 2022년 2월에 엄청난 양의 태양복사에너지가 지구 대기를 강타하여 일론 머스크의 스페이스엑스 우주선이 어렵게 궤도에 올려놓은 통신위성 49개 중 40개를 순식간에 먹통으로 만들었을 때에도, 지구의 과학자들은 달리 할 수 있는 일이 없었다. 이 사건은 현대사에서 최대 규모의 태양광 재해로 기록되었는데, 원인을 모르기 때문에 언제 또 일어날지 예측할 수도 없다.

역사상 가장 큰 태양 플레어 재난은 1859년에 일어났다. 자세한 과정을 기록으로 남긴 영국의 아마추어 천문학자 리처드 캐링턴의 이름을 따서 '캐링턴 사건'으로 불린다. 이 괴물 같은 태양 플레어로 인해 유럽과 북미대륙의 대부분 지역에서 전신선이 불에 타버렸고 쿠바, 멕시코, 하와이, 일본, 중국 등지의 밤하늘이 북극광aurora borealis으로 뒤덮이는 등 지구 대기 전체가 심하게 교란되었다. 심지어 카리브해에서는 밤에 오로라 빛을 조명 삼아 신문을 읽을 정도였고, 볼티모어의 오로라는 보름달보다 밝았다고 한다. 금광에서 광부로 일하고 있었던 C. F. 허버트는 당시의 상황을 다음과 같이 기록했다.

> 말로 표현할 수 없을 정도로 아름다운 장관이 펼쳐졌다. 상상할 수 있는 모든 색의 빛이 남쪽 하늘에서 쏟아져내렸는데, 한 색상이 희미해지면 더욱 아름다운 색상이 나타나 빈자리를 채웠다.

> 정말이지 평생 잊을 수 없는 환상적인 풍경이었다. 사람들도 역사 이래 최고로 아름다운 오로라라며 말끝마다 경탄을 자아냈다. 합리주의자도, 다신교 신자들도, 가장 아름다운 옷을 걸친 대자연의 모습에 할 말을 잃었다. 그러나 미신을 믿는 사람들과 일부 광신도들은 그 아름다운 장관이 종말을 예고하는 불길한 징조라며 피난처를 찾아 헤매고 다녔다.[1]

캐링턴 사건은 전기가 막 보급되기 시작하던 무렵에 일어났다. 그래서 과학자들은 피해 규모를 파악하고 차기 캐링턴 사건이 발생하는 시기를 예측하기 위해 태양을 집중적으로 연구하기 시작했다. 2013년에 런던로이즈 보험회사와 미국 대기환경연구소(AER)에서 내놓은 연구보고서에 따르면 캐링턴 사건이 재발했을 때 예상되는 피해액은 최대 2조 6천억 달러에 달한다.

이 정도면 현대문명이 완전히 멈출 수도 있다. 위성과 인터넷이 마비되고, 전력 공급이 끊기고, 모든 금융거래가 중단되면 이 세상은 암흑천지가 되면서 최소 150년 전으로 되돌아갈 것이다. 전기가 없으면 도구를 사용할 수 없으므로, 구조대와 긴급 수리팀을 파견해봐야 별 도움이 되지 않는다. 식량을 아무리 많이 비축해놓았다 해도 전기가 들어오지 않으니 금방 부패하고, 결국 사람들이 사방을 헤집으며 필사적으로 식량을 찾는 대규모 식량 폭동이 일어나 사회질서가 붕괴된다. 이 정도면 정부도 손을 쓸 수 없다.

이런 일이 또 일어날 수 있을까? 그렇다. 얼마든지 가능하다. 언제 일어나는가? 아무도 모른다. 그러나 이전에 일어났던 캐링턴 유형의 사건을 분석하면 약간의 단서를 찾을 수 있다. 지하 깊은 곳에서 얼음을 채취하여 탄소-14와 베릴륨-10 동위원소의 함량을 분석하면 과거에 태양 플레어가 일어났던 시기를 추정할 수 있다. 과학자들이 알아낸 서기는 774~775년과 993~994년경인데, 774~775년의 태양 플레어는 캐링턴 사건보다 10배 이상 강력했던 것으로 추정된다(993~994년 플레어도 어찌나 강력했는지 바이킹족이 아메리카 대륙에 처음 정착했던 시기를 알려준 고목나무에 그 흔적이 남아 있다). 그러나 이 시대에는 전기가 없었기 때문에, 사람들은 별다른 관심을 갖지 않았다.

최근 들어 가장 강력한 태양 플레어는 2001년에 발생했다. 이때 코로나에서 거대한 플레어가 시속 724만 킬로미터의 속도로 방출되었는데, 다행히도 지구를 아슬아슬하게 비켜갔다. 이 괴물이 지구를 향해 곧바로 날아왔다면 제2의 캐링턴 사건이 발생했을 것이다.

과학자들은 캐링턴 사건의 재발을 막으려면 위성의 내구성을 높이고, 중요한 전자기기에 보호막을 설치하고, 비상시에 대비하여 여분의 발전소를 건설하라고 충고한다. 물론 여기에는 적지 않은 비용이 들어가겠지만, 대규모 정전사태에서 발생할 손실에 비하면 거의 껌값 수준이다. 그런데도 과학자들의 충고는 대부분 무시되고 있다.

태양 플레어는 태양 표면의 자기력선이 교차하는 곳에서 엄청난 양의 에너지가 전자와 양성자 또는 이온의 형태로 격렬하게 방출되는 현상이다. 여기까지는 물리학자들도 잘 알고 있다. 그러나 태양 내부에서 플레어를 일으키는 진짜 원인은 아직 알려지지 않았다. 플라스마와 열역학, 핵융합, 대류對流, 자기磁氣 등에 대한 기본 방정식은 풀 수 있지만, 태양 내부에 적용되는 방정식을 푸는 것은 디지털 컴퓨터의 능력을 한참 벗어난 일이다.

앞으로 양자컴퓨터가 상용화되면 태양 내부에 적용되는 복잡한 방정식을 풀어서 차기 태양 플레어가 일어나는 시기를 정확하게 예측할 수 있을 것이다. 우리는 태양 내부 깊숙한 곳에 방대한 양의 초고온 플라스마가 흐른다는 사실을 알고 있지만, 이것이 언제 밖으로 분출될지, 그리고 분출된 플레어가 어느 방향으로 향할지는 아무도 알 수 없다. 만일 양자컴퓨터의 메모리에서 별을 '요리'할 수 있다면, 다음에 찾아올 캐링턴 사건에 대비할 수 있을 것이다.

사실 양자컴퓨터는 태양 플레어뿐만 아니라 궁극의 초대형 사고인 감마선 폭발이 일어나는 원인도 알아낼 수 있다. 캐링턴 사건은 지구의 한 대륙을 마비시키는 정도지만, 감마선 폭발은 태양계 전체를 불태워버릴 수도 있다.

감마선 폭발

1967년의 어느 날, 우주공간에서 거대한 미스터리가 펼쳐졌다. 미국이 핵폭탄 폭발을 감지하려는 목적으로 궤도에 올려놓은 벨라 위성에 엄청난 양의 감마선(방사선의 일종으로, 실체는 전자기파이다 - 옮긴이)이 포착된 것이다. 출처를 알 수 없었던 미국 지도부는 갑자기 공황상태에 빠졌고, 국방부에는 온갖 추측이 나돌기 시작했다. 혹시 소련에서 수소폭탄을 능가하는 엄청난 무기를 개발한 것일까? 신흥국가의 과학자들이 대량살상용 신무기를 실험한 거 아닐까? 세계최강이라는 미국의 정보력이 고작 이 정도였단 말인가?

펜타곤에는 그 즉시 빨간불이 켜졌고, 감마선의 출처를 알아내기 위해 최고의 과학자들이 소집되었다. 그런데 온 나라가 우왕좌왕하는 와중에 또 한 차례의 감마선 폭발이 감지되었다. 불시에 연타를 얻어맞은 과학자들은 진원지를 파악하기 위해 며칠 밤을 새웠고, 결국 감마선의 출처를 밝히는 데 성공했다. 다행히도 그것은 소련의 신무기가 아니라 멀리 떨어진 은하의 무언가가 폭발하면서 방출한 방사선이었다. 과학자들은 폭발이 지속된 시간은 단 몇 초에 불과한데, 방출된 방사선의 양은 은하 전역에 퍼져 있는 방사선을 모두 합한 것보다 훨씬 많다며 혀를 내둘렀다. 실제로 이때 방출된 감마선 에너지는 태양이 100억 년 동안 방출한 에너지보다 많다. 감마선 폭발은 우주의 역사를 통틀어 빅뱅 다음으로 강력한 초대형 사건이다.

감마선 폭발은 단 몇 초 동안 계속되다가 금방 사그라들기 때문에, 조기경보시스템을 구축해봐야 별 의미가 없다. 그러나 아무런 초치도 취하지 않은 채 무력하게 당하고만 있을 수도 없으므로, 미국의 위성 네트워크는 감마선이 감지되는 즉시 지상에 경보를 내리도록 수정되었다.

감마선 폭발에 대해서는 알려진 내용이 별로 없다. 중성자별(초신성 폭발 후 남은 잔해가 자체 중력으로 붕괴되면서 만들어진 초고밀도 천체 – 옮긴이)과 블랙홀이 충돌하거나, 별이 수명을 다하여 블랙홀로 붕괴될 때 나타나는 현상이라고 추측할 뿐이다. 가스구름에서 탄생한 별이 긴 세월 동안 핵융합을 일으키다가 재료가 완전히 소진되어 최후의 단계에 이르렀을 때 감마선 폭발이 일어나는 것으로 추정하고 있다. 그러므로 별이 마지막 순간에 그토록 강렬한 에너지를 방출하는 원인을 알아내는 데 양자컴퓨터가 필요할 수 있다.

감마선 폭발은 지구와 가까운 곳에서 일어날 수도 있다. 우리 몸을 구성하는 원자들 중 일부는 수십억 년 전에 초신성이 폭발하면서 '조리된' 것일지도 모른다. 앞서 말한 대로 우리의 태양과 같은 별은 철보다 무거운 원소(아연, 구리, 금, 수은, 코발트 등)를 만들어낼 수 없다. 무거운 원소들은 태양이 태어나기 수십억 년 전에 초신성 폭발의 뜨거운 열기 속에서 만들어진 것이다. 그러므로 우리 몸속에 무거운 원소가 존재한다는 사실 자체가 과거 은하수 근처에서 초신성 폭발이 일어났다는 증거이다('초신성'은 특정한 종류의 별이 아니라, '별이 폭발하는 사건' 자체를 뜻하는 용어이다. 즉, '초신성'과 '초신성 폭발'은 완전히 같은 뜻이다. 초신성인 상태에서 폭발하지 않고 버티는 별은 사전적 의미가 없으므로 존재하지 않는다–옮긴이). 과학자들 중에는 5억 년 전에 지구의 수중 생명체의 85퍼센트가 사라진 '오르도비스 대멸종'이 지구 근처에서 일어난 감마선 폭발 때문이라고 주장하는 사람도 있다.

지구로부터 500~600광년 거리에 있는 적색거성 베텔게우스(오리온자리에서 두 번째로 밝은 별)는 상태가 불안정하여, 어느 시점에는 초신성 폭발을 일으킬 것으로 보인다. 이 별이 폭발하면 보름달보다 밝게 빛나면서 지면에 그림자까지 드리울 것이다. 최근 들어 베텔게우스의 밝기와 형태는 눈에 띌 정도로 심하게 변하고 있는데, 잘하면(또는 잘못하면) 우리가 살아 있는 동안 초신성 폭발이라는 장관을 볼 수 있을지도 모른다.

천문학자들은 초신성의 미스터리도 양자컴퓨터가 풀어줄 것으로 기대하고 있다. 앞으로 양자컴퓨터는 태양을 비롯하여 가까운 곳에서 우리를 위협하는 불안정한 별의 일생을 완벽하게 설명해줄 것이다.

그러나 뭐니 뭐니 해도 모든 천체 중에서 가장 큰 관심을 끄는 것은 별의 마지막 종착역인 블랙홀이다.

블랙홀

디지털 컴퓨터로는 블랙홀이 생성되는 과정을 시뮬레이션할 수 없다. 질량이 우리 태양보다 10~50배 큰 별은 초신성 폭발을 겪은 후 중성자별이 되었다가 블랙홀로 붕괴될 가능성이 있다. 그러나 거대한 별이 자체 중력으로 붕괴되면서 겪는 중간 과정은 완전히 미스터리다. 여기에는 아인슈타인의 중력이론(일반상대성이론)과 양자역학을 적용할 수 없기 때문이다.

일단 아인슈타인의 수학을 그대로 따라가면, 블랙홀은 '사건지평선'이라는 미지의 구체球體 안에서 붕괴된다. 2021년에 천문학자들은 지구 곳곳에 흩어져 있는 전파망원경의 신호를 한 곳에 모아서(이렇게 하면 지구만 한 크기의 전파망원경으로 찍은 것과 비슷한 결과가 얻어진다) 블랙홀을 촬영하는 데 성공했다. 이들이 공개한 사진에는 지구로부터 5300만 광년 거리에 있는 M87 은하의 중심에서 초고온 발광 기체로 에워싸인 검은 구형의 사건지평선이 선명하게 드러나 있다.

사건지평선 안에는 무엇이 있을까? 아무도 모른다. 과거 한때 천문학자들은 블랙홀이 '크기는 0에 가까우면서 밀도가 거의 무한대인' 특이점을 향해 붕괴된다고 생각했으나, 블랙홀이 엄청난 속도로 회전한다는 사실이 밝혀지면서 이 가설은 곧바로 폐기되었다. 요즘 물리학자들은 블랙홀이 수학적 점이 아닌 '회전하는 중성자 고리'로 붕괴되며, 그곳에서 시간과 공간의 역할이 뒤바뀔 수 있다고 믿고 있다. 수학적인 면만 고려한다면 고리 안으로 떨어져도 죽지 않고 다른 평행우주로 진입한다. 다시 말해서, 회전하는 고리는 블랙홀을 거쳐 다른 우주로 연결되는 통로인 웜홀이 되는 셈이다.

회전하는 고리는 앨리스의 거울과 비슷하다. 고리의 한쪽은 옥스퍼드의 한적한 시골 마을인데, 반대쪽에는 평행우주의 '이상한 나라'가 펼쳐져 있다.

그러나 블랙홀과 관련하여 수학적으로 얻은 결과는 곧이곧대로 믿을 수 없다. 붕괴가 극단으로 치달아서 블랙홀의 크기가 원자 규모로 압축되면 양자적 효과를 고려해야 하기 때문이다. 바로 여기에 양자컴퓨터를 도입하면 블랙홀의 중심에서 시공간이 뒤틀릴 때 아인슈타인의 중력이론과 양자이론을 시뮬레이션할 수 있다. 이렇게 극단적인 상황으로 가면 두 이론을 대표하는 방정식이 복잡하고 긴밀하게 얽히기 시작한다. 중력에 의한 에너지는 시공간을 구부리고, 그 일대를 떠도는 작은 입자들은 양자적 에너지를 갖고 있다. 그런데 입자는 자체적으로 중력을 행사하기 때문에 원래 존재하는 중력장과 얽히게

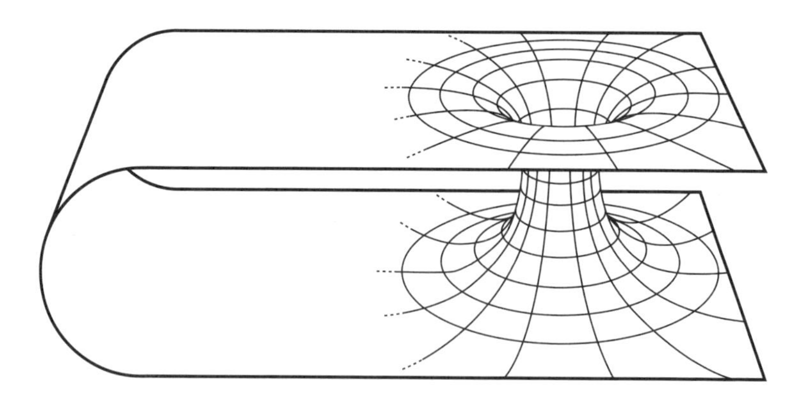

양자컴퓨터와 블랙홀
상대성이론에 의하면 회전하는 블랙홀은 중성자 고리로 붕괴될 수 있으며, 이 고리는 시공간의 서로 다른 두 지점을 연결하는 웜홀처럼 다른 우주로 들어가는 입구가 된다. 그러나 웜홀의 입구가 얼마나 안정적으로 유지되는지 확인하려면 양자컴퓨터가 있어야 한다. (Mapping Specialists Ltd.)

되고, 이렇게 복잡한 방정식을 풀 수 있는 도구는 양자컴퓨터뿐이다.

그리고 또 양자컴퓨터는 꽤 오랜 세월 동안 풀리지 않은 난제, '우주는 무엇으로 이루어져 있는가?'에 대한 답을 하는 데 핵심적인 역할을 할 수 있다.

암흑물질

'이 세상은 무엇으로 이루어져 있는가?' 이것은 2천여 년 전에 그리스의 철학자들이 던졌던 질문이다. 그 후로 지금까지 과학자들은 수많은 이론과 실험을 거치면서 꽤 많은 정보를 알아냈지만, 진정한 답은 아직도 오리무중이다.

대부분의 초등학교 교과서에는 우주가 원자로 이루어져 있다고 적혀 있다. 그러나 이것은 분명히 잘못된 설명이다. 우주의 대부분은 눈에 보이지 않는 암흑물질과 암흑에너지로 이루어져 있다. 즉, 우주의 대부분이 손으로 만질 수 없고 망원경으로 관측할 수도 없는 암흑으로 덮여 있다는 뜻이다.

우리에게 켈빈 경으로 잘 알려진 영국의 물리학자 윌리엄 톰슨은 1884년에 최초로 암흑물질의 개념을 이론적으로 정립했다. 그는 은하가 지금과 같은 형태를 유지하면서 회전하는 데 필요한 질량을 계산했는데, 놀랍게도 천문관측으로 확인된 별들의 실제 질량 값보다 훨씬 큰 값이 얻어졌다. 그리하여 켈빈 경은 '빛을 발하는 별은 극히 일부이며, 별 대부분은 빛을 발하지 않기 때문에 망원경에 관측되지 않는다'고 결론지었다. 그 후 스위스의 천문학자 프리츠 츠비키와 미국의 여성 천문학자 베라 루빈도 이와 비슷한 계산을 수행하여 켈빈 경의 주장이 옳았음을 확인했다. 우리은하(은하수)가 지금처럼 빠르게 회전하면 나선 모양을 유지하지 못하고 별들이 산산이 흩어져야 하는데, 현실은 그렇지 않았던 것이다. 실제로 우리은하는 이론적으로 계산된 속도보다 10배나 빠르게 회전하고 있다. 그런데도 별들은 바깥쪽으로 흩어지지 않고 원래의 대형(나선 모양)을 유지한다. 어떻게 그럴 수 있을까? 뉴턴의 중력법칙이 틀린 것일까? 진리를 추구하는 과학자라면 이 대목에서 당연히 의구심을 가져야 한다. 그러나 당시 대부분의 천문학자는 뉴턴의 이론을 종교처럼 믿었기에, 뻔히 보이는 모순을 애써 무시하고 넘어갔다.

그러나 문제는 은하수뿐만이 아니었다. 그 후로 수십 년이 지나는 동안 망원경으로 관측된 모든 은하에서 질량 부족 현상이 공통적으로 나타난 것이다. 눈앞에 펼쳐진 현실을 더 이상 외면할 수 없었던 천문학자들은 '눈에 보이지 않는 암흑물질이 은하에 속한 모든 별들을 하나로 묶어주고 있다'는 가설을 조금씩 수용하기 시작했다. 이 가설이 옳다면 은하에 존재하는 암흑물질의 질량은 눈에 보이는 은하의 질량보다 훨씬 커야 한다. 즉, 우주의 대부분은 미지의 암흑물질로 이루어져 있는 셈이다.

(더욱 신기한 것은 암흑에너지다. 우주가 팽창하는 것은 진공을 가득 채우고 있는 암흑에너지 때문인데, 우주에 존재하는 알려진 물질/에너지의 68퍼센트를 차지하는데도 그 정체는 완전히 미지로 남아 있다.)

현재 과학자들이 추정하는 우주의 구성 성분과 함량은 다음과 같다.

암흑에너지	68퍼센트
암흑물질	27퍼센트
수소와 헬륨	5퍼센트
무거운 원소	0.1퍼센트

보다시피 우리 몸을 구성하는 대부분의 원소는 우주의 0.1퍼센트밖에 되지 않는다. 이렇게 희귀한 재료로 만들어진 우리는 우주에서 정말로 희귀한 존재이다. 그리고 우주의 대부분을 차지하는 물질은 매우 이상한 특성을 갖고 있다. 무엇보다도 암흑물질은 일반적인 물질과 상호작용을 하지 않기 때문에, 한 덩어리를 움켜쥐면 손가락 사이로 스르르 빠져나와서 바닥으로 떨어질 것이다. 그러고는 마치 바닥이 없는 것처럼 콘크리트와 흙을 뚫고 계속 떨어지다가 지구의 중심을 통과하여 (출발점이 미국이었다면) 중국에 도달하고, 거기서 다시 지구의 중력에 의해 왔던 길을 거꾸로 역행하여 당신의 손으로 돌아온다. 이것으로 끝일까? 물론 아니다. 지구의 중력은 여전히 작용하고 있으므로 암흑물질은 이전과 똑같은 왕복운동을 반복한다(암흑물질은 일상적인 물질과 상호작용을 전혀 안 하는 것이 아니라, '중력을 제외한 상호작용'을 하지 않는다. 손에 움켜쥔, 또는 그릇에 담은 물질이 밑으로 뚫고 내려가지 않는 것은 중력 때문이 아니라 전자기력 때문인데, 암흑물질은 전자기적 상호작용을 하지 않기 때문에 손바닥과 그릇을 통과할 수 있고, 눈에 보이지도 않는 것이다 – 옮긴이).

천문학자들은 은하를 구성하는 별들의 움직임을 주의깊게 관찰한 끝에 '암흑물질 분포 지도'를 완성했다. 보이지 않는 암흑물질을 감지하는 방법은 투명한 안경렌즈를 감지하는 방법과 비슷하다. 렌즈는 빛을 왜곡(굴절)시키기 때문에, 그 효과를 관찰하면 안경테에 렌즈가 끼어 있다는 것을 알 수 있다. 암흑물질도 이와 비슷한 방식으로 빛을 왜곡시킨다(중력에 의해 빛의 경로가 휘어지는 '중력렌즈효과'를 말하는 것이다. 이것은 렌즈에 의해 빛이 굴절되는 전자기적 효과와 근본적으로 다르다-옮긴이). 그러므로 암흑물질을 통과하면서 빛이 왜곡된 정도를 측정하면 암흑물질의 3차원 분포도를 작성할 수 있다. 천문학자들은 이 방법을 통해 암흑물질이 은하의 가장자리에 집중적으로 분포되어 별들을 하나로 묶어준다는 사실을 알게 되었다.

하지만 당혹스럽게도 암흑물질의 구성 성분은 아직도 미지로 남아 있다. 입자물리학의 표준 이론인 표준모형에 등장하는 입자(양성자, 중성자, 전자 등)로 이루어져 있다면 단번에 알아챘을 텐데, 암흑물질은 그런 것과 거리가 멀다.

그러므로 암흑물질의 미스터리를 해결하려면 표준모형 너머에 어떤 것이 존재하는지 알아야 한다.

입자의 표준모형

독자들도 알다시피 양자컴퓨터는 직관에서 한참 벗어난 양자역학의 법칙을 이용하여 계산을 수행하는 장치이다. 그러나 양자역학은 처음 탄생한 후로 한시도 가만히 있지 않고 끊임없이 진화해왔다. 초기의 양자역학은 원자핵과 전자의 상호작용을 설명하는 데 주안점을 두었지만, 입자가속기 덕분에 새로운 입자가 연달아 발견되면서 물질의 구성 성분은 더욱 세분화되었고, 입자 목록도 점점 더 길어졌다. 현재 세계에서 가장 강력한 입자가속기는 스위스의 제네바 외곽에 있는 둘레 27킬로미터짜리 대형강입자충돌기(LHC)로서, 초강력 자석 덕분에 무려 14조eV(전자볼트)에 달하는 출력을 낼 수 있다.

나는 BBC-TV의 과학 프로그램을 진행할 때 LHC를 방문하여 가속기의 중심을 지나가는 튜브(당시에는 아직 건설 중이었음)를 직접 손으로 만져본 적이 있다. 앞으로 몇 년 후에 양성자가 이 튜브 속을 거의 광속으로 내달린다고 생각하니 머리카락이 곤두설 지경이었다.

LHC가 완성된 후로 물리학 이론은 표준모형(또는 '거의 모든 것의 이론Theory of Almost Everything')에 점차 가까워졌다. 과거에 슈뢰딩거 방정식은 전자와 전자기력의 상호작용을 설명할 뿐이었지만, 표준모형은 전자기력과 강한 핵력(강력), 그리고 약한 핵력(약력)을 하나의 이론체계로 통일하는 데 성공했다.

따라서 입자의 표준모형은 수많은 노벨상 수상자를 배출한 양자이론의 가장 진보된 버전이자, 입자가속기에 수십억 달러를 투자하여 얻은 최종 결과물이기도 하다. 이쯤 되면 인간 정신활동의 가장 고귀한 산물로서 역사에 길이 남아야 할 것 같다.

그러나 표준모형의 외관은 그야말로 엉망진창이다.

물리학의 대가들이 구축한 아름답고 우아한 체계가 아니라, 그냥 새로 발견된 입자들을 한 곳에 때려넣고 휘저은 잡탕 이론일 뿐이다. 여기에는 뚜렷한 규칙도 없고, 반드시 그래야만 할 이유도 없다. 표준모형에는 (1)36종의 쿼크와 반쿼크, (2)왜 하필 그런 값이어야 하는지 도통 알 수 없는 19개 이상의 변수, (3)3세대에 걸쳐 존재하는 똑같은 입자들, (4)글루온, W 보손, Z 보손, 힉스 보손을 비롯한 양-밀스 입자 등등이 한데 엉켜서 북적대고 있다.

낳아준 엄마 말고는 아무도 예뻐할 것 같지 않은 이론이다. 땅돼지와 오리너구리, 그리고 고래를 스카치테이프로 대충 붙여놓고 '자연의 우아한 창조물이자 수백만 년에 걸친 진화의 최종산물'이라고 우기는 것과 비슷하다.

더 큰 문제는 이 이론은 중력에 대한 언급이 전혀 없으며, 알려진 우주의 대부분을 구성하는 암흑물질과 암흑에너지 역시 설명할 수 없다는 것이다.

그런데도 물리학자들이 표준모형을 신줏단지처럼 모시는 이유는 '어쨌거나 계산 결과가 현실과 정확하게 일치하기 때문'이다. 표준모형은 낮은 에너지 수준에서 중간자meson와 중성미자neutrino, W 보손 등과 같은 입자의 거동을 정확하게 설명해준다. 그러나 이론의 외형이 지나칠 정도로 너저분하기 때문에, 대부분의 물리학자는 '높은 에너지 수준에서 자연을 설명하는 완벽하고 아름다운 이론이 어딘가에 존재하며, 표준모형은 그 아름다운 이론의 저에너지 근사치일 뿐'이라고 믿고 있다. (아인슈타인의 말을 패러디하자면, '사자 꼬리를 봤다면, 조만간에 사자가 나타날 것'이라고 믿는 것과 같다.)

그러나 지난 50년 동안 실행된 그 많은 실험에서, 표준모형에서 벗어난 결과가 얻어진 적은 단 한 번도 없었다.

적어도 얼마 전까지는 그랬다.

표준모형을 넘어서

2021년, 시카고 외곽에 있는 페르미연구소에서 표준모형의 문제점이 처음으로 발견되었다. 그곳에서 운용 중인 거대한 입자가속기 테바트론이 우주선cosmic ray에서는 흔히 발견되는 뮤 중간자mu meson의 자기적 특성에서 약간의 오차를 발견한 것이다. 물리학자들은 이 작은 오차의 원인을 규명하기 위해 엄청난 양의 데이터를 분석했지만, 아직 결론을 내리지 못했다. 만일 이것이 오차가 아니라 정확한 값이라면, 표준모형의 항목에 없는 미지의 힘(또는 상호작용)이 존재한다는 뜻이다.

만일 그렇다면 페르미연구소의 물리학자들은 표준모형을 넘어선 세계를 잠시나마 엿본 셈이다. 아마도 그 세계를 서술하는 이론은 첨단 이론물리학의 상징인 끈이론일지도 모른다.

앞에서도 여러 번 강조했듯이, 양자컴퓨터의 주특기는 '건초더미에서 바늘 찾기'이다. 이 기계의 검색 능력은 디지털 컴퓨터와 비교가 안 될 정도로 막강하다. 대다수의 물리학자는 현재 운용 중인 입자가속기가 언젠가는 표준모형에 없는 입자를 발견하여 우주의 단순함과 아름다움을 만천하에 드러내줄 것으로 굳게 믿고 있다.

이미 물리학자들은 입자들 사이에 교환되는 상호작용의 신비한 역학을 이해하기 위해 양자컴퓨터를 사용하고 있다. 대형강입자충돌기(LHC) 안에서 14조 전자볼트짜리 양성자빔 두 가닥이 충돌하면 우주가 창조되던 순간에 잠시 존재했던 초고에너지 상태가 재현되는데, 한 번 충돌할 때마다 오만 가지 입자가 소나기처럼 쏟아지면서 1초당 1조 바이트(1TB)의 데이터가 생성된다. 이 방대한 양의 데이터를 분석하는 것이 양자컴퓨터의 일이다.

이뿐만이 아니다. CERN(유럽핵입자물리연구소)의 과학자들은 LHC의 후속 버전인 차세대입자가속기Future Circular Collider(FCC)를 한창 설계하는 중이다. 둘레가 거의 100킬로미터에 달하는 FCC는 초기 건설비용만 230억 달러가 들어갈 예정이며, 최대 출력은 100조 전자볼트로 예상하고 있다. 이 가속기가 완성된다면 분야를 막론하고 지구에서 가장 큰 과학 장비가 될 것이다.

FCC가 완성되면 우주가 처음 탄생했을 때와 거의 동일한 환경을 만들 수 있다(우주 만물을 낳은 빅뱅을 재현할 수 있다는 뜻이다-옮긴이). 이런 극단적인 환경에서 실험을 하면 아인슈타인이 생의 마지막 30년 동안 그토록 애타게 찾아 헤맸던 궁극의 이론, 즉 만물의 이론Theory of Everything(TOE)에 한 걸음 더 가까이 다가갈 수 있을 것이다. 단, 이 실험에서 홍수처럼 쏟아지는 데이터를 분석하려면 양자컴퓨터의 도움을 받아야 한다. 과학 최대의 수수께끼인 창조의 비밀이 양자컴퓨터에 의해 풀릴 수도 있다는 이야기다.

끈이론

현재 표준모형을 넘어선 영역을 다룰 수 있는 양자이론은 끈이론밖에 없다.[2] 그 외의 다른 이론들은 일관성이 없거나, 계산된 물리량이 무한대로 발산하거나, 수학적 변칙anomaly이 존재하거나, 중요한 부분이 누락되어 있다. 이들 중 하나라도 해당되면 이론으로서의 가치는 물건너간 것이나 마찬가지다.

나는 '만물의 이론을 찾았다'고 주장하는 사람들로부터 이메일을 수도 없이 받았는데, 합격점을 줄 만한 이론은 하나도 없었다. 검토를 끝낸 후에는 그들이 같은 실수를 반복하지 않도록 다음과 같은 답장을 보내주었다.

만물의 이론이 만족해야 할 필수조건

1. 아인슈타인의 중력이론을 반드시 포함해야 한다.
2. 쿼크, 글루온, 중성미자(뉴트리노) 등 표준모형에 등장하는 모든 입자들이 이론에 포함되어야 한다.
3. 이론으로 계산된 모든 물리량은 유한해야 하며, 수학적 변칙이 없어야 한다.

현재로서는 위의 세 가지 조건을 모두 만족하는 이론은 끈이론뿐이다.

끈이론에 의하면 모든 기본입자는 작은 점이 아니라 '진동하는 작은 줄'이다. 기타 줄의 진동수가 다르면 음의 높이가 달라지는 것처럼, 끈의 진동수가 다르면 다른 입자가 된다. 그러므로 표준모형에 등장하는 전자와 쿼크, 중성미자 등은 끈이론의 음악에서 각기 다른 '음'에 대응되는 셈이다. 물리학은 끈으로 만든 화성harmony이고, 화학은 끈을 진동시켜서 만든 멜로디이며, 우주는 모든 끈이 함께 연주하는 교향곡에 해당한다. 그러므로 아인슈타인이 언급했던 '신의 마음mind of God'은 우주 전역에 울려퍼지는 장엄한 우주교향곡이라 할 수 있다.

표준모형에는 중력이 처음부터 포함되어 있지 않고, 다른 이론은 중력을 도입해서 계산할 때마다 무한대가 발생한다. 그런데 놀랍게도 끈이론에는 중력이 자연스럽게 포함되어 있다. 끈이 일으키는 진동의 특성을 계산하다보면 중력이 저절로 유도되는 것이다. 이론물리학자들이 끈이론을 만물의 이론(TOE)의 강력한 후보로 미는 것은 바로 이런 이유 때문이다. (아인슈타인이라는 인물이 세상에 태어나지 않았다 해도, 일반상대성이론은 끈이론의 부산물, 즉 최저에너지 진동으로 발견되었을 것이다.)

끈이론이 이렇게 대단한 이론인데, 노벨상을 받은 최고의 석학들은 의견 일치를 보지 못하고 있다. 개중에는 '아인슈타인도 발견하지 못한 새로운 이론'이라고 극찬하는 사람이 있는가 하면, '막다른 골목에 갇힌 이론'이라고 폄하하는 사람도 적지 않다. 막강한 이론을 앞에 놓고 왜 이렇게 의견이 분분한 걸까?

여러 가지 이유가 있지만, 가장 큰 원인으로 지목된 것은 이론의 예측 능력이다. 끈이론에는 표준모형을 비롯한 광범위한 이론이 패키지처럼 포함되어 있어서, 이론이 제시하는 해도 무수히 많다. 물론 정보는 많을수록 좋지만, 방정식의 해가 많으면 그것만큼 당혹스러운 것도 없다. 끈이론이 제시하는 그 많은 우주(해)들 중에서 우리의 우주는 대체 어떤 해에 해당하는가?

다른 한편으로 생각해보면, 과거의 모든 위대한 방정식에는 무한히 많은 해가 존재했다. 끈이론도 예외는 아니다. 뉴턴의 이론은 야구공과 로켓, 고층건물, 비행기 등 무수히 많은 사물의 역학적 거동을 설명할 수 있다. 단, 운동방정식을 적용하려면 적용대상에 대한 최소한의 정보를 입력해야 한다. 이것이 바로 방정식에 주어지는 초기조건 initial condition이다.

끈이론은 우주 전체를 서술하는 이론이어서, 방정식을 풀려면 빅뱅의 초기조건을 입력해야 한다. 그런데 문제는 그 어마무시한 폭발 사건이 어떤 조건에서 일어났는지 알 길이 없다는 것이다.

이것을 끈이론의 '풍경문제landscape problem'라 한다. 끈이론의 무수히 많은 해가 다양한 확률의 풍경을 만들어내기 때문이다. 풍경 위의 각 점은 각기 다른 우주에 해당하며, 우리의 우주는 그중 하나일 것이다.

그렇다면 어떤 지점이 우리 우주에 해당하는가? 끈이론은 '모든 것을 서술하는' 만물의 이론인가, 아니면 '아무거나 닥치는 대로 서술하는' 헤픈 이론인가?

이 점에 대해서는 아직도 의견이 분분하다. 물리학자들은 앞서 언급한 차세대입자가속기(FCC)나 중국에서 계획 중인 원형 전자-양전자충돌기(CEPC), 또는 일본의 국제선형충돌기(ILC)에 기대를 걸고 있지만, 이 야심 찬 프로젝트가 성공적으로 마무리된다 해도 풍경문제가 해결된다는 보장은 없다.

해결의 열쇠를 쥔 양자컴퓨터

나는 이 문제에 대한 궁극적인 해답을 양자컴퓨터가 찾을 수도 있다고 생각한다. 앞서 말한 대로 자연은 양자 버전의 최소작용원리를 십분 활용하여 모든 가능한 경로를 탐색하면서 광합성을 실행하고 있다. 이와 마찬가지로 끈이론에 양자컴퓨터를 적용하면 올바른 경로를 탐색하여 하나의 답을 찾을 수 있지 않을까? 양자적 풍경에서 틀린 지점으로 이어지는 경로 대부분은 빠르게 소멸되고, 단 하나의 '올바른 해'만 남을 수도 있다. 아마도 우리의 우주는 무수히 많은 해 중에서 유일하게 안정적인 해일 것이다.

그러므로 양자컴퓨터는 만물의 이론을 구축하는 마지막 단계일지도 모른다.

과거에도 이와 비슷한 사례가 있었다. 강한 핵력을 서술하는 최선의 이론은 양자색역학(QCD)으로, 쿼크들이 결합하여 양성자와 중성자를 이루는 과정을 가장 정확하게 설명해준다. 처음에 물리학자들은 오직 수학만을 사용하여 QCD 방정식을 풀 수 있을 것으로 생각했으나, 막상 부딪혀보니 전혀 그렇지 않았다.

요즘 물리학자들은 QCD 방정식을 손으로 푸는 것을 완전히 포기하고, 모든 계산을 거대한 슈퍼컴퓨터에게 떠넘겼다. 이것이 바로 시간과 공간을 수십억 개의 작은 구획으로 나눠서 계산을 수행하는 '격자 양자색역학Lattice QCD'이다. 일단 한 구획에 대하여 방정식의 해를 구한 후, 이것을 이용하여 이웃한 구획의 해를 구하고, 이로부터 그다음 구획의 해를 구하고… 이렇게 구획을 순차적으로 옮겨가면서 동일한 과정을 반복하여 모든 구획에서 해를 구하는 식이다. 물론 모든 계산은 슈퍼컴퓨터에서 진행된다.

이와 마찬가지로 양자컴퓨터를 이용하면 끈이론의 모든 방정식을 풀 수 있을지도 모른다. 반드시 성공한다는 보장은 없지만, 이 과정에서 진정한 우주론이 모습을 드러낼 수도 있다. 그러므로 창조의 비밀을 푸는 열쇠는 양자컴퓨터가 쥐고 있는 셈이다.

17장.

2050년의 일상

2050년 1월 오전 6시

시계의 알람이 울리자 당신은 심한 두통을 느끼며 잠에서 깨어났다.

개인 로봇 비서인 몰리가 벽지 스크린에 나타나 생글생글 웃으며 말한다. “오전 6시예요. 이 시간에 깨워달라고 하셨잖아요.”

당신은 잠이 덜 깬 목소리로 투덜댔다. “아이고, 머리야. 대체 어젯밤에 무슨 일이 있었던 거지?”

몰리가 대답했다. “어제 새로 건설된 핵융합로가 첫 가동에 들어가는 날이어서 축하파티를 한다고 그랬잖아요. 그 자리에서 술을 너무 많이 드신 것 같아요.”

몰리의 말을 들으니 조금씩 기억이 돌아오는 것 같다. 그렇다. 당신은 미국 최대 양자컴퓨터 회사 중 하나인 퀀텀테크놀로지의 엔지니어이다. 양자컴퓨터가 대세로 자리잡은 지금, 양자컴퓨터로 제어되는 최신 핵융합로가 완성되어 어제 가동식을 했다.

침대에서 일어나 잠시 앉아 있으니 기억이 더욱 선명해진다. 어제 파티 석상에서 한 기자가 당신에게 물었다. "왜들 이렇게 난리예요? 그까짓 뜨거운 기체가 뭐기에 세상을 다 얻은 사람들처럼 환호성을 지르는 겁니까?"

당신은 이렇게 대답했다. "양자컴퓨터 덕분에 핵융합로 내부의 뜨거운 기체를 드디어 안정적으로 제어할 수 있게 되었습니다. 이 기계 안에서 수소가 헬륨으로 융합되면 거의 무한대에 가까운 에너지를 생산할 수 있지요. 이제 에너지 위기는 끝났습니다."

앞으로 수십 개의 핵융합로가 세계 각지에 건설될 것이고, 당신처럼 술에 취하는 사람도 더욱 많아질 것이다. 양자컴퓨터 덕분에 청정 에너지를 저렴한 가격에 무한정 쓸 수 있는 시대가 열린 것이다.

이제 아침 뉴스를 볼 시간이다. "몰리, 과학 뉴스 채널 좀 틀어줘."

벽지 스크린에 큼지막한 TV 화면이 나타났다. 최신 뉴스를 들으면 당신은 자신과 게임을 하고 싶어진다. 새로운 과학 분야 프로젝트가 소개될 때마다, 양자컴퓨터로 이룰 수 없는 프로젝트가 무엇인지 골라내는 게임이다.

뉴스 진행자가 말한다. "정부가 최신 초음속 제트여객기 운항을 승인했습니다. 그 덕분에 태평양과 대서양을 건너는 시간이 크게 단축될 전망입니다."

전문가인 당신은 이것도 양자컴퓨터가 이룬 쾌거임을 떠올리고 가볍게 웃는다. 가상풍동에서 공기역학적 설계를 수정하여 소닉붐(비행체가 음속을 돌파할 때 발생하는 폭발음 – 옮긴이)의 충격을 제거한 일등공신이 바로 양자컴퓨터였기 때문이다.

뉴스는 계속 이어진다. "화성에 파견된 과학자들이 대형 태양전지

판과 슈퍼배터리의 대량생산 체제를 구축하는 데 성공했습니다. 이로써 화성식민지 개척에 필요한 에너지를 안정적으로 공급할 수 있는 기반이 마련되었습니다."

그렇다. 화성 전초기지의 전력공급시스템도 양자컴퓨터 덕분에 가능했다. 그리고 이 기술은 전 세계 문명의 화석연료 의존도를 낮춰서 지구온난화를 막는 데에도 크게 기여했다.

이어서 진행자는 의학 관련 뉴스를 전한다. "다음 뉴스는 수백만 알츠하이머 환자들에게 단비 같은 소식입니다. 의학자들은 아밀로이드 단백질이 체내에 축적되는 것을 방지하는 약물을 성공적으로 개발했다고 밝혔습니다. 이로써 오랜 세월 동안 불치병으로 여겨졌던 알츠하이머를 치료할 수 있는 길이 열렸습니다."

양자컴퓨터를 이용하여 알츠하이머의 원인인 아밀로이드 단백질을 분리해낸 곳이 바로 당신이 다니는 회사의 부설 연구소이다. 당신이 직접 관여한 프로젝트는 아니지만 괜히 어깨가 올라간다.

최근에 이루어진 과학적 진보의 대부분이 양자컴퓨터와 직간접적으로 관련되어 있다고 생각하니, 이 분야에 종사하는 한 사람으로서 자부심이 느껴진다.

뉴스가 끝난 후, 당신은 화장실에 가서 샤워를 하고 이를 닦았다. 세면대에 뱉은 물을 물끄러미 바라보다가, 문득 이 물이 특수설계된 하수구를 통해 암 연구소로 전달된다는 사실을 떠올린다. 수백만 명의 사람들이 이 하수 시스템을 통해 하루에도 몇 번씩 자신도 모르는 사이에 암 검진을 받고 있다. 물론 이 일은 각 가정의 화장실과 은밀하게 연결된 양자컴퓨터를 통해 이루어진다. 암세포가 종양으로 자라기 몇 년 전에 양자컴퓨터가 미리 알려주기 때문에, 요즘 사람들은 암을 감기처럼 '지나가는 병'으로 취급하고 있다. 당신은 암이 가족력과 관련되어 있음을 떠올리며 중얼거린다. "암으로 죽는 사람이 없으니 얼마나 다행이야."

외출복을 챙겨 입는데 벽지 스크린이 다시 켜지면서 인공지능 의사가 화면에 떴다. "이번에는 뭔가요, 박사님? 무슨 좋은 소식이라도 있습니까?"

당신의 주치의인 로보닥Robo-doc이 말한다. "그게, 좋은 소식도 있고 나쁜 소식도 있습니다. 나쁜 소식은 지난주에 당신이 흘려보낸 폐수에서 암세포가 발견되었다는 겁니다."

"이크, 그거 정말 나쁜 소식이군요. 그럼 좋은 소식은 뭔가요?"

"우리가 암세포의 진원지를 찾았다는 거지요. 폐에서 발견되었는데, 아직 몇백 개밖에 안 되니까 걱정 안 하셔도 됩니다. 암세포의 유전자 분석도 끝났으니까, 면역체계를 강화하는 주사를 맞으면 됩니다. 이번에 발견된 암세포를 공격하는 유전자변형 면역세포를 당신 회사에서 개발했다고 하더군요. 오늘 안으로 보내준다고 했으니까 퇴근길에 우리 병원에 들러서 접종을 받으세요."

당신은 다시 한번 우쭐해지면서 문득 과거에 겪었던 일이 생각났다. "박사님, 솔직하게 말해보세요. 만일 양자컴퓨터가 내 몸속에서 암세포를 발견하지 못했다면 어떻게 되었을까요? 가령 10년 전이라면 말이에요."

로보닥이 말한다. "몇십 년 전에는 양자컴퓨터가 널리 보급되지 않았으니, 당신도 모르는 사이에 암세포가 수십억 개로 자랐을 겁니다. 아마 5년 안에 사망했겠지요."

생각만 해도 끔찍하다. 퀀텀테크놀로지에서 일하는 자신이 다시 한

번 자랑스럽게 느껴진다.

갑자기 몰리가 우리의 대화를 끊고 긴급한 소식을 전했다. "방금 회사에서 메시지가 왔어요. 본사에서 긴급회의가 소집되었으니 빨리 회의실로 오라고 하네요."

대부분의 회의는 집에서 온라인으로 진행해왔는데, 직접 나오라고 하는 걸 보니 매우 중요한 안건인 모양이다.

"몰리, 오늘 약속 모두 취소시키고 차 좀 보내줘."

몇 분 후 당신은 현관 앞에 도착한 무인자동차를 타고 사무실로 향했다. 양자컴퓨터가 도로에 설치된 수백만 개의 센서에서 전송된 정보를 초 단위로 분석하여 신호등을 제어하고 있기 때문에 차가 막히는 일은 거의 없다.

어느덧 회사 주차장에 도착했다. 당신은 차에게 간단한 명령을 내린다. "네가 알아서 주차해. 나중에 연락하면 데리러 오고." 당신의 자동차는 도시의 모든 교통을 제어하는 양자컴퓨터의 지시에 따라 빈 주차 공간을 찾아간다.

회의실에 들어서니 미리 착용한 콘택트렌즈에 참석자들의 약력이 뜬다. 회사를 움직이는 중역들이 한자리에 다 모인 것을 보니 중요한 회의임이 틀림없다.

사장이 자리에서 일어나 안건을 설명하기 시작했다.

"이번 주 우리 회사의 양자컴퓨터에 새로운 바이러스가 포착되었습니다. 우리가 개발한 국제 센서 네트워크가 질병 방어의 첫 번째 방어선이라는 사실은 다들 잘 알고 있겠지요. 그런데 태국 지사로부터 새로운 바이러스가 발견되었다는 보고가 들어왔습니다. 발생지가 태국 국경 근처라는데, 전염성과 치사율이 높은 것으로 보아 조류에서 옮겨온 것으로 추정됩니다. 지난 2020년대 초에 전 세계적으로 팬데믹이 발생하여 미국에서만 100만 명이 넘는 사망자가 발생하고 세계 경제가 심각한 타격을 입었던 일을 기억하실 겁니다. 그런 재앙이 재발하지 않으려면 지금 당장 손을 써야 합니다. 그래서 현지 상황을 파악하고 대책을 마련할 팀을 구성했으니, 지금 즉시 출발해주시기 바랍니다. 공항에 가면 초음속 제트기가 대기하고 있을 겁니다. 질문 있습니까?"

사장의 브리핑이 끝나자 여기저기서 손을 든다. 대부분이 외국어지만 콘택트렌즈에 자동번역기가 탑재되어 있어서 의사소통에는 아무런 문제가 없다.

조용하고 안락한 주말은 물건너갔다. 당신은 일행 몇 명과 함께 비행용 자동차를 타고 공항으로 날아가서 제트기로 갈아탔다. 이날 아침은 뉴욕에서 먹었는데 점심은 알래스카에서 해결했고, 도쿄에서 저녁 식사를 한 후 저녁 늦게까지 회의가 이어졌다. 당신은 할 일을 떠올리며 이렇게 생각한다. '초음속 제트기가 없던 시절에는 뉴욕에서 꼬박 열세 시간을 날아야 도쿄에 도착할 수 있었는데, 정말 세상 좋아졌다.'

당신이 초등학생이었던 2020년에 코로나 바이러스가 불시에 지구를 덮쳐서 사회 전반에 걸쳐 막대한 피해를 입힌 적이 있다. 그때 당신의 친척 중 몇 명도 적절한 치료를 받지 못하여 안타깝게 세상을 떠났다. 그러나 이제는 바이러스나 암 때문에 목숨을 잃는 사람은 거의 없다.

다음날 아침, 당신은 현지 관리자로부터 간단한 브리핑을 받았다.
"새로운 바이러스가 출현하여 처음에는 조금 당황했지만, 곧 진정되었습니다. 양자컴퓨터가 신종 바이러스의 유전적 특성을 파악해서 약점을 찾아낸 덕분에 효과적인 백신 제조 계획을 세울 수 있었습니다. 이 모든 과정이 빠른 시간 안에 이루어진 것도 양자컴퓨터 덕분입니다. 비행기와 기차를 비롯한 모든 운송수단의 운행기록을 분석하면 신종 바이러스가 외부로 확산된 경로도 추적할 수 있습니다. 지금 전 세계의 주요 공항과 기차역에 신종 바이러스의 냄새를 탐지하는 센서가 작동 중이므로, 대규모 전염 사태는 막을 수 있을 겁니다."

당신은 일주일 동안 현지 실험실을 견학한 후 신종 바이러스가 통제권 안에 들어왔음을 확인하고 뉴욕으로 돌아왔다. 이번 조치로 수백만 명이 생명을 구하고, 수렁에 빠질 뻔한 세계 경제를 살렸으니 이 정도면 꽤 보람 있는 출장이었다.

당신은 집으로 돌아와 몰리에게 물었다. "다음 스케줄은 뭐지?"

"어디 볼까요? 세계에서 제일 큰 과학잡지에서 인터뷰 요청이 들어왔네요. 양자컴퓨터에 관한 특집기사를 실을 예정이래요. 약속을 잡아드릴까요?"

기자가 도착했을 때, 당신은 적지 않게 놀랐다. 자신을 세라라고 소개한 그녀는 직업정신으로 똘똘 뭉친 매우 해박한 사람이었다.

세라가 물었다. "요즘 양자컴퓨터가 대세라고 들었습니다. 구식 디지털 컴퓨터가 그 옛날 공룡처럼 사라지고 있다더군요. 모든 분야에서 실리콘 컴퓨터가 양자컴퓨터로 대체되는 추세입니다. 휴대폰을 사용할 때에도 실제로 클라우드 어딘가에 숨어 있는 양자컴퓨터와 대화를 나누는 거라고 들었어요. 하지만 이 모든 진보가 우리 사회의 고질적인 문제를 해결할 수 있을까요? 그러니까, 가난한 사람을 먹이는 데 실질적인 도움이 되겠냐는 말입니다."

당신은 곧바로 대답한다. "물론 도움이 됩니다. 양자컴퓨터는 우리가 매일 들이마시는 대기 중의 질소를 비료로 바꾸는 데 결정적 역할을 했습니다. 그 덕분에 제2의 녹색혁명이 일어나지 않았습니까? 반대론자들은 인구폭발로 인해 대규모 기아와 전쟁, 이주, 그리고 식량 폭동이 일어날 것이라고 주장했지만, 이들 중 그 어떤 것도 일어나지 않았습니다. 이게 다 양자컴퓨터 덕분…"

세라가 당신의 말을 자르며 끼어들었다. "잠깐만요. 지구온난화는 아직 해결되지 않은 것 같은데요? 지금 제가 착용한 콘택트렌즈로 검색해보니 대규모 산불과 가뭄, 태풍, 홍수 등 온갖 자연재해가 세계 곳곳에서 진행되고 있습니다. 날씨가 정말 미친 것 같아요."

당신은 인정할 수밖에 없다. "네, 사실입니다. 지난 20세기에 전 세계 산업계는 엄청난 양의 이산화탄소를 대기 중에 배출했고, 지금 우리가 그 대가를 치르는 중이지요. 모든 예측이 현실로 나타났지만, 우리는 무력하게 당하지 않고 반격을 가하고 있습니다. 퀀텀테크놀로지는 막대한 양의 전기에너지를 저장할 수 있는 슈퍼배터리 개발에 앞장서서 에너지 비용을 크게 절감했고, 오랫동안 기다려온 태양에너지 시대를 여는 데 일익을 담당했습니다. 그 덕분에 우리는 태양빛이 없거나 바람이 불지 않을 때에도 전력을 생산할 수 있게 되었지요. 지금 전 세계에 보급되는 핵융합 에너지를 비롯하여 첨단 재생기술로 생산된 재생에너지는 역사상 처음으로 화석연료 에너지보다 저렴해졌습니다. 지난 수십 년 동안 각고의 노력을 기울인 끝에 드디어 지구온난화가 역전되는 전환점에 도달한 겁니다. 너무 늦게 도달한 게 아니기를 바랄 뿐이지요."

세라의 다음 질문은 다소 사적私的이었다. "이번에는 좀 개인적인 질문인데, 양자컴퓨터가 당신의 가족과 사랑하는 사람들에게 어떤 영향을 미쳤나요?"

당신은 다소 우울한 어조로 대답했다. "우리 가족은 난·불치병 때문에 많은 고통을 겪었습니다. 어머니가 알츠하이머를 앓으셨는데, 처음에는 몇 분 전에 일어난 일을 기억하지 못하다가 얼마 후에는 망상에 빠져서 전혀 일어나지 않은 일을 실제로 일어난 것처럼 이야기하곤 했습니다. 그러다가 어느 날부터는 자신이 사랑했던 사람들의 이름까지 모두 잊어버렸고, 나중에는 자신이 누구인지도 기억하지 못했습니다. 하지만 지금은 양자컴퓨터가 이 어려운 문제를 해결했지요. 저는 이 사실이 자랑스럽습니다. 두뇌를 망가뜨리는 기형 아밀로이드 단백질을 양자컴퓨터로 걸러내는 데 성공했으니까, 알츠하이머 치료제도 곧 나올 겁니다."

세라의 질문은 계속 이어진다. "양자컴퓨터가 사람의 노화를 늦추거나 아예 멈추게 만들 수도 있다고 하던데요, 그 소문이 사실입니까? '영원한 젊음의 샘'이 정말 코앞까지 온 건가요?"

당신은 멋쩍게 웃으며 대답했다. "제 전문 분야가 아니어서 자세한 내용은 잘 모르겠지만, 노화를 늦출 수 있게 된 것은 사실입니다. 퀀텀테크놀로지의 연구원들은 유전자 치료와 크리스퍼에 양자컴퓨터를 적용하여 노화에서 발생한 유전자 오류를 수정하는 데 성공했습니다. 노화는 유전자와 세포에 오류가 쌓이면서 나타나는 현상인데, 우리는 바로 이 오류를 수정하여 노화를 늦추거나 아예 역전시키는 방법을 찾고 있습니다."

"그래서 드리는 질문인데요, 만일 또 한번의 삶을 살 수 있다면 어떤 일을 하고 싶으신가요? 저에게 그런 기회가 온다면 기자 말고 작가가 되고 싶은데, 당신은 어떤가요?"

"글쎄요, 사실 여러 번의 삶을 산다는 게 완전히 허황된 꿈은 아닙니다. 하지만 제게 또 한번의 인생이 주어진다면 양자컴퓨터를 최대한으로 활용해서 우주의 비밀을 풀고 싶군요. 그러니까… 우주가 어디서 왔는지, 빅뱅은 왜 일어났는지, 빅뱅 이전에는 무엇이 있었는지, 그런 것을 연구하고 싶다는 뜻입니다. 인간은 이런 엄청난 질문의 답을 알아낼 정도로 충분히 진화하지 못했을 수도 있지만, 언젠가는 양자컴퓨터가 답을 알아내리라고 믿습니다."

세라가 다시 물었다. "우주의 의미를 찾는다고요? 와우, 정말 엄청난 꿈이네요. 그런데 양자컴퓨터가 무엇을 찾아낼지 짐작하기 어려울 텐데, 감당하지 못할 사실을 알게 될까봐 두렵지는 않나요?"

당신은 침착하게 대답했다. "고전 SF 소설 《은하수를 여행하는 히치하이커를 위한 안내서》의 마지막 부분 기억하십니까? 엄청난 기대와 설렘의 시간이 끝나고 마침내 거대 슈퍼컴퓨터가 우주의 의미를 계산해냈는데, 그가 내놓은 답은 42라는 숫자였지요. 물론 어디까지나 소설일 뿐이지만, 우주가 간단한 숫자로 요약된다는 게 역설적이면서도 흥미롭더라고요. 저는 이 수수께끼를 양자컴퓨터로 풀고 싶습니다. 기회가 온다면 꼭 하고 싶은 일입니다."

인터뷰가 끝난 후 당신은 세라와 악수를 나누며 조심스럽게 혹시 괜찮으면 저녁 식사를 같이할 수 있을지 묻는다.

당신의 인터뷰 기사는 수백만 명의 사람들에게 양자컴퓨터를 홍보하는 좋은 계기가 되었다. 독자들은 양자컴퓨터가 경제와 의학을 비롯하여 인류의 삶을 크게 향상시켜주었다는 사실을 깨달았다. 일하는 사람들은 바로 이럴 때 가장 큰 보람을 느낀다. 또 한 가지 보너스는 인터뷰를 계기로 세라와 더욱 친해졌다는 것이다.

세라와 당신은 공통점이 많았다. 두 사람 다 적극적이고 박식했다. 오랜만에 타인으로부터 강한 동질감을 느낀 당신은 퀀텀테크놀로지 본사에 있는 가상현실 게임센터에 세라를 초대했고, 두 사람은 양자 컴퓨터가 만들어낸 초정밀 시뮬레이션 속으로 들어가 환상적이고 이국적인 장면을 만들어내는 바보 같은 게임을 하며 즐거운 시간을 보냈다. 가상현실 코너에서는 광활한 우주를 탐험하다가 순식간에 바닷가 휴양지로 날아와서 레모네이드를 마시고, 다시 에베레스트 정상에 올랐다가… 그래픽이 어찌나 사실적인지, 세라는 거의 5초마다 비명을 질러댔다. 그러나 그날의 하이라이트는 두 사람이 언덕에 나란히 앉아 먼 산 위로 보름달이 뜨는 장면을 바라본 것이었다. 달빛 아래에서 은은하게 모습을 드러낸 숲을 바라보니, 자연과 더욱 가까워진 듯한 느낌이 든다.

당신이 먼저 말문을 열었다. "있잖아요, 저는 옛날 1960년대에 우주비행사들이 달 위를 걷는 모습을 보고 과학에 관심을 갖기 시작했답니다."

세라가 대답한다. "저도 그래요. 하지만 저는 '달 위를 걷는 여성 우주인'을 보고 싶었어요. 생각만 해도 짜릿하더군요."

두 사람은 날이 갈수록 가까워졌고, 마침내 당신은 용기를 내어 세라에게 청혼했다. 만일 거절하면 승낙할 때까지 두세 번쯤 반복하려고 했는데, 다행히도 1차 시기에서 'yes'를 받아냈다.

그런데 신혼여행은 어디로 가는 게 좋을까?

우주여행 비용이 저렴해져서 우주관광객이 폭발적으로 증가한다는 뉴스가 전해지자, 세라는 잡지사에 또 다른 기사 기획안을 제출하고 당신을 만나서 이렇게 말했다.

"최고의 신혼여행지를 알아냈어요. 달로 가고 싶어요."

양자 수수께끼

영국의 우주론자 스티븐 호킹은 '신神이라는 단어를 거리낌 없이 언급할 수 있는 과학자는 물리학자뿐'이라고 했다. 그러나 물리학자가 얼굴을 붉히는 모습은 쉽게 볼 수 있다. 그들 앞에서 '도저히 답할 수 없는 철학적 질문'을 던지면 된다.

물리학과 철학의 경계에서 물리학자를 당혹스럽게 만드는 질문 목록을 여기 소개한다. 모든 질문은 양자컴퓨터와 깊이 관련되어 있는데, 앞으로 하나씩 살펴볼 것이다.

1. 신은 우주를 창조할 때 다른 선택의 여지가 없었는가?
아인슈타인은 이것이 인간이 떠올릴 수 있는 가장 심오하고 교훈적인 질문이라고 했다. 신은 왜 지금과 다른 형태로 우주를 창조하지 않았는가?

2. 우주는 시뮬레이션인가?

혹시 우리는 거대한 비디오게임에 등장하는 캐릭터가 아닐까? 우리를 포함하여 우리 눈에 보이는 모든 것이 컴퓨터 시뮬레이션의 부산물은 아닐까?

3. 양자컴퓨터는 평행우주에서 계산을 수행하는가?

다중우주를 도입하여 양자컴퓨터의 관측문제를 해결할 수 있을까?

4. 우주는 양자컴퓨터인가?

기본입자에서 거대한 은하단에 이르기까지, 우리 주변에 존재하는 모든 것이 '우주=양자컴퓨터'라는 증거가 될 수 있을까?

신에게는 다른 선택의 여지가 없었는가?

우리 우주를 관장하는 법칙은 유일무이한 법칙인가, 아니면 여러 개의 가능한 법칙 세트 중 하나일 뿐인가? 아인슈타인은 이 질문의 답을 생각하면서 생의 대부분을 보냈다. 양자컴퓨터를 처음 배우는 학생들은 작동방식이 하도 낯설고 이상해서 갈피를 잡지 못한다. 미시세계에서 전자가 두 곳에 동시에 존재하고, 에너지 장벽을 아무렇지 않게 통과하고, 빛보다 빠르게 정보를 전달하고, 두 지점 사이를 잇는 무한히 많은 경로를 즉각적으로 분석한다는 것은 제아무리 유연한 사고를 가진 사람이라 해도 어안이 벙벙해질 수밖에 없다. 대체 왜 이런 걸까? 우주는 꼭 이렇게 이상한 곳이어야만 했을까? 다른 선택의 여지가 있어서 좀 더 논리적이고 합리적인 우주로 태어날 수는 없었던 것일까?

아인슈타인은 이 문제 때문에 곤경에 빠졌을 때 "신은 미묘하지만 악의적인 존재는 아니다"라며 스스로 위로했다. 그러나 양자역학의 지독한 역설과 마주했을 때는 '신은 정말로 악의적인 존재일 수도 있다'고 생각했다.

과학이 처음 탄생한 후로 물리학자들은 자연의 법칙이 유일한 선택인지, 아니면 더 나은 우주를 만들 수 있는지 확인하기 위해, 지금과 다른 법칙을 따르는 가상의 우주를 줄곧 생각해왔다.

심지어 철학자들까지도 이 대열에 합류했다. 중세 스페인의 현명한 왕 알폰소Alfonso the Wise는 "내가 우주창조에 참여했다면 더 나은 질서를 만들기 위해 몇 가지 유용한 힌트를 줬을 것"이라고 했다.

스코틀랜드의 판사이자 비평가였던 제프리 경은 불완전한 우주에 노골적으로 불만을 드러냈다. "빌어먹을 태양계 같으니! 햇빛은 형편없고, 행성은 너무 멀고, 혜성은 수시로 지구를 위협하고, 안전장치는 거의 없고… 내가 만들어도 이보다는 낫겠다."

그러나 과학자들이 아무리 노력해도, 양자역학의 법칙을 더 멋진 형태로 바꿀 수는 없었다. 양자역학의 대안으로 제시된 다른 이론들은 예외 없이 불안정하거나 보이지 않는 치명적 오류를 갖고 있다.

아인슈타인을 매료시켰던 이 철학적 질문의 답을 찾기 위해, 일단 우리가 원하는 '바람직한 우주의 특성'부터 나열해보자. 대부분의 물리학자도 이런 식으로 접근한다.

가장 중요한 조건은 우주가 안정적이어야 한다는 것이다. 살짝 건드리기만 해도 와르르 무너져내리는 우주를 원할 사람은 없다.

그런데 놀라운 것은 안정적인 우주를 만들기가 엄청나게 어렵다는 것이다. 일단은 상식에 부합하는 뉴턴의 법칙을 우주 전체가 따른다고 가정해보자. 이것은 우리에게 제일 친숙한 세상이므로 여기서 출발해야 안전할 것 같다. 그렇다면 우주의 기본단위인 미시세계도 뉴턴의 법칙을 따를 것이고, 행성이 태양 주변을 공전하듯 전자도 원자핵 주변을 돌고 있을 것이다. 이 전자들이 완벽한 원궤도를 그린다면 꽤 안정적인 상태를 유지할 수 있을 것 같다.

그러나 무언가가 전자 1개를 살짝 건드리기만 하면 마구 흔들리다가 원궤도에서 벗어나고, 결국은 전자들끼리 충돌하면서 원자핵으로 빨려 들어가게 된다. 이 과정은 아주 빠르게 진행되기 때문에 전자를 건드리는 즉시 원자가 붕괴되고, 전자는 사방팔방으로 흩어질 것이다. 다시 말해서, 오직 뉴턴의 법칙만을 따르는 우주는 태생적으로 불안정하다는 뜻이다.

분자 규모에서는 어떤 일이 일어날지 상상해보자. 고전역학이 지배하는 세상에서 2개의 핵을 중심으로 형성된 궤도는 극도로 불안정하기 때문에, 조금만 방해를 받아도 순식간에 무너진다. 즉, 뉴턴의 세상에서는 분자가 형성될 수 없으며, 복잡한 화학물질도 당연히 존재할 수 없다. 이런 우주는 기본입자들이 무작위로 흩어져 있는 무형의 안개일 뿐이다.

그러나 우주에 양자역학이 개입되면 전자가 파동으로 서술되고, 이들 중 특별한 공명 상태만 원자핵 주변에서 진동할 수 있으므로 뉴턴역학이 낳은 문제가 일거에 해결된다. 전자들끼리 충돌해서 멀리 날아가는 파동함수는 슈뢰딩거 방정식에서 허용되지 않으므로 원자는 안정적인 상태를 유지할 수 있다. 또한 양자역학이 지배하는 우주에서는 2개의 원자가 전자를 공유할 때 분자가 형성되고, 두 원자를 하나로 묶어주는 안정적인 공명이 형성되기 때문에 분자도 안정적이다. 이는 분자를 하나로 묶어주는 접착제 역할을 한다.

그러므로 어떤 의미에서 보면 양자역학의 유별난 특성에는 뚜렷한 '목적'과 '이유'가 있다. 양자세계가 그토록 기이한 이유는 우주를 안정적으로 유지하기 위해서다. 그렇지 않으면 우주는 산산이 분해된다.

이것은 양자컴퓨터에도 중요한 영향을 미친다. 누군가가 슈뢰딩거 방정식에 수정을 가하면, 거기에 맞춰 변형된 양자컴퓨터는 불안정한 물질처럼 터무니없는 결과를 낳을 것이다. 그러므로 양자컴퓨터가 안정적인 우주를 낳는 유일한 방법은 슈뢰딩거 방정식에서 출발하는 것이다. 양자컴퓨터는 매우 독특한 존재이다. 물질을 이리저리 조립해서 양자컴퓨터를 만드는 방법은 여러 가지가 있지만(다양한 유형의 원자를 사용), 양자컴퓨터가 계산을 수행하여 안정적인 물질을 설명하는 방법은 단 한 가지밖에 없다.

그러므로 전자와 빛, 그리고 원자를 다루는 양자컴퓨터를 원한다면, 가능한 설계도는 단 하나뿐이다.

우주는 시뮬레이션인가?

영화 〈매트릭스〉를 본 사람이라면 주인공 네오가 '선택된 자Chosen One'임을 잘 알고 있을 것이다. 그는 초능력을 갖고 있어서 하늘을 날 수 있고, 자신을 향해 날아오는 총알을 곡예사처럼 피하거나 도중에

멈추게 할 수 있으며, 버튼 하나를 눌러서 단 몇 초 만에 무술 고단자가 될 수도 있다. 거울 속으로 걸어 들어가는 건 기본이다.

이 모든 것이 가능한 이유는 네오가 존재하는 곳이 컴퓨터로 만든 가상의 시뮬레이션 세상이기 때문이다. 비디오게임 속에서 사는 것처럼, 네오가 느끼는 현실은 실제가 아닌 상상의 세계이다.

그렇다면 당장 떠오르는 질문이 하나 있다. 컴퓨터의 성능이 상상을 초월할 정도로 강력해지면, 우리가 사는 세상과 완전히 똑같은 세상을 시뮬레이션으로 구현할 수 있을까? 만일 가능하다면, 우리가 사는 세상은 누군가가 컴퓨터에서 실행 중인 비디오게임일 수도 있지 않은가? 우리는 누군가가 삭제 버튼을 누르기만 하면 곧바로 사라지는 컴퓨터 코드에 불과한가? 디지털 컴퓨터로는 이런 세상을 도저히 만들 수 없다 해도, 양자컴퓨터라면 가능하지 않을까?

일단 간단한 질문에서 시작해보자. 앞에서 언급한 고전적 우주는 뉴턴식 시뮬레이션이 될 수 있을까?

속이 빈 유리병을 예로 들어보자. 병 속에는 10^{23}개 이상의 원자가 들어갈 수 있다. 이것을 컴퓨터로 정확하게 시뮬레이션하려면 10^{23}비트에 해당하는 정보를 처리해야 하는데, 디지털 컴퓨터로는 감당하기 어렵다. 병 속에 들어 있는 기체의 거동을 완벽하게 재현하려면 모든 원자의 위치와 속도를 알아야 한다. 이제 병의 크기를 왕창 키워서 지구의 대기를 시뮬레이션한다고 상상해보라. 이를 위해서는 대기의 습도, 기압, 온도, 풍속 등을 알아야 한다. 디지털 컴퓨터로는 어림도 없는 일이다.

즉, 날씨를 시뮬레이션할 수 있는 가장 작은 도구는 날씨 그 자체이다(이보다 조금만 작아도 정보의 일부가 누락되기 때문이다 – 옮긴이).

'나비효과'를 고려하면 이 문제를 또 다른 각도에서 바라볼 수 있다. 나비가 날개를 펄럭이면 공기에 미약한 파동이 생기는데, 여기에 적절한 조건이 맞아떨어지면 태풍으로 자라나고, 구름을 자극하여 폭풍우가 휘몰아칠 수도 있다. 개개의 공기 분자는 뉴턴의 법칙을 따르지만, 분자 수조 개가 모여서 일으키는 효과는 너무 혼란스러워서 예측할 수 없다. 이것이 바로 혼돈이론chaos theory의 핵심이다. 폭풍우를 예측하기 어려운 것은 바로 이런 이유 때문이다. 분자 1개의 경로는 디지털 컴퓨터로 쉽게 계산할 수 있지만, 수조 개에 달하는 공기 분자의 집합적인 운동을 계산하는 것은 디지털 컴퓨터의 능력을 한참 벗어난 일이다. 따라서 날씨 시뮬레이션도 할 수 없다.

혹시 양자컴퓨터라면 가능하지 않을까?

그러나 양자컴퓨터로 날씨 시뮬레이션을 시도하면 상황이 더욱 악화된다. 예를 들어 큐비트가 300개면 양자컴퓨터에는 2^{300}개의 상태가 존재할 수 있는데, 이것은 우주가 놓일 수 있는 모든 가능한 상태의 수보다 많다. 이 정도면 우리가 알고 있는 모든 '현실'을 구현하기에 충분할 것 같다.

글쎄, 과연 그럴까? 수천 개의 원자로 이루어진 단백질 분자를 생각해보자. 근사적 방법을 전혀 사용하지 않고 단백질 분자의 모든 것을 있는 그대로 시뮬레이션하려면 우주의 상태보다 더 많은 상태를 구현해야 한다. 그런데 한 사람의 몸속에는 이런 단백질 분자가 수십억 개나 있으므로, 이들을 모두 시뮬레이션하려면 수십억 대의 양자컴퓨터가 필요하다. 그러므로 이 경우에도 우주를 시뮬레이션할 수 있는 도구는 우주 자체밖에 없다. 복잡한 양자현상을 시뮬레이션하기 위해 양자컴퓨터 수십억 대를 조립하는 것은 별로 좋은 생각이 아니다.

컴퓨터로 시뮬레이션할 수 있는 현실은 자세한 부분을 생략하거나 현실의 일부만 구현된 불완전한 현실뿐이다. 이렇게 하면 시뮬레이션할 상태의 수를 대폭 줄일 수 있다. 그리고 불완전한 시뮬레이션은 실제로 존재할 수도 있다. 예를 들어 당신의 머리 위에 있는 하늘은 오래된 영화 세트장처럼 부분적으로 찢어졌을 수도 있고, 당신이 헤엄치는 바닷속 세상은 유리벽에 갇힌 커다란 어항일지도 모른다(스킨스쿠버를 하다가 갑자기 유리벽에 부딪힌다면, 그때 비로소 이 세상이 시뮬레이션임을 깨닫게 될 것이다). 이렇게 불완전한 우주는 양자컴퓨터로 시뮬레이션할 수 있다(우리의 우주가 시뮬레이션으로 구현된 '짝퉁 우주'일 수도 있다는 이야기다. 만일 누군가가 우연한 기회에 가짜임을 알아낸다 해도, 시뮬레이션을 실행하는 '주인'이 부족한 부분을 보완하고 모든 생명체의 기억을 재코딩하여 시뮬레이션을 다시 실행하면 모든 것은 정상으로 되돌아간다-옮긴이).

평행우주

50년 전만 해도 할리우드 영화사와 만화 제작자들은 주인공의 활동무대를 우주로 옮기기만 해도 관객들의 상상력을 한껏 자극할 수 있었다. 그러나 우주선이 일상사가 되어버린 지금, 이렇게 안일한 생각으로 영화를 만들었다간 말아먹기 십상이다. 그래서 SF 작가들은 관객을 끌어모을 수 있는 환상적인 놀이터를 물색한 끝에 아주 그럴듯한 장소를 찾아냈다. 바로 '다중우주multiverse'이다. 최근에 개봉한 블록버스터 영화에는 슈퍼히어로와 악당이 평행우주를 오락가락하면서 기상천외한 스토리를 펼쳐나가고 있다.

나는 소싯적에 SF 영화를 볼 때마다 물리법칙에서 벗어난 장면을 집어내는 버릇이 있었다. 그러나 "고도로 발달한 과학기술은 마법과 구별하기 어렵다"는 아서 클라크의 명언을 접한 후로 그 부질없는 짓을 그만두었다. 그러므로 어떤 영화에서 물리법칙에 위배되는 장면이 나왔다면, 그 법칙은 언젠가 틀린 것으로 판명되거나 수정될 가능성이 있다.

그런데 최근에 평행우주가 난무하는 SF 영화를 보면서 옛날 버릇이 되살아났다. 과거와 다른 점이 있다면 영화제작자들이 다중우주를 연구하는 물리학자의 조언을 듣고 황당한 무리수를 두지 않는다는 것이다.

요즘 평행우주가 뜨는 이유는 휴 에버렛의 다세계 이론이 뒤늦게 부활의 조짐을 보이고 있기 때문이다. 앞서 말했듯이 에버렛의 다세계 이론은 양자역학의 관측문제를 해결하는 가장 간단하고 우아한 방법이다. 입자의 양자적 거동을 서술하는 파동함수가 누군가에 의해 관측되는 즉시 붕괴된다는 양자역학의 마지막 가정을 깨끗하게 무시하면, 양자역학 최고의 역설인 관측문제가 곧바로 해결된다.

그러나 전자의 확률파동(파동함수)이 무한정 퍼져나가는 것을 허용하면 그에 상응하는 대가를 치러야 한다. 슈뢰딩거의 파동이 관측된 후에도 붕괴되지 않고 자유롭게 움직인다면, 관측이 실행될 때마다 파동이 계속 갈라져서 결국 무한히 많은 우주가 존재하게 된다. 파동함수가 붕괴되어 하나의 우주로 결정되는 대신, 무한히 많은 평행우주가 생겨나는 것이다.

정말로 그럴까? 이 점에 대해서는 물리학자들 사이에서도 의견이 분분하다. 예를 들어 영국의 물리학자 데이비드 도이치는 양자컴퓨터의 연산 능력이 뛰어난 이유가 '여러 개의 평행우주에서 동시에 연산을 수행하기 때문'이라고 주장하고 있다. 이 문제를 생각하다보면 고양이의 생사 여부를 놓고 왈가왈부하던 '슈뢰딩거의 고양이 역설'로 되돌아가게 된다.

스티븐 호킹은 "슈뢰딩거의 고양이를 입에 담는 사람을 볼 때마다 나도 모르게 권총으로 손이 간다"고 했다.

코펜하겐 해석이나 다세계 해석 말고 또 다른 해석은 없을까? 있다. 주어진 계(고양이)의 파동함수가 주변 환경과의 상호작용을 통해 붕괴된다는 '결어긋남이론decoherence theory'이 바로 그것이다. 즉, 외부 환경은 이미 결어긋남 상태에 있기 때문에, 고양이의 파동함수가 외부환경과 조금이라도 닿기만 하면 곧바로 붕괴된다는 것이다.

결어긋남이론을 도입해도 슈뢰딩거의 고양이 역설은 간단하게 해결된다. 이 문제에 '역설'이라는 꼬리표가 붙은 이유는 상자의 뚜껑을 열지 않는 한 고양이의 생사 여부를 알 수 없기 때문이었다. 전통적인 답(코펜하겐 해석의 결론)은 '뚜껑을 열기 전까지 고양이는 살지도, 죽지도 않은 중첩상태에 있다'는 것이다. 그러나 결어긋남이론에 의하면 고양이의 몸을 구성하는 원자는 상자 속의 공기 원자와 이미 닿았기 때문에 뚜껑을 열기 전에 고양이의 파동함수가 분리되고, 따라서 고양이의 상태도 뚜껑을 열기 전에 둘 중 하나로 결정된다.

양자역학의 정설로 통하는 코펜하겐 해석에 따르면 고양이의 상태는 상자의 뚜껑을 열어서 관측을 시도할 때에만 분리된다decohered(둘 중 하나로 결정된다는 뜻이다-옮긴이). 그러나 결어긋남이론에 의하면 고양이의 파동함수가 공기 분자와 닿으면서 붕괴되기 때문에, 고양이의 상태는 뚜껑을 열지 않아도 분리된다. 즉, 결어긋남이론에서는 파동을 붕괴시키는 원인이 '뚜껑을 열고 안을 들여다보는 관찰자'에서 '상자 내부의 공기'로 대체되는 셈이다.

물리학에서 논쟁이 붙으면 대부분 실험을 통해 승자를 가린다. 이론을 구축하는 단계에서는 오만 가지 상상을 마음껏 펼쳐도 상관없지만, 이론이 실험 결과와 일치하지 않으면 곧바로 폐기된다. 증거 없는 이론은 아무짝에도 쓸모없기 때문이다. 그런데 슈뢰딩거의 고양이와 관련된 논쟁은 수십 년 후에도 결론이 날 것 같지 않다. 코펜하겐 해석과 다세계 해석, 그리고 결어긋남이론 중 어떤 것이 옳은지 확인할 방법이 없기 때문이다.

나는 개인적으로 결어긋남이론에 결함이 있다고 생각한다. 주변 환경(상자 속의 공기)을 구성하는 입자와 관측 대상(고양이)을 구성하는 입자를 구별한다는 것 자체가 문제이다. 코펜하겐 해석에서는 결어긋남이 관측자를 통해 도입되는 반면, 결어긋남이론에서는 주변 환경과의 상호작용을 통해 도입된다.

그러나 양자중력이론quantum gravity(중력이론의 양자역학 버전 - 옮긴이)에서는 양자화되는 최소 단위가 우주 자체이다. 여기서 관측자와 주변 환경, 고양이 등은 아무런 차이가 없다. 이들 모두가 거대한 우주 파동함수의 일부이기 때문이다.

양자중력이론에서 결맞은 파동과 결어긋난 파동(공기) 사이에는 실질적인 차이가 존재하지 않는다. 굳이 따진다면 정도의 차이만 있을 뿐이다(예를 들어 빅뱅이 일어나기 전에는 우주 전체가 결맞음 상태에 있었다. 그래서 138억 년이 지난 지금도 고양이와 공기 사이에 약간의 결맞음이 남아 있다).

따라서 양자중력이론을 도입하면 결맞음이나 결어긋남 같은 개념은 폐기되고 에버렛의 다세계 해석으로 되돌아가게 된다. 그러나 코펜하겐 해석과 다세계 해석은 동일한 결과를 낳기 때문에 어느 쪽이 맞는지 실험으로 확인할 길이 없다. 물론 위에서 언급한 결어긋남 이론도 마찬가지다. 이들은 결과를 해석하는 방법이 다를 뿐이어서, 진위 여부를 가리는 것은 물리학적 문제라기보다 철학적 문제에 가깝다.

지금까지 거론된 세 가지 이론을 구별할 방법이 정말 없는 것일까? 눈을 부릅뜨고 찾아보면 한 가지 방법이 있긴 있다. 에버렛의 다세계에서 서로 다른 우주 사이를 오락가락할 수 있다면 에버렛이 옳다는 쪽으로 확실하게 결론날 텐데, 그렇게 될 확률은 이론적으로 0이 아니다. 그러나 실제로 계산을 해보면 다른 우주로 이동할 확률이 너무 낮아서, 실험으로 확인하기가 현실적으로 불가능하다(임의의 물체가 다른 우주로 점프하는 모습을 보려면 우주의 나이 138억 년보다 긴 시간 동안 기다려야 한다).

우주는 양자컴퓨터인가?

이제 우주 자체가 양자컴퓨터인지 확인할 차례다.

19세기 영국의 발명가 찰스 배비지는 계산용 기계를 설계하면서 다음과 같은 질문을 떠올렸다. 아날로그 컴퓨터의 한계는 어디까지인가? 기어와 레버로 작동하는 계산기는 궁극적으로 어느 정도의 능력을 발휘할 수 있는가?

이 질문을 확장한 튜링 버전의 질문은 다음과 같다. 디지털 컴퓨터의 한계는 어디까지인가? 전자 부품으로 작동하는 컴퓨터는 궁극적으로 어느 정도의 능력을 발휘할 수 있는가?

그러므로 다음에 나올 질문은 자명하다. 양자컴퓨터의 한계는 어디까지인가? 개개의 원자를 조작할 수 있다면, 양자컴퓨터는 궁극적으로 어느 정도의 능력을 발휘할 수 있는가? 우주는 원자로 이루어져 있으니, 우주 자체가 곧 양자컴퓨터인가?

이 질문을 최초로 제기한 사람은 MIT의 세스 로이드로, 양자컴퓨터가 처음 탄생할 때 현장을 지켜보았던 소수의 물리학자 중 한 명이다.

나는 로이드를 인터뷰하면서 양자컴퓨터 개발에 참여하게 된 계기 등 다양한 이야기를 들을 수 있었다. 어릴 때부터 숫자에 유난히 관심이 많았던 그는 수학 법칙에 따라 몇 개의 숫자만으로 현실세계의 다양한 물체를 서술할 수 있다는 사실에 경외감을 느꼈다고 한다.

그런데 그가 대학원에 진학했을 때 어려운 문제에 봉착했다. 끈이론과 입자물리학으로 우주를 쥐락펴락하는 물리학과 학생들도 멋지고, 이제 막 떠오르기 시작한 컴퓨터공학과의 학생들도 멋지게 보였던 것이다. 둘 중 어느 쪽도 포기하기 싫었던 그는 물리학과 컴퓨터공학의 중간 지점인 양자정보이론을 연구하기로 마음먹었다.

입자물리학에서 물질의 최소 단위는 전자와 같은 입자이고, 정보이론에서 정보의 최소 단위는 비트이다. 그래서 로이드는 입자와 비트의 관계를 집중적으로 파고들기 시작했고, 그의 연구는 결국 '큐비트'라는 양자비트로 이어지게 된다.

우주가 곧 양자컴퓨터라는 로이드의 주장은 관련 학계에 커다란 논쟁을 불러일으켰다. 이런 이야기를 처음 듣는 사람은 반응이 대체로 비슷하다. '우주가 컴퓨터라니, 대체 뭔 소리야?' 사람들 대부분은 '우주'라고 하면 별과 은하, 행성, 동물, 인간, DNA 같은 자연물을 떠올리지만, '양자컴퓨터'를 생각할 때에는 복잡하게 생긴 기계장치를 떠올린다. 자연물과 기계가 어떻게 같을 수 있단 말인가?

독자들은 선뜻 이해가 안 가겠지만, 사실 둘 사이에는 깊은 관계가 있다. 일단 뉴턴의 고전물리학부터 생각해보자. 뉴턴의 법칙을 모두 담은 튜링머신을 만드는 것은 원리적으로 얼마든지 가능하다.

모형 철길 위에 놓인 장난감 기차를 예로 들어보자. 철길은 여러 개의 정사각형을 이어붙인 형태인데 기차가 없는 곳에 0을, 기차가 있는 곳에 1을 할당하면 철길의 각 구획(정사각형)에는 0 또는 1이 대응된다. 그리고 장난감 기차는 한 번 움직일 때마다 정사각형 구획을 1개씩 지나간다고 하자. 그러면 기차가 한 구획을 지날 때마다 0이 1로 바뀌고, 기차가 지나간 후에는 다시 0으로 되돌아간다. 현재 기차의 위치가 어디이건 간에, 기차가 있는 곳은 1이고 기차가 없는 곳은 0이다.

이제 기차가 지나가는 철길을 '0과 1로 이루어진 디지털 테이프'로 바꾸고, 기차를 프로세서로 바꿔보자. 그러면 기차가 테이프 한 칸을 지나갈 때마다 0이 1로 바뀔 것이다.

이로써 우리는 장난감 기차(움직이는 물체)를 튜링머신으로 바꾸었다. 다시 말해서, 고전물리학의 기초인 뉴턴의 운동법칙을 튜링머신으로 시뮬레이션할 수 있다는 뜻이다.

장난감 기차를 조금 수정해서 가속도 같은 복잡한 운동을 서술할 수도 있다. 예를 들어 테이프에서 1과 1 사이의 간격을 넓히면 기차의 속도가 빨라진다. 여기서 공간을 정육면체 격자로 분할하여 철길을 3차원으로 확장하면, 뉴턴역학의 모든 법칙을 0과 1로 이루어진 코드로 변환할 수 있다.

이로써 우리는 튜링머신과 뉴턴법칙을 연결하는 데 성공했다. 즉, 고전역학이 적용되는 우주는 튜링머신으로 구현 가능하다.

이제 위에 언급된 모든 것을 양자컴퓨터로 일반화시켜보자. 0과 1로 이루어진 장난감 기차 세트를 '나침반이 달린 기차'로 바꾸면 된다. 나침반 바늘은 북쪽을 향할 수도 있고(이 경우를 1이라 하자) 남쪽을 향할 수도 있으며(0이라 하자), 남과 북 사이에 있는 임의의 방향을 가리킬 수도 있다(0과 1의 중첩에 해당한다). 장난감 기차가 철길을 따라 움직이면 나침반의 바늘은 슈뢰딩거 방정식에 따라 각기 다른 방향을 가리키게 된다.

(양자적 얽힘을 구현하고 싶으면 기차에 나침반을 여러 개 설치하면 된다. 개개의 바늘은 기차가 철길을 따라 이동할 때 프로세서의 규칙에 의거하여 각기 다른 방향으로 돌아갈 수 있다.)

이제 기차가 출발하면 나침반의 바늘은 슈뢰딩거 방정식에 담긴 정보를 추적하면서 특정 방향으로 돌아가기 시작한다. 그러므로 우리는 장난감 기차를 이용하여 파동방정식을 유도할 수 있다.

여기서 중요한 것은 우주를 지배하는 양자역학 법칙을 양자적 튜링머신에 부호의 형태로 저장할 수 있다는 것이다. 양자컴퓨터에 우주를 담는다는 것은 이런 의미이며, 이것이 바로 앞서 말했던 '양자컴퓨터와 우주 사이의 깊은 관계'이기도 하다. 엄밀하게 따지면 우주는 양자컴퓨터가 아니지만, 우주에서 일어나는 모든 현상은 양자컴퓨터에 코드화할 수 있다.

또한 미시적 규모에서 일어나는 모든 상호작용은 양자역학의 법칙을 따르고 있으므로, 양자컴퓨터는 기본입자와 DNA에서 블랙홀, 빅뱅에 이르기까지 물리적 세계의 모든 현상을 시뮬레이션할 수 있다.

양자컴퓨터의 놀이터는 우주 그 자체이다. 우리가 양자적 튜링머신을 진정으로 이해한다면 우주도 진정으로 이해할 수 있지 않을까?

시간이 지나면 밝혀지겠지만, 나는 반드시 그렇게 되리라 믿는다.

감사의 글

긴 세월 동안 나와 함께 하면서 내가 쓴 책이 출간될 수 있도록 물심양면으로 도와준 출판대리인 스튜어트 크리체프스키에게 제일 먼저 감사의 말을 전한다. 나는 집필과 관련된 그의 판단을 항상 신뢰해왔으며, 그의 조언은 나의 책이 미약하나마 성공을 거두는 데 중요한 밑거름이 되었다.

이 책의 편집자인 에드워드 카스텐마이어에게도 깊이 감사드린다. 그는 책의 초점을 명확하게 잡아주었고, 독자들에게 쉽게 읽힐 수 있도록 많은 부분을 수정해주었다.

나에게 개인적으로 조언을 해주거나 인터뷰에 응해주었던 노벨상 수상자들에게도 감사드린다. 이들의 명단은 아래와 같다.

리처드 파인먼

스티븐 와인버그
난부 요이치로
월터 길버트
헨리 켄들
리언 레더먼
머리 겔만
데이비드 그로스
프랭크 윌첵
조지프 로트블랫
헨리 폴락
피터 도허티
에릭 시비안
제럴드 에델만
안톤 차일링거
스반테 페보
로저 펜로즈

또한 과학 연구팀을 이끌거나 주요 연구소의 소장으로 재직하면서 나에게 귀한 지식을 전수해준 저명한 과학자들에게도 깊이 감사드린다. 이들의 명단은 아래와 같다.

마빈 민스키
프랜시스 콜린스
로드니 브룩스

앤서니 아탈라
레너드 헤이플릭
칼 짐머
스티븐 호킹
에드워드 위튼
마이클 레모닉
마이클 셔머
세스 쇼스탁
켄 크로스웰
브라이언 그린
닐 디그래스 타이슨
리사 랜들
레너드 서스킨드

끝으로 나와 인터뷰를 하면서 귀한 통찰력을 제공해준 400여 명의 과학자에게 깊이 감사드린다. 이 책은 그들 덕분에 완성될 수 있었다.

옮긴이의 글

우리가 사용하는 문명의 이기는 덩치가 클수록 성능이 좋고 값도 비싸지는 경향이 있다. TV와 냉장고 같은 가전제품은 물론이고 각종 운송수단과 군사용 무기도 마찬가지다. 성능을 높이려면 새로운 기능이 추가되어야 하고, 이를 위해서는 어쩔 수 없이 부품이 많아지기 때문이다. 그러나 이런 추세를 정반대로 뒤집은 예외적 존재가 있으니, 그것이 바로 디지털 혁명을 선도해온 컴퓨터였다.

1940년대에 에니악과 에드박EDVAC으로 시작된 컴퓨터 혁명은 1950년대의 트랜지스터 혁명과 맞물려 '세월이 흐를수록 덩치는 작아지면서 성능은 좋아지는' 기적을 낳았다. 그 후 이 기적은 거의 70년 동안 줄기차게 이어져서 건물 한 층을 다 차지했던 컴퓨터가 주머니 안에 들어갈 정도로 작아졌고, 성능향상률이 가격상승률을 압도해준 덕분에 그 좋은 컴퓨터를 누구나 가질 수 있는 세상이 되었다.

컴퓨터의 성능은 집적회로에 새겨넣은 트랜지스터의 수에 거의 비례한다. 트랜지스터가 비교적 컸던 1970~1990년대에는 리소그래피lithography의 해상도를 높여서 컴퓨터의 성능을 개선할 수 있었지만(그 덕분에 '무어의 법칙'이라는 신조어까지 등장했다), 회로소자의 크기가 원자에 가까워지면서 발전 속도가 조금씩 정체되기 시작했다. 물체의 크기가 원자에 가까워지면 양자역학적 현상이 두드러지게 나타나서 전기회로가 제대로 작동할 수 없기 때문이다(하이젠베르크의 '불확정성 원리'에 의해 위치가 불확실해진 전자들이 경로를 이탈하여 회로를 단락시키거나 과도한 열을 발생시킨다). 그러니까 트랜지스터의 소형화에 전적으로 의존해온 디지털 혁명은 언젠가 막다른 길목에 도달할 수밖에 없는 한시적 혁명이었던 셈이다.

그렇다고 해서 컴퓨터 때문에 당장 불편을 겪는 사람은 없다. 요즘 출시되는 컴퓨터와 스마트폰의 성능은 일반 소비자들에게 과분할 정도로 뛰어나다. 그런데도 과학자들은 디지털 컴퓨터의 한계를 뛰어넘겠다며 기어이 원자 규모의 양자세계에서 작동하는 컴퓨터를 고안했고, 1990년대 중반에 벨연구소의 응용수학자 피터 쇼어가 양자알고리듬을 개발하면서 양자컴퓨터의 시대가 드디어 막을 올렸다.

양자컴퓨터의 개발사는 디지털 컴퓨터의 역사와 확연히 다르다. 최초의 컴퓨터 에니악은 탄생하자마자 사람의 손으로 몇 년이 걸릴 계산을 단 몇 초 만에 해냈지만, 2001년에 양자컴퓨터가 해낸 가장 복잡한 계산은 15를 3과 5로 소인수분해한 것이었다. 이런 초라한 성적에도 불구하고 과학자들이 양자컴퓨터를 포기할 수 없었던 것은 그 잠재력이 상상을 초월할 정도로 막강했기 때문이다.

이 책에 자세히 소개된 대로, 양자컴퓨터는 0 아니면 1로 이분화된

비트 대신 0과 1을 동시에 가질 수 있는 큐비트를 사용한다. 비트가 양자적으로 중첩되어 있기 때문에 관측을 실행하기 전에 큐비트들이 모든 가능한 상태에서 동시에 계산을 수행하고, 최종적으로 관측이 실행되는 순간 대부분의 상태가 붕괴되면서 단 하나의 답이 얻어진다. 기존의 슈퍼컴퓨터는 컴퓨터 여러 대를 이어붙여놓고 동시에 작동시켜서 병렬처리를 하는 식이었지만, 양자컴퓨터에는 병렬처리를 하는 능력이 태생적으로 내재되어 있다. 그래서 큐비트의 수를 조금만 늘려도 성능이 기하급수적으로 향상된다.

전문가들이 제시하는 양자컴퓨터의 미래는 가히 환상적이다. 그들의 말대로만 된다면 미래에는 양자컴퓨터로 핵융합을 실현하여 에너지를 거의 공짜에 가까운 가격으로 무한정 쓸 수 있고, 각종 화학반응을 분자 단위에서 규명하여 암을 비롯한 난·불치병을 간단하게 치료할 수 있으며, 인공광합성을 구현하여 식량문제도 해결할 수 있다. 또한 이산화탄소를 격리하거나 날씨를 인공적으로 바꿔서 지구온난화를 막을 수도 있다. 그 외에 사이버보안을 강화하여 세계 경제의 기반을 더욱 튼튼하게 다지고, 일기예보의 정확도를 높이고, 슈퍼배터리를 구현하는 등 일일이 나열하자면 끝도 한도 없다. 그들이 이토록 자신만만한 이유는 양자컴퓨터의 주특기가 '건초더미에서 바늘 찾기(빠른 검색 능력)'와 '시뮬레이션(가상실험)'이기 때문이다. 특히 인공지능 분야는 이론적 기초가 세워졌음에도 불구하고 컴퓨터 연산 능력의 한계에 부딪혀 지지부진한 상태인데, 양자컴퓨터가 부족한 부분을 매워준다면 급속도로 발전할 가능성이 있다.

이 책의 원제목은 Quantum Supremacy, 즉 '양자우위'이다. 디지털 컴퓨터가 먼저 출발한 거북이라면, 양자컴퓨터는 깐죽대면서 뒤늦게 출발한 토끼와 비슷하다. 이 경주에서 뒤처진 토끼가 거북이를 추월하는 순간 토끼는 거북이에 대한 '우위'를 점유하게 되고, 이 상황은 (도중에 토끼가 잠들지 않는 한) 영원히 지속된다. 양자컴퓨터도 토끼와 같은 후발 주자이므로 처음에는 디지털 컴퓨터에 못 미치는 것이 당연하다. 그러나 디지털 컴퓨터는 사양길에 접어든 반면 양자컴퓨터는 이제 서서히 발동이 걸리고 있으니 언젠가는 디지털 컴퓨터를 추월할 것이고, 바로 그 순간에 양자컴퓨터는 '양자우위'를 달성하게 된다. 2019년에 구글은 초전도체를 이용한 53큐비트짜리 양자컴퓨터 시카모어를 선보이면서 '드디어 양자우위를 달성했다'고 선언했다. 시카모어의 성능이 현존하는 그 어떤 슈퍼컴퓨터보다 우월하다는 뜻이다. '성능'이라는 단어의 의미가 하도 포괄적이어서 반론의 여지가 없는 것은 아니지만, 다른 경쟁사들의 진척 상황을 놓고 볼 때 양자우위의 시점이 코앞에 다가온 것은 분명한 사실이다.

물론 양자컴퓨터는 요술 방망이가 아니다. 디지털 컴퓨터로 할 수 없는 일은 양자컴퓨터로도 할 수 없다. 그러나 디지털 컴퓨터로 시간이 너무 오래 걸려서 해결할 수 없었던 문제를 '현실적인 시간 안에' 해결할 수만 있어도 세상은 몰라보게 달라진다. 과연 얼마나 달라질까? 사람들은 양자컴퓨터에 얼마나 큰 기대를 걸고 있을까? 기술적인 세부사항을 일일이 나열하면서 설명하는 것보다, 돈의 흐름을 따라가면 그 전망을 한눈에 알 수 있다. 이 분야의 선두 주자인 아이온큐는 2021년에 기업을 공개하여 총 6억 달러의 투자금을 유치했고, 프사이퀀텀은 별다른 실적이 없는 신생기업임에도 불구하고 하룻밤 사이에 6억 6500만 달러의 투자금을 확보하면서 기업 가치가 31억 달러로 치솟았다. 기업뿐만 아니라 미국 의회도 이 판에 끼어들어 2018년에 '양자연구집중지원법'을 통과시켰고, 2021년에는 에너지부가 총괄하는 양자기술 개발에 총 6억 2500만 달러를 지원하겠다고 발표했으며, 마이크로소프트와 IBM, 록히드마틴 같은 대기업도 여기에 동참했다. 이쯤 되면 양자컴퓨터는 막연한 희망사항이 아니라 황금알을 낳는 거위로 대접받고 있음이 분명하다.

양자컴퓨터의 앞날은 시원하게 뚫린 탄탄대로가 아니다. 무엇보다 양자컴퓨터의 성능을 좌우하는 큐비트의 수를 늘리기가 쉽지 않고(양자적 얽힘 상태를 유지하기가 어렵기 때문이다) 계산상의 오류를 줄이는 것도 심각한 문제로 남아 있으며, 절대온도 0K(-273℃)에 가까운 온도를 유지하는 데에도 막대한 비용이 들어간다. 그래서 양자컴퓨터는 비싸다. 너무 비싸서 개인이 소유할 수 없다. 게다가 양자컴퓨터는 특별한 목적을 위해 설계되었기 때문에, 어떤 재벌이 양자컴퓨터를 개인적으로 구입한다 해도 게임이나 워드프로세싱 같은 일상적인 작업은 할 수 없다. 디지털 컴퓨터는 회로소자의 크기를 줄여서 단기간에 소형화를 이룩했지만, 양자컴퓨터의 회로소자는 더 이상 줄일 수 없는 원자이기 때문에 '퍼스널 양자컴'이 등장할 가능성은 거의 없어 보인다.

그러나 과학 분야에서 섣부른 판단은 금물이다. 양자컴퓨터가 특별한 용도에만 쓰이는 대형장비로 남을지, 아니면 디지털 컴퓨터처럼 우리와 가까운 곳에서 삶의 방식을 또 한번 바꿔놓을지는 아무도 알 수 없다. 그 옛날 군부대에서 에니악으로 대포알의 궤적을 계산하던 시절에, 그 집채만 한 기계장치가 60년 후에 손바닥만 한 생필품이 되리라고 어느 누가 짐작이나 했겠는가?

이 책의 저자 미치오 카쿠는 굳이 설명이 필요 없을 정도로 잘 알려진 인물이다. 〈디스커버리〉나 〈내셔널 지오그래피〉, 〈히스토리 채널〉 등의 과학 프로그램에서 반백의 장발을 휘날리며 시청자들의 궁금증을 시원하게 풀어주는 노과학자, 그가 바로 고등학생 때 입자가속기를 손수 만들어서 하버드대학교 장학생으로 입학했던 미치오 카쿠다. 그는 끈이론의 중흥기에 끈의 거동을 장場, field의 개념으로 서술하는 끈 장이론string field theory을 개척하여 이 분야를 선도했고, 끈이론과 장이론에 대한 대학 교과서도 여러 권 집필했다. 그리고 노년에 접어들어서는 과학을 일반대중에게 소개하는 '과학 전도사'로 변신하여 칼 세이건 못지 않은 활약을 보여주고 있다. 나는 운 좋게도 미치오 카쿠의 저서 대부분을 번역했는데 《미래의 물리학》, 《불가능은 없다》, 《마음의 미래》, 《인류의 미래》 등의 제목에서 알 수 있듯이, 그의 책들은 초점이 '미래'에 맞춰져 있다(그래서 평론가 중에는 카쿠를 미래학자로 분류하는 사람도 있다). 게다가 미래를 바라보는 그의 마음은 티끌 하나 묻지 않은 초긍정, 그 자체이다. 모든 과학기술은 부작용을 낳기 마련일진대, 그의 글을 읽다보면 '도중에 탈선하는 한이 있어도 과학 열차는 무조건 달려야 한다'는 그의 메시지에 99퍼센트 동화된다. 이 책도 마찬가지다. 양자컴퓨터가 내놓은 장밋빛 미래를 거대한 사기극으로 폄하하는 사람도 있지만, 카쿠의 초긍정 미래관은 그러거나 말거나 요지부동이다. 나 역시 양자컴퓨터의 성공을 반신반의해왔으나, 이 책을 번역하면서 열렬한 지지자가 되었다. 하긴, 오랜 옛날부터 과학의 가장 큰 추진력은 '긍정적 마인드'가 아니었던가.

2023년 11월

역자 박병철

후주

1장. 실리콘 시대의 종말

1. Gordon Lichfield, "Inside the Race to Build the Best Quantum Computer on Earth," *MIT Technology Review*, February 26, 2020, 1 – 23.
2. 유발 보거(Yuval Boger)와의 인터뷰에서 발췌. *The Qubit Guy's Podcast*, October 27, 2021; www.classiq.io/insights/podcast-with-dr-robert-sutor.
3. Matt Swayne, "Zapata Chief Says Quantum Machine Learning Is a When, Not an If," *The Quantum Insider*, July 16, 2020; www.thequantuminsider.com/2020/07/16/zapata-chief-says-quantum-machine-learning-is-a-when-not-an-if/.
4. Daphne Leprince-Ringuet, "Quantum Computers Are Coming, Get Ready for Them to Change Everything," *ZD Net*, November 2, 2020; www.zdnet.com/article/quantum-computers-are-coming-get-ready-for-them-to-change-everything/.
5. Dashveenjit Kaur, "BMW Embraces Quantum Computing to Enhance Supply Chain," *Techwire/Asia*, February 1, 2021; www.techwireasia.com/2021/02/bmw-embraces-quantum-computing-to-enhance-supply-chain/.
6. Cade Metz, "Making New Drugs with a Dose of Artificial Intelligence," *The New York Times*, February 5, 2019; www.nytimes.com/2019/02/05/

technology/artificial-intelligence-drug-research-deepmind.html.
7. Ali El Kaafarani, "Four Ways That Quantum Computers Can Change the World," *Forbes*, July 30, 2021; www.forbes.com/sites/forbestechcouncil/2021/07/30/four-ways-quantum-computing-could-change-the-world/?sh=7054e3664602.
8. "How Quantum Computers Will Transform These 9 Industries," *CB Insights*, February 23, 2021; www.cbinsights.com/research/quantum-computing-industries-disrupted/.
9. Matthew Hutson, "The Future of Computing," *ScienceNews;* www.sciencenews.org/century/computer-ai-algorithm-moore-law-ethics.
10. James Dargan, "Neven's Law: Paradigm Shift in Quantum Computers," *Hackernoon*, July 1, 2019; www.hackernoon.com/nevens-law-paradigm-shift-in-quantum-computers-e6c429ccd1fc.
11. Jeremy O'Brien: Nicole Hemsoth, "With $3.1 Billion Valuation, What's Ahead for PsiQuantum?," *The Next Platform*, July 27, 2021; www.nextplatform.com/2021/07/27/with-3-1b-valuation-whats-ahead-for-psiquantum/.

2장. 디지털 시대의 종말

1. "Our Founding Figures: Ada Lovelace," *Tetra Defense*, April 17, 2020; www.tetradefense.com/cyber-risk-management/our-founding-figures-ada-lovelace/.
2. "Ada Lovelace," Computer History Museum; www.computerhistory.org/babbage/adalovelace/.
3. Colin Drury, "Alan Turing: The Father of Modern Computing Credited with Saving Millions of Lives," *The Independent*, July 15, 2019; www.independent.co.uk/news/uk/home-news/alan-turing-ps50-note-computers-maths-enigma-codebreaker-ai-test-a9005266.html.

4. Alan Turing, "Computing Machinery and Intelligence," *Mind 59* (1950): 433–60; https://courses.edx.org/asset-v1:MITx+24.09x+3T2015+type@asset+block/5_turing_computing_machinery_and_intelligence.pdf.

3장. 떠오르는 양자

1. "A new scientific truth": Peter Coy, "Science Advances One Funeral at a Time, the Latest Nobel Proves It," *Bloomberg*, October 10, 2017; www.bloomberg.com/news/articles/2017-10-10/science-advances-one-funeral-at-a-time-the-latest-nobel-proves-it.
2. BrainyQuote; https://www.brainyquote.com/quotes/paul_dirac_279318.
3. Jim Martorano, "The Greatest Heavyweight Fight of All Time," *TAP into Yorktown*, August 24, 2022; https://www.tapinto.net/towns/yorktown/articles/the-greatest-heavyweight-fight-of-all-time.
4. Denis Brian, *Einstein* (New York: Wiley, 1996), 516. 《아인슈타인 평전》(북폴리오, 2004)

4장. 양자컴퓨터의 여명기

1. Michio Kaku, *Parallel Worlds: The Science of Alternative Universes and Our Future in the Cosmos* (New York: Anchor, 2006). 《평행우주》(김영사, 2006)
2. Stefano Osnaghi, Fabio Freitas, Olival Freire Jr., "The Origin of the Everettian Heresy," *Studies in History and Philosophy of Modern Physics* 40, no. 2 (2009): 17.

5장. 불붙은 경쟁

1. Stephen Nellis, "IBM Says Quantum Chip Could Beat Standard Chips in Two Years," *Reuters*, November 15, 2021; www.reuters.com/article/ibm-quantum-idCAKBN2I00C6.
2. Emily Conover, "The New Light-Based Quantum Computer Jiuzhang Has Achieved Quantum Supremacy," *Science News*, December 3, 2020; https://www.sciencenews.org/article/new-light-based-quantum-computer-jiuzhang-supremacy.
3. "Xanadu Makes Photonic Quantum Chip Available Over Cloud Using Strawberry Fields & Pennylane Open-Source Tools Available on Github," *Inside Quantum Technology News*, March 8, 2021; www.insidequantumtechnology.com/news-archive/xanada-makes-photonic-quantum-chip-available-over-cloud-using-strawberry-fields-pennylane-open-source-tools-available-on-github/.

6장. 생명의 기원

1. Walter Moore, *Schrödinger: Life and Thought* (Cambridge University Press, 1989), 403.
2. Leah Crane, "Google Has Performed the Biggest Quantum Chemistry Simulation Ever," *New Scientist*, December 12, 2019; www.newscientist.com/article/2227244-google-has-performed-the-biggest-quantum-chemistry-simulation-ever/.
3. Jeannette M. Garcia, "How Quantum Computing Could Remake Chemistry," *Scientific American*, March 15, 2021; https://www.scientificamerican.com/article/how-quantum-computing-could-remake-chemistry/.
4. Crane. (후주 2와 동일)

5. 상동.

7장. 지구 녹화하기

1. "Unraveling the Quantum Mysteries of Photosynthesis," The Kavli Foundation, December 15, 2020; www.kavlifoundation.org/news/unraveling-the-quantum-mysteries-of-photosynthesis.
2. Peter Byrne, "In Pursuit of Quantum Biology with Birgitta Whaley," *Quanta Magazine*, July 30, 2013: www.quantamagazine.org/in-pursuit-of-quantum-biology-with-birgitta-whaley-20130730/.
3. Katherine Bourzac, "Will the Artificial Leaf Sprout to Combat Climate Change?," *Chemical & Engineering News*, November 21, 2016; https://cen.acs.org/articles/94/i46/artificial-leaf-sprout-combat-climate.html.
4. Ali El Kaafarani, "Four Ways Quantum Computing Could Change the World," *Forbes*, July 30, 2021; www.forbes.com/sites/forbestechcouncil/2021/07/30/four-ways-quantum-computing-could-change-the-world/?sh=398352d14602.
5. Katharine Sanderson, "Artificial Leaves: Bionic Photosynthesis as Good as the Real Thing, *New Scientist*, March 2, 2022; www.newscientist.com/article/mg25333762-600-artificial-leaves-bionic-photosynthesis-as-good-as-the-real-thing/.

8장. 지구 먹여 살리기

1. "What Is Quantum Computing? Definition, Industry Trends, & Benefits Explained," *CB Insights*, January 7, 2021; https://www.cbinsights.com/research/report/quantum-computing/?utm_source=CB+Insights+Newsletter&utm_campaign=0df1cb4286-newsletter_general_

Sat_20191115&utm _medium=email&utm_term=0_9dc0513989--0df1cb4286-88679829.
2. Allison Lin, "Microsoft Doubles Down on Quantum Computing Bet," Microsoft, *The AI Blog*, November 20, 2016; https://blogs.microsoft.com/ai/microsoft-doubles-quantum-computing-bet/.
3. Stephen Gossett, "10 Quantum Computing Applications and Examples," *Built In*, March 25, 2020; https://builtin.com/hardware/quantum-computing-applications.

9장. 지구에 에너지 공급하기

1. Holger Mohn, "What's Behind Quantum Computing and Why Daimler Is Researching It," Mercedes-Benz Group, August 20, 2020; https://group.mercedes-benz.com/company/magazine/technology-innovation/quantum-computing.html.
2. 상동.

11장. 유전체 편집과 암 치료

1. Liz Kwo and Jenna Aronson, "The Promise of Liquid Biopsies for Cancer Diagnosis," *American Journal of Managed Care*, October 11, 2021; www.ajmc.com/view/the-promise-of-liquid-biopsies-for-cancer-diagnosis.
2. Clara Rodríguez Fernández, "Eight Diseases CRISPR Technology Could Cure," *Labiotech*, October 18, 2021; https://www.labiotech.eu/best-biotech/crispr-technology-cure-disease/.
3. Viviane Callier, "A Zombie Gene Protects Elephants from Cancer," *Quanta Magazine*, November 7, 2017; www.quantamagazine.org/

a-zombie-gene-protects-elepphants-from-cancer-20171107/.

12장. 인공지능과 양자컴퓨터

1. Gil Press, "Artificial Intelligence (AI) Defined," *Forbes*, August 27, 2017; https://www.forbes.com/sites/gilpress/2017/08/27/artificial-intelligence-ai-defined/.
2. Stephen Gossett, "10 Quantum Computing Applications and Examples," Built In, March 25, 2020; https://builtin.com/hardware/quantum-computing-applications.
3. "AlphaFold: A Solution to a 50-Year-Old Grand Challenge in Biology," DeepMind, November 30, 2020; www.deepmind.com/blog/alphafold-a-solution-to-a-50-year-old-grand-challenge-in-biology.
4. Cade Metz, "London A.I. Lab Claims Breakthrough That Could Accelerate Drug Discovery," *The New York Times*, November 30, 2020; https://www.nytimes.com/2020/11/30/technology/deepmind-ai-protein-folding.html.
5. Ron Leuty, "Controversial Alzheimer's Disease Theory Could Pinpoint New Drug Targets," *San Francisco Business Times*, May 6, 2019; www.bizjournals.com/sanfrancisco/news/2019/05/01/alzheimers-disease-prions-amyloid-ucsf-prusiner.html.
6. German Cancer Research Center, "Protein Misfolding as a Risk Marker for Alzheimer's Disease," *ScienceDaily*, October 15, 2019; www.sciencedaily.com/releases/2019/10/191015140243.htm.
7. "Protein Misfolding as a Risk Marker for Alzheimer's Disease—Up to 14 Years Before the Diagnosis," Bionity.com, October 17, 2019; www.bionity.com/en/news/1163273/protein-misfolding-as-a-risk-marker-for-alzheimers-disease-up-to-14-years-before-the-diagnosis.html.

13장. 영생

1. Mallory Locklear, "Calorie Restriction Trial Reveals Key Factors in Enhancing Human Health," *Yale News*, February 10, 2022; www.news.yale.edu/2022/02/10/calorie-restriction-trial-reveals-key-factors-enhancing-human-health.
2. Kashmira Gander, "'Longevity Gene' That Helps Repair DNA and Extend Life Span Could One Day Prevent Age-Related Diseases in Humans," *Newsweek*, April 23, 2019; www.newsweek.com/longevity-gene-helps-repair-dna-and-extend-lifespan-could-one-day-prevent-age-1403257.
3. Antonio Regalado, "Meet Altos Labs, Silicon Valley's Latest Wild Bet on Living Forever," *MIT Technology Review*, September 4, 2021; www.technologyreview.com/2021/09/04/1034364/altos-labs-silicon-valleys-jeff-bezos-milner-bet-living-forever/.
4. 상동.
5. Antonio Regalado, "Meet Altos Labs, Silicon Valley's Latest Wild Bet on Living Forever," *MIT Technology Review*, September 4, 2021; www.technologyreview.com/2021/09/04/1034364/altos-labs-silicon-valleys-jeff-bezos-milner-bet-living-forever/.
6. Allana Akhtar, "Scientists Rejuvenated the Skin of a 53 Year Old Woman to That of a 23 Year Old's in a Groundbreaking Experiment," *Yahoo News*, April 8, 2022; www.yahoo.com/news/scientists-rejuvenated-skin-53-old-175044826.html.

14장. 지구온난화

1. Ali El Kaafarani, "Four Ways Quantum Computing Could Change the World," *Forbes*, July 30, 2021; www.forbes.com/sites/

forbestechcouncil/2021/07/30/four-ways-quantum-computing-could-change-the-world/?sh=398352d14602.
2. "Rising Waters: Climate Change Could Push a Century's Worth of Sea Rise in US by 2050, Report Says," *USA Today*, February 15, 2022; https://www.usatoday.com/story/news/nation/2022/02/15/us-sea-rise-climate-change-noaa-report/6797438001/.
3. "U.S. Coastline to See up to a Foot of Sea Level Rise by 2050," National Oceanic and Atmospheric Administration, February 15, 2022; https://www.noaa.gov/news-release/us-coastline-to-see-up-to-foot-of-sea-level-rise-by-2050.
4. David Knowles, "Antarctica's 'Doomsday Glacier' Is Facing Threat of Imminent Collapse, Scientists Warn," *Yahoo News*, December 14, 2021; https://news.yahoo.co m/antarcticas-doomsday-glacier-is-facing-threat-of-imminent-collapse-scientists-warn-220236266.html.
5. Intergovernmental Panel on Climate Change, *Climate Change 2007 Synthesis Report: A Report of the Intergovernmental Panel on Climate Change;* www.ipcc.ch.

15장. 병 속의 태양

1. Jonathan Amos, "Major Breakthrough on Nuclear Fusion Energy," *BBC News*, September 9, 2022; www.bbc.com/news/science-environment-60312633.
2. Claude Forthomme, "Nuclear Fusion: How the Power of Stars May Be Within Our Reach," *Impakter*, February 10, 2022; www.impakter.com/nuclear-fusion-power-stars-reach/.
3. Jonathan Amos, "Major Breakthrough on Nuclear Fusion Energy," *BBC News*, September 9, 2022; www.bbc.com/news/science-

environment-60312633.
4. "Multiple Breakthroughs Raise New Hopes for Fusion Energy," Global BSG, January 27, 2022; www.globalbsg.com/multiple-breakthroughs-raise-new-hopes-for-fusion-energy/.
5. Catherine Clifford, "Fusion Gets Closer with Successful Test of a New Kind of Magnet at MIT Start-up Backed by Bill Gates," CNBC, September 8, 2021; www.cnbc.com/2021/09/08/fusion-gets-closer-with-successful-test-of-new-kind-of-magnet.html.
6. "Nuclear Fusion Is One Step Closer with New AI Breakthrough," *Nation World News*, September 13, 2022; www.nationworldnews.com/nuclear-fusion-is-one-step-closer-with-new-ai-breakthrough/.

16장. 우주 시뮬레이션

1. "The World Should Think Better About Catastrophic and Existential Risks," *The Economist*, June 25, 2020; www.economist.com/briefing/2020/06/25/the-world-should-think-better-about-catastrophic-and-existential-risks.
2. 끈이론의 자세한 내용을 알고 싶은 독자들은 다음 도서를 읽어보기 바란다. Michio Kaku, *The God Equation: The Quest for a Theory of Everything* (New York: Anchor, 2022). 《단 하나의 방정식》(김영사, 2021)

더 읽을거리

컴퓨터 프로그래밍에 어느 정도 익숙한 독자라면 다음 텍스트가 유용할 수 있다.

Bernhardt, Chris. *Quantum Computing for Everyone*. Cambridge: MIT Press, 2020.《양자 컴퓨터 원리와 수학적 기초》(에이콘출판, 2020)

Edwards, Simon. *Quantum Computing for Beginners*. Monee, IL, 2021.

Grumbling, Emily, and Mark Horowitz, eds. *Quantum Computing: Progress and Prospects*. Washington, DC: National Academy Press, 2019.《양자 컴퓨팅 발전과 전망》(에이콘출판, 2020)

Jaeger, Lars. *The Second Quantum Revolution*. Switzerland: Springer, 2018.

Mermin, N. David. *Quantum Computer Science: An Introduction*. Cambridge: Cambridge University Press, 2016.

Rohde, Peter P. *The Quantum Internet: The Second Quantum Revolution*. Cambridge: Cambridge University Press, 2021.

Sutor, Robert S. *Dancing with Qubits: How Quantum Computing Works and How It Can Change the World*. Birmingham, UK: Packt, 2019.

찾아보기

A~Z

ㄱ

ㄴ

ㅁ

ㅅ

ㅇ

ㅈ

ㅊ

ㅋ

ㅌ

ㅍ

ㅎ